# Produktentwicklung und Konstruktionstechnik

Band 24

**Reihe herausgegeben vom**

Institut für Produktentwicklung und Konstruktionstechnik (PKT) der Technischen Universität Hamburg (TUHH), Hamburg, Deutschland unter der Leitung von Prof. Dr.-Ing. Dieter Krause

In der Buchreihe erscheinen die am Institut von Prof. Dr.-Ing. Dieter Krause erfolgreich betreuten abgeschlossenen Dissertationsschriften. Die Themen umfassen vorwiegend Arbeiten aus den beiden Forschungsschwerpunkten des Institutes, die methodische Produktentwicklung, insbesondere Themen zum Varianten- und Komplexitätsmangement sowie Methodenforschung für die Produktentwicklung im Allgemeinen und dem zweiten Forschungsthema der Strukturanalyse und Versuchstechnik mit Themen aus dem Bereich der Auslegung von Hochleistungswerkstoffen, wie CFK, Sandwich oder auch Keramik, sowie der Weiterentwicklung von Simulationsmethoden und Versuchstechnik für Spezialanwendungen. Bücher zu weiteren interessanten Themen oder Tagungsbände mit wissenschaftlichem oder mehr anwendungsorientiertem Charakter ergänzen die Buchreihe.

Erik Greve

# Methode zur Gestaltung zukunftsrobuster modularer Produktstrukturen aus Markt- und Produktionssicht

Springer Vieweg

Erik Greve
Institut für Produktentwicklung und
Konstruktionstechnik
Technische Universität Hamburg
Hamburg, Deutschland

ISSN 2629-2157 ISSN 2662-7485 (electronic)
Produktentwicklung und Konstruktionstechnik
ISBN 978-3-662-68239-5 ISBN 978-3-662-68240-1 (eBook)
https://doi.org/10.1007/978-3-662-68240-1

Die Deutsche Nationalbibliothek verzeichnet diese Publikation in der Deutschen Nationalbibliografie; detaillierte bibliografische Daten sind im Internet über http://dnb.d-nb.de abrufbar.



Planung/Lektorat: Alexander Grün
Springer Vieweg ist ein Imprint der eingetragenen Gesellschaft Springer-Verlag GmbH, DE und ist ein Teil von Springer Nature.
Die Anschrift der Gesellschaft ist: Heidelberger Platz 3, 14197 Berlin, Germany

Das Papier dieses Produkts ist recyclebar.

# Vorwort

Modulare Produktstrukturen helfen, die Herausforderungen von produzierenden Unternehmen im Spannungsfeld von zunehmenden Kundenanforderungen und hohem Kostendruck durch globalen Wettbewerb besser zu begegnen. Das Ziel ist es, die hohe, vom Markt geforderte, externe Produktvielfalt mit einer möglichst schlanken, internen Vielfalt an Komponenten und Modulen mit einer geschickt gewählten modularen Produktstruktur zu verbinden. Zur Entwicklung modularer Produktstrukturen werden bisher bestehende Produktfamilien-Generationen analysiert und daraus Erkenntnisse für die zukünftige modular gestaltete Produktfamilien abgeleitet. Vereinzelt kommen neue Anforderungen vom Vertrieb hinzu, um auf verändernde Markterfordernisse zu reagieren. Eine systematische zukunftsorientierte Betrachtung in Verbindung mit der Entwicklung einer modularen Struktur wird bisher nicht durchgeführt. Dies kann dazu führen, dass nach der Einführung einer modularen Struktur neue Marktanforderungen auftreten, die man nicht berücksichtigt hatte, oder die sich nun schwer im Nachhinein integrieren lassen, da man sie nicht kannte.

Hier setzt die Arbeit von Herrn Greve an, gezielt zukünftige Marktanforderungen und auch zukünftige produktionsseitige Anpassungen strukturiert und systematisch zu antizipieren, um sie in die Entwicklung von modularen Strukturen rechtzeitig integrieren zu können. Dies bedeutet, dass die gefundenen Lösungen robust gegenüber diesen zu erwartenden Änderungen gestaltet sein müssen, so dass die Auswirkungen möglichst gering gehalten werden können.

Herr Greve hat sich dazu in die Wissensgebiete der Modularisierung, der Vorausschau und der zukunftsorientierten Produktstrukturgestaltung eingearbeitet, die die Grundlage für seine Arbeit darstellen.

Die Arbeit von Herrn Greve stellt eine wichtige wissenschaftliche Bereicherung zur Thematik der Integration von zukünftigen Auswirkungen auf modulare Produktarchitekturen dar.

Ich wünsche ihm für seinen beruflichen Werdegang viel Erfolg und danke ihm sehr herzlich für die am Institut geleistete Arbeit.

Hamburg im Juli 2023

Prof. Dr.-Ing. Dieter Krause

# Methode zur Gestaltung zukunftsrobuster modularer Produktstrukturen aus Markt- und Produktionssicht

**Vom Promotionsausschuss der**
**Technischen Universität Hamburg**

zur Erlangung des akademischen Grades
Doktor-Ingenieur (Dr.-Ing.)

genehmigte Dissertation

von
Erik Greve

aus
Wismar

2023

1. Gutachter: Prof. Dr.-Ing. Dieter Krause

2. Gutachterin: Prof. Dr.-Ing. Kristin Paetzold-Byhain

Tag der mündlichen Prüfung: 14.06.2023

# Danksagung

Ich möchte an dieser Stelle meine aufrichtige Dankbarkeit und Wertschätzung für die Unterstützung und Hilfe ausdrücken, die ich während meiner Reise zur Erstellung meiner Doktorarbeit am Institut für Produktentwicklung und Konstruktionstechnik (PKT) der TU Hamburg erfahren habe.

Zunächst möchte ich meinen tiefsten Dank meinem Doktorvater Herrn Prof. Dr.-Ing. Dieter Krause aussprechen. Ihre Führung, Geduld und Expertise waren von unschätzbarem Wert für den Erfolg dieser Arbeit. Ihre inspirierenden Ideen und konstruktiven Rückmeldungen haben nicht nur meinen wissenschaftlichen Horizont erweitert, sondern mich auch dazu ermutigt, über mich hinauszuwachsen und neue Wege zu erforschen. Ein besonderer Dank gilt zudem Frau Prof. Dr.-Ing. Kristin Paetzold-Byhain für die Unterstützung als Zweitgutachterin sowie Herrn Prof. Dr.-Ing. habil. Hermann Lödding für die Übernahme des Prüfungsvorsitzes.

Beim gesamten PKT bedanke ich mich von Herzen für die gemeinsame Zeit, die motivierende Arbeitsatmosphäre sowie die unvergesslichen Erlebnisse während und nach der Arbeit. Christoph Rennpferdt, dir gilt sicherlich der größte Dank, denn du hast mich nicht nur als Student und Kollege ausgehalten, sondern mich auch jederzeit tatkräftig unterstützt und bist mir über die Jahre ein sehr guter Freund geworden. Marc Windheim, Florian Dambietz, Lea-Nadine Wöller, Juliane Vogt, Emil Heyden, Johanna Spallek und Nicolas Gebhardt, unsere spannenden Diskussionen sowie fachlichen und menschlichen Debatten waren eine wertvolle Quelle meiner Motivation und Inspiration. Es war mir eine Ehre, mit euch zusammenzuarbeiten und euch als Menschen kennenlernen zu dürfen.

Meinen Hilfswissenschaftlern und Studienarbeitenden danke ich für die wirksamen Impulse und sehr wertvollen Arbeiten – insbesondere Sven Wehrend, Morris Brakhage, Marcel Reimers, Yannick Prechel, Naz Amin und Gizem Reimann.

Mein – mit Abstand – größter Dank gilt meinen Eltern Jens und Manuela sowie meiner Frau Jessica, die immer an mich geglaubt und mich jederzeit bedingungslos unterstützt haben. Eure Liebe, Förderung und moralische Unterstützung waren unersetzlich und haben mich dazu ermutigt, nie aufzugeben, selbst wenn die Herausforderungen noch so überwältigend schienen. Ihr habt mir stets den Rücken freigehalten und eure Bedarfe hintenangestellt – nicht nur dafür danke ich euch von Herzen.

Abschließend möchte ich noch all jenen danken, die direkt oder indirekt zu meiner Arbeit beigetragen haben, sei es durch wissenschaftliche Diskussionen, technische Unterstützung oder aufmunternde Worte. Eure Beiträge haben einen großen Unterschied gemacht und mir geholfen, meine Forschung auf ein höheres Niveau zu heben.

Erik Greve

# Zusammenfassung

Die voranschreitende Individualisierung von Käufermärkten führt dazu, dass produzierende Unternehmen ihr Produktportfolio zunehmend diversifizieren müssen, um weiterhin wettbewerbsfähig zu bleiben. Die Bereitstellung dieser breiten Angebotsvielfalt resultiert in einer erhöhten internen Vielfalt an Prozessen und Komponenten, was einen Anstieg der varianteninduzierten Komplexität und somit Kosten für das Unternehmen nach sich zieht. Aus Sicht der Produktentwicklung stellt der Einsatz modularer Produktstrukturen eine geeignete Strategie dar, um diese hohe Angebotsvielfalt mit einer möglichst geringen internen Vielfalt abzudecken. Durch einen zunehmend dynamisch geprägten Unternehmenskontext unterliegt die Vielfalt jedoch häufigen Änderungen. So führen insbesondere markt- und produktionsseitige Einflussgrößen dazu, dass die Potentiale einer modularen Produktstruktur nicht langfristig ausgeschöpft werden können und die änderungsinduzierten Kosten im Unternehmen ansteigen. Die teilweise konträren Änderungstreiber aus Markt- und Produktionssicht gilt es demnach bei der Entwicklung einer modularen Produktstruktur zu berücksichtigen, um diese möglichst zukunftsrobust gegen die nachteiligen Änderungsauswirkungen auszugestalten. Bestehende Produktentwicklungsmethoden liefern hier nur wenig Unterstützung.

In dieser Arbeit wird zunächst das Problem technischer Produktänderungen aufgrund markt- und produktionsseitiger Änderungseinflüsse untersucht und die Anforderungen an eine zukunftsrobuste modulare Produktstrukturierung aufgestellt. Im Stand der Wissenschaft werden anschließend die Grundlagen und methodischen Ansätze aus den Themenbereichen der modularen und zukunftsorientierten Produktstrukturierung sowie der methodischen Vorausschau vorgestellt und bewertet. Aufbauend auf dem daraus identifizierten Forschungsbedarf wird die Methode zur Gestaltung zukunftsrobuster modularer Produktstrukturen aus Markt- und Produktionssicht eingeführt. Nach einer Beschreibung des Anwendungsbereiches werden die einzelnen Schritte der Methode vorgestellt und abschließend alternative Anknüpfungsmöglichkeiten an den Integrierten PKT-Ansatz aufgezeigt. Die Validierung der Methode erfolgt abschließend am Fallbeispiel einer Produktfamilie von Drehwechseltischen einer Laserbearbeitungsanlage.

Die neu entwickelte Methode unterstützt insbesondere bei der Identifikation und Analyse markt- und produktionsseitiger Änderungsauswirkungen auf die vorhandene Produktstruktur und ermöglicht somit die gezielte Umgestaltung änderungskritischer Bereiche zur Erhöhung der Zukunftsrobustheit. Durch die Verwendung geeigneter Vorausschaumethoden und Visualisierungswerkzeuge können die Unsicherheiten dynamischer Einflussfaktoren aus Markt- und Produktionssicht transparent aufgezeigt und für die Entwicklung zukunftsrobuster modularer Produktstrukturen nutzbar gemacht werden.

# Summary


The ongoing individualization of buyers' markets is forcing manufacturing companies to increasingly diversify their product portfolios in order to remain competitive. The deployment of this broad variety of offers results in an increased internal variety of processes and components, which leads to an increase in variant-induced complexity and thus costs for the company. From a product development perspective, the utilization of modular product structures represents a suitable strategy for covering this high diversity of offers with as little internal variety as possible. However, due to an increasingly dynamic corporate context, internal and external variety is subject to frequent changes. To ensure that the potential of modular product structuring can be exploited as far as possible in the long term and the associated change efforts can be minimized, the main change drivers from the market and production perspective must be taken into account in order to design a future robust modular product structure.

Existing product development methods provide only limited support for the design of such future robust modular product structures. In particular, the merging of the partially conflicting change drivers from the market and production perspectives is not taken into account, which can lead to cost-intensive change efforts.

In this thesis, the problem of technical product changes due to market- and production-related change factors is first examined and the requirements for a future robust modular product structuring are established. In the state of the art, the fundamentals and methodological approaches from the topics of modular and future-oriented product structuring as well as methodological foresight are then presented and evaluated. Building on the research needs identified from this, a new method for designing future robust modular product structures is introduced. Following a description of the scope of application, the individual steps of the method are presented, illustrated by means of an explanatory example and, finally, alternative link-up opportunities to the Integrated PKT Approach for the development of modular product families are shown. Concluding, the validation of the method is carried out on the case study of a product family of rotary tables of a laser processing system.

The newly developed method supports in particular the identification and analysis of market- and production-related change implications on the existing product structure and thus enables the targeted redesign of change-critical areas to increase future robustness. The method does not claim to accurately predict the future. The use of suitable forecasting methods and visualization tools can rather transparently show the uncertainties of dynamic influencing factors from a market and production perspective and make them usable for developing future robust modular product structures.

# Inhaltsverzeichnis

# Abkürzungsverzeichnis

| | |
|---|---|
| CAM | Change Allocation Model |
| CI-R | Coupling Index-receive |
| CI-S | Coupling Index-supply |
| CPI | Change Propagation Index |
| DfC | Design for Changeability |
| DfV | Design for Variety |
| DfX | Design for X |
| DMM | Domain Mapping Matrix |
| DSM | Design Structure Matrix |
| EM | Engineering Metrics |
| EtO | Engineer-to-Order |
| GVI | Generational Variety Index |
| KMU | Kleinstunternehmen, kleine und mittlere Unternehmen |
| MDM | Multiple Domain Matrices |
| MFD | Modular Function Deployment |
| MIG | Module Interface Graph |
| MIM | Module Indication Matrix |
| ML | Machine Learning |
| MPC | Module Process Chart |
| MPV | Method and Process Visualisation |
| PKT | Institut für Produktentwicklung und Konstruktionstechnik |
| PSM | Program Structuring Model |
| PTP | Produktionstrend-Portfolio |
| QFD | Quality Function Deployment |
| SEM | Szenario-Eigenschafts-Matrix |

| | |
|---|---|
| TeV | Tree of external Variety |
| TUHH | Technische Universität Hamburg |
| VAM | Variety Allocation Model |
| WiMo | Wirkmodell modularer Produktstrukturen |

# 1 Einleitung

## 1.1 Ausgangssituation und Problemstellung

Produzierende Unternehmen sehen sich aufgrund der anhaltenden Globalisierung, einer zunehmenden individuellen Nachfrage sowie kürzeren Innovationszyklen einem immer stärker werdenden Kostendruck ausgesetzt. Um die Wettbewerbsfähigkeit zu erhalten und sich am Markt zu behaupten, diversifizieren die Unternehmen ihr Produktportfolio und stellen ein möglichst breites Angebot an Produktvarianten bereit. Die ansteigende Vielfalt am Markt resultiert jedoch in einer erhöhten Produkt- und Prozessvielfalt im Unternehmen, was wiederum zu einem Anstieg der internen Komplexität und den damit verbundenen Kosten führt [Kra18]. Als geeignete Strategie zur Handhabung der Variantenvielfalt hat sich der Einsatz von modularen Produktstrukturen in der industriellen Praxis über die Jahre fest etabliert [Ren20]. Durch die Verwendung dieser Produktstrukturierungsstrategie kann eine hohe Angebotsvielfalt realisiert und wirtschaftliche Einsparungspotentiale entlang der gesamten Wertschöpfungskette erschlossen werden [Hac20].

Zusätzlich zu dem ansteigenden Diversifizierungsbedarf finden sich die Unternehmen in einem dynamisch geprägten Umfeld wieder und müssen aufgrund neuer Stakeholderbedürfnisse, schnell konvergierenden Technologien oder veränderten gesetzlichen, gesellschaftlichen oder geopolitischen Rahmenbedingungen ihr Produktprogramm immer häufiger anpassen und versionieren [Bro08], [Car14]. Um in diesem dynamischen Unternehmenskontext agieren zu können, muss die modulare Produktstruktur so ausgestaltet werden, dass die notwendigen technischen Produktänderungen mit möglichst geringen Änderungsaufwänden umgesetzt und ein hohes Maß an kommunal verwendeten Komponenten mit in die nächste Produktgeneration übernommen werden kann. Andernfalls steigt die interne Variantenvielfalt wieder unkontrolliert an und hat zur Folge, dass die oftmals langfristig ausgerichteten Einsparungseffekte durch die interne Variantenreduktion nicht vollständig ausgeschöpft werden können (Bild 1-1).


E. Greve, *Methode zur Gestaltung zukunftsrobuster modularer Produktstrukturen aus Markt- und Produktionssicht*, Produktentwicklung und Konstruktionstechnik 24,
https://doi.org/10.1007/978-3-662-68240-1_1

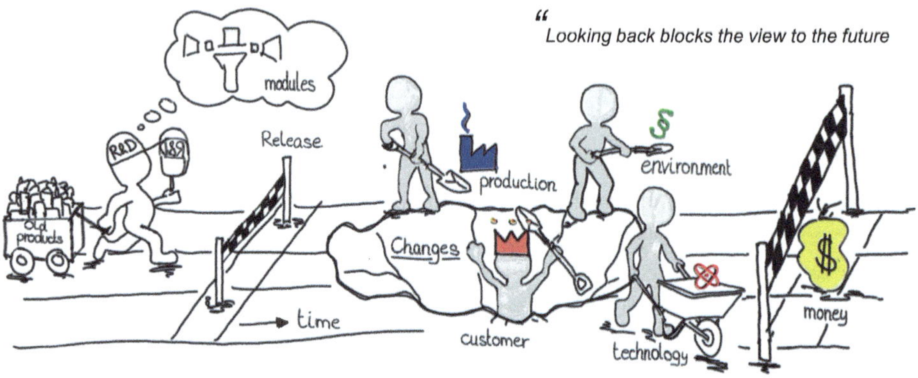


Bild 1-1: Dilemma bei der fehlenden Berücksichtigung von dynamischen Änderungstreibern bei der Entwicklung modularer Produktstrukturen

Der alleinige Blick in den Rückspiegel bei der Entwicklung modularer Produktstrukturen ist demzufolge nicht ausreichend und kann dazu führen, dass die aufwendig entwickelte Produktstruktur nach der Implementierung kostenintensiv überarbeitet oder im schlimmsten Fall sogar ganz verworfen werden muss. Wie im Verlauf der Arbeit gezeigt wird, stellen insbesondere die zukünftigen marktseitigen sowie die nachträglichen produktionsseitigen Änderungstreiber die wesentlichen Ursachen für kostenintensive Änderungen an Produktstrukturen dar. Die marktseitigen Änderungseinflüsse treten dabei zumeist ungeplant auf, unterliegen einer hohen Unsicherheit und können hauptsächlich auf zukünftige kundenseitige Anforderungsänderungen zurückgeführt werden [Bau16]. Die produktionsseitigen Änderungsursachen sind dagegen eher intern geprägt und vom Unternehmen größtenteils selbst beeinflussbar [Gre20b]. Typische produktstrukturseitige Änderungsgründe stellen Produktionsprozessanpassungen aufgrund neuer Technologien, zulieferbezogene Änderungen oder Gesetzesänderungen mit Bezug zum Produktionssystem dar. Aktuell werden in der Literatur bei der Gestaltung modularer Produktstrukturen ausschließlich die marktseitigen Änderungseinflüsse berücksichtigt – eine gleichzeitige Betrachtung von markt- und produktionsspezifischen Änderungstreibern erfolgt dagegen nicht [Gre18b].

## 1.2 Zielsetzung

Das Ziel dieser Arbeit ist es, die teilweise konträren Sichten der markt- und produktionsseitigen Änderungsursachen zusammenzuführen und bei der Entwicklung der modularen Produktstruktur zu berücksichtigen. Zu diesem Zweck soll eine methodische Unterstützung bereitgestellt werden, mit der die modulare Produktstruktur so ausgestaltet werden kann, dass sie mit möglichst geringem Änderungsaufwand auf zukünftige und nachträgliche Anforderungsänderungen reagieren und dabei möglichst langfristig die wirtschaftlichen Einsparungspotentiale der Modularität freisetzen kann. Um diese

Zielstellung einer zukunftsrobusten Produktstrukturgestaltung zu erreichen, muss die zu entwickelnde Methode folgende Elemente enthalten:

- fallspezifische Aufnahme und Analyse der wesentlichen Änderungstreiber aus Markt- und Produktionssicht,
- transparentes Aufzeigen der Änderungsauswirkungen auf die interne Komponentenvielfalt der Produktstruktur,
- gezielte Umgestaltung der Produktstruktur auf Basis der analysierten Änderungsauswirkungen durch die Bereitstellung von zukunftsrobusten Gestaltungsmaßnahmen sowie
- nachvollziehbare Bewertung alternativer Produktstrukturkonzepte im Hinblick auf die Zukunftsrobustheit.

Die interdisziplinäre Informationsvermittlung und kreative Ideenfindung soll dabei durch die Entwicklung geeigneter Visualisierungswerkzeuge innerhalb der Methode unterstützt werden. Zudem gilt es, das entwickelte Vorgehen in die Methodensammlung des *Integrierten PKT-Ansatzes zur Entwicklung modularer Produktfamilien* einzubetten und Synergien zu den bestehenden Methodenbausteinen aus dem Bereich des Variantenmanagements auszunutzen.

Durch die Berücksichtigung zukünftiger Ereignisse sind die erzielten Ergebnisse immer mit Unsicherheiten behaftet und es besteht kein Anspruch auf eine perfekte Vorhersage der Zukunft. Ziel der Methode sollte es vielmehr sein, die bestehenden Unsicherheiten durch die Verwendung geeigneter Vorausschaumethoden und Visualisierungswerkzeuge transparent aufzuzeigen und als Entscheidungsunterstützung bei der Gestaltung zukunftsrobuster modularer Produktstrukturen hinzuzuziehen. Die Methode richtet sich dabei vor allem an produzierende Maschinenbauunternehmen, welche eine große Angebotsvielfalt bei geringer Stückzahl offerieren und mit modularen Produktstrukturen diese Variantenvielfalt langfristig beherrschen wollen. Die Übertragbarkeit auf andere Anwendungen ist dabei nicht ausgeschlossen.

## 1.3 Aufbau der Arbeit

Im zweiten Kapitel werden zunächst die grundlegenden Begrifflichkeiten für das Verständnis dieser Arbeit erläutert und die Relevanz zukunftsrobuster modularer Produktstrukturen vorgestellt. Dabei werden die Ursachen und Auswirkungen technischer Produktänderungen untersucht und aufbauend auf der Problemanalyse die Anforderungen an die zu entwickelnde methodische Unterstützung abgeleitet.

Im dritten Kapitel wird der aktuelle Stand der Wissenschaft zur modularen Produktstrukturierung, der methodischen Vorausschau sowie der zukunftsorientierten

Produktstrukturierung zusammengefasst. Für jedes Themenfeld werden dabei zunächst die wesentlichen Grundlagen erläutert und anschließend relevante Methoden vorgestellt. Die methodischen Ansätze werden abschließend anhand der aufgestellten Anforderungen aus dem zweiten Kapitel bewertet und der Forschungsbedarf für diese Arbeit aufgezeigt.

Im vierten Kapitel wird die neu entwickelte *Methode zur Gestaltung zukunftsrobuster modularer Produktstrukturen aus Markt- und Produktionssicht* eingeführt. Nach einer Vorstellung des Anwendungsbereichs erfolgt die Beschreibung des grundsätzlichen Aufbaus der Methode. Anschließend wird das Vorgehen Schritt für Schritt am Erklärungsbeispiel einer Produktfamilie von Druckregelventilen erläutert und abschließend mögliche Anknüpfungspunkte zum *Integrierten PKT-Ansatz zur Entwicklung modularer Produktfamilien* aufgezeigt.

Die Validierung des methodischen Vorgehens erfolgt im fünften Kapitel im Rahmen einer Einzelfallstudie. Hier wird eine Produktfamilie von Drehwechseltischen als Teilsystem einer Laserbearbeitungsanlage unter Anwendung der neu eingeführten Methode zukunftsrobust umgestaltet. Die Evaluation erfolgt anhand von Prüfhypothesen, welche sich aus dem abgeleiteten Forschungsbedarf des dritten Kapitels ergeben.

Das letzte Kapitel fasst die Arbeit zusammen und gibt einen Ausblick auf weitere Forschungsarbeiten, welche mit dem Themengebiet dieser Arbeit zusammenhängen.

# 2 Problembeschreibung

In diesem Kapitel werden zunächst die wichtigsten Begrifflichkeiten im Kontext dieser Arbeit erläutert und die Relevanz zukunftsrobuster modularer Produktstrukturen anhand von empirischen Fallbeispielen sowie Erkenntnissen aus dem wissenschaftlichen Umfeld herausgestellt. Aufbauend auf der anschließenden Problemanalyse werden die Anforderungen an eine methodische Unterstützung zur Entwicklung zukunftsrobuster modularer Produktstrukturen aus Markt- und Produktionssicht abgeleitet.

## 2.1 Grundlegende Begriffe im Kontext der Arbeit

Zu Beginn werden die Begriffe definiert, welche in der Wissenschaft sowie in der industriellen Praxis oftmals unterschiedlich genutzt werden und deren einheitliche Verwendung für das Verständnis dieser Arbeit von Bedeutung sind.

### Interne und externe Vielfalt

Die Betrachtung der Vielfalt eines Unternehmens kann sowohl aus interner als auch externer Sicht erfolgen. Die **externe Vielfalt** beschreibt das Spektrum des Produkts- und Leistungsangebots eines Unternehmens, welches von den Kunden wahrgenommen wird und den Mehrwert für das Unternehmen erzeugt [Bar95]. Die **interne Vielfalt** ist im Gegensatz dazu die Vielfalt, die zur Bereitstellung dieser Angebotsvielfalt benötigt wird. Hier wird vor allem die Vielfalt an Bauteilen, Baugruppen, Produkten und Prozessen betrachtet, welche reduziert werden sollte, wenn sie zur Bereitstellung der externen Vielfalt nicht zwingend erforderlich ist. Sie ist daher unerwünscht, da sie die Gemeinkosten und varianteninduzierten Komplexitätskosten erhöht [Bro15].

### Konzept der Produktlebensphasen

Entlang der Wertschöpfungskette stellen die **Produktlebensphasen** die unterschiedlichen Unternehmensfunktionen dar. Generische Lebensphasen eines Produkts sind *Produktentwicklung, Einkauf, Produktion, Vertrieb, Nutzung* sowie *Recycling/ Entsorgung,*


E. Greve, *Methode zur Gestaltung zukunftsrobuster modularer Produktstrukturen aus Markt- und Produktionssicht*, Produktentwicklung und Konstruktionstechnik 24,
https://doi.org/10.1007/978-3-662-68240-1_2

welche jedoch für verschiedene Beschaffungsstrategien unterschiedlich anzupassen oder anzuordnen sind [Bec04]. Für die Strategie eines *Engineer-to-Orders* (EtO) sind die Produktlebensphasen beispielhaft in Bild 2-1 abgebildet.

Bild 2-1: Produktlebensphasen am Beispiel der Beschaffungsstrategie des EtO [Bec04]

Für die Entwicklung modularer Produktstrukturen sind die Produktlebensphasen von hoher Relevanz, da die verschiedenen Phasen unterschiedliche Anforderungen an das zu entwickelnde Produktstrukturkonzept stellen und demzufolge aufeinander abgestimmt werden müssen.

**Produktprogrammhierarchie**

Als **Produkt** kann alles das bezeichnet werden, was einer Person angeboten werden kann, um einen Wunsch oder ein Bedürfnis zu befriedigen [Kot07]. Die Gesamtheit aller Produkte, die ein Unternehmen am Markt anbietet, wird als **Produktprogramm** bezeichnet, welches gemäß Bild 2-2 hierarchisch zergliedert werden kann [Sek05].

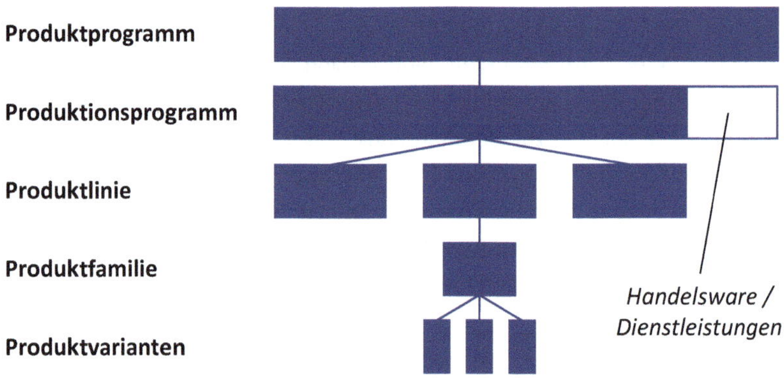


Bild 2-2: Gliederung des Produktprogramms [Sek05]

Das Produktprogramm eines Unternehmens setzt sich aus dem **Produktionsprogramm** sowie den zugekauften Produkten zusammen, welche ohne substanzielle Änderungen am Markt platziert werden [Rup88]. Innerhalb dieses Produktionsprogrammes werden verschiedene **Produktlinien** angeboten, die sich aufgrund ähnlicher Funktionsprinzipien oder Produktionsverfahren zusammenfassen lassen [Mey97b]. Die darin enthaltenen **Produktfamilien** werden dabei als Menge an Produkten bezeichnet, die gemeinsame Technologien (Funktionen und Komponenten) teilen, bzw. identische Schnittstellen auf technologischer, funktionaler und physischer Ebene aufweisen [Kra12]. Die einzelnen Vertreter einer Produktfamilie werden durch **Produktvarianten** abgebildet, die sich nach FRANKE ET AL. in mindestens einer Eigenschaft unterscheiden [Fra02]. Diese Eigenschaften sind idealerweise bei der Kaufentscheidung für den Kunden relevant, sodass eine passende Produktvariante ausgewählt werden kann [Kra18].

### Alternative, Version und generationsübergreifende Vielfalt

**Alternativen** stellen im Gegensatz zur Variante hingegen verschiedene Ausführungen eines technischen Systems mit denselben Anforderungen dar [Kra18]. Sie werden im Rahmen der Produktentwicklung parallel entwickelt, wobei am Ende nur eine Alternative weiterverfolgt wird. Eine **Version** ist ein exakt definierter zeitlicher Stand eines Objektes im Rahmen seines Lebenszyklus und ist in der zeitlichen Abfolge mit einem Vorgänger und Nachfolger verknüpft [Sch02]. Die zeitliche Ausprägung der Angebotsvielfalt wird auch als **generationsübergreifende Vielfalt** bezeichnet [Mar02] (siehe Bild 2-3).

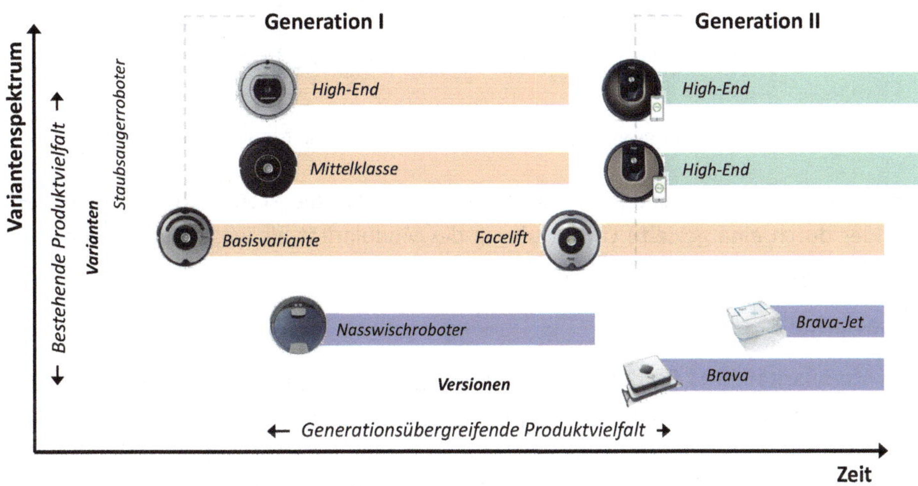


Bild 2-3: Varianten, Versionen und Generationen am Beispiel einer fiktiven Produktfamilie von Staubsaugerrobotern [Kra18] in Anlehnung an [Mar02]

Es existiert somit zu jedem bekannten Zeitpunkt nur eine Version eines Objektes, aber gegebenenfalls mehrere Varianten. So löst in der *Generation II* in Bild 2-3 beispielsweise eine *High-End-Version* das *Mittelklasse-Modell* der Staubsaugerroboter ab, während die *Basisvariante* nur durch ein *Facelift* überholt wird und weiterhin als Produktvariante vorliegt.

### Produktarchitektur, Produktstruktur und Funktionsstruktur

Der Begriff der **Produktarchitektur** kann als die Gesamtheit der funktionalen und physikalischen Beschreibungen eines Produktes definiert werden [Ulr95]. Das umfasst nicht nur die Anordnung der funktionalen Elemente, sondern ebenso die Definition der Spezifikation der Schnittstellen zwischen den physischen Komponenten sowie die Zuordnung von funktionalen Elementen zu den physischen Komponenten. Die gemeinsame

Betrachtung der **Funktions- und Produktstruktur** bildet somit den Grundgedanken der Produktarchitektur ab (Bild 2-4). Hierbei ist insbesondere die Struktur der Zuordnung zwischen den Funktionen und Komponenten relevant [Kra18].

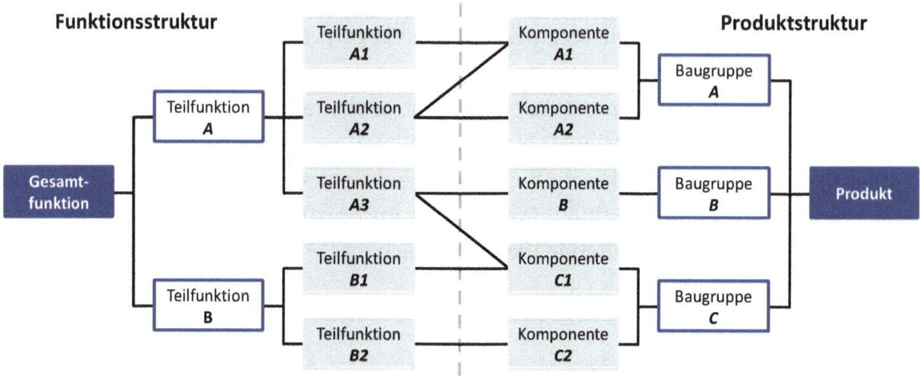


Bild 2-4: Aufbau der Produktarchitektur aus Funktions- und Produktstruktur [Kra18]

Im Rahmen der vorliegenden Arbeit wird insbesondere die Produktstruktur fokussiert, da hier durch eine gezielte Umgestaltung die Modularität als wesentliche Eigenschaft der Produktstruktur beeinflusst werden kann.

## Modularität

Die **Modularität** einer Produktstruktur ist eine graduelle Eigenschaft und kann nach SALVADOR durch die Merkmale der *Entkopplung, Kommunalität, Kombinierbarkeit, Schnittstellenstandardisierung* und *Funktionsbindung* charakterisiert werden [Sal07]. HACKL ET AL. ergänzen diese Definition um die Aspekte der *Überdimensionierung* und *Separierbarkeit* und erweitern die Beschreibung durch die Unterteilung in Merkmale und Eigenschaften [Hac20] (Bild 2-5). Merkmale werden dabei direkt durch den Entwickler beeinflusst und Eigenschaften durch die Kombination von Merkmalsausprägungen erzeugt (Definition in Anlehnung an [Web07]).

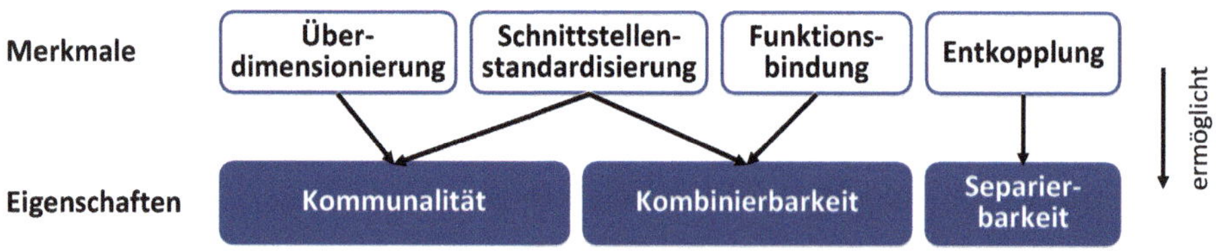


Bild 2-5: Eigenschaften und Merkmale der Modularität und deren Kausalbeziehungen [Hac20]

Das Merkmal der *Entkopplung* stellt eine generelle Voraussetzung für die Modularität einer Produktstruktur dar und ermöglicht es, separierbare Module zu erzeugen. Die *Kommunalität* zielt auf die Nutzung wiederverwendbarer Module und/oder

Komponenten in mehreren Produktvarianten ab, wohingegen die *Kombinierbarkeit* die Einsparungen durch Konfiguration von Produktvarianten adressiert. *Überdimensionierung, Schnittstellenstandardisierung* und *Funktionsbindung* stellen zudem konkrete Maßnahmen zur Realisierung dieser Ziele dar und bilden die technischen Umsetzungsmöglichkeiten ab.

**Technische Produktänderungen**

Nachträgliche bzw. zukünftige Änderungen an bereits freigegebenen Arbeitserzeugnissen werden als **technische Produktänderungen** bezeichnet und führen zu einer neuen Version oder einer neuen Variante [Deu05]. HAMRAZ ET AL. erweitern diese Definition um Änderungen oder Modifikationen an freigegeben Strukturen, des Verhaltens, der Funktion, der Relationen zwischen Funktionen und Verhalten sowie der Relation zwischen Verhalten und Struktur [Ham13]. Eine Änderung kann dabei als eine zeitliche Transformation eines Systems in einen anderen Zustand verstanden werden und Anpassungen hinsichtlich Form, Abmessungen, Passungen, Funktionen oder Materialien notwendig machen [Hua99], [Ros08]. Neben physischen Aspekten können auch Produktdokumentationen und Software betroffen sein [Ter99].

**Änderungsfortpflanzung**

Die **Änderungsfortpflanzung** beschreibt die Ausbreitung von technischen Änderungen innerhalb eines Produktes durch die Abhängigkeit der Komponenten untereinander [Eck04]. So können beispielsweise geometrische Änderungen an Komponenten dazu führen, dass umliegende Komponenten angepasst oder ausgetauscht werden müssen. Dies kann weitere Änderungen im Produkt nach sich ziehen und folglich zusätzliche Änderungsaufwände und somit -kosten verursachen [Cla04]. Die Wahrscheinlichkeit der Änderungsfortpflanzung steigt hier mit zunehmendem Vernetzungsgrad eines Elements innerhalb der Produktstruktur. Die Stärke von potentiellen Folgeänderungen aufgrund einer Änderung eines Elements kann mit Hilfe der *Aktiv- und Passivsumme* bestimmt werden [Lin09]. Je mehr andere Elemente von einer Änderung eines Elements betroffen sind, desto höher ist dessen Aktivsumme. Die Passivsumme ist dagegen umso höher, je mehr andere Elemente ein Element ändern. Diese Bewertung ermöglicht die Klassifizierung von Komponenten bezüglich ihrer Änderungsreaktion [Eck04].

**Zukunftsrobuste modulare Produktstrukturen**

Unter den Begriff der **Zukunftsrobustheit** fallen in der Literatur im Kontext der methodischen Produktgestaltung unterschiedliche Begrifflichkeiten. So definiert SCHIFFER beispielsweise die *Szenariorobuste Produktarchitektur*, welche darauf abzielt, Änderungsaufwände zu minimieren und gleichzeitig die Kommunalität im Zeitverlauf durch die Berücksichtigung alternativer Zukunftsszenarien im Produktarchitekturänderungsprozess zu erhalten [Sch13]. BAUER beschreibt mit der *Änderungsrobusten Plattformarchitektur* eine produktübergreifende Basisarchitektur, deren robuste Elemente unempfindlich gegenüber Änderungen sein sollten, wohingegen die flexiblen Elemente eine effiziente Reaktion auf diese Änderungen erlauben. Die unempfindlichen Bereiche sollten dabei möglichst kommunal ausgestaltet sein [Bau16].

Beide Definitionen weisen inhaltliche Gemeinsamkeiten auf, werden aber zu unterschiedlichen Begrifflichkeiten zusammengefasst. Zur einheitlichen Verwendung wird mit der *Zukunftsrobustheit* ein übergeordneter Begriff für diese spezielle Art der Produktgestaltung definiert. Die Zukunftsrobustheit beschreibt demnach die graduelle Eigenschaft einer Produktstruktur, mit möglichst wenig Änderungsaufwänden und unter Berücksichtigung möglicher Kommunalitätspotentiale auf zukünftige Änderungseinflüsse reagieren zu können [Gre18b]. Die Produktstruktur sollte dabei möglichst robust gegenüber den wichtigsten Zukunftsszenarien und Technologieänderungen sein und die Entwicklung folgender Produktfamiliengenerationen mit geringen produktstrukturseitigen Änderungen ermöglichen. Im weiteren Verlauf dieser Arbeit wird insbesondere die Zukunftsrobustheit von modularen Produktstrukturen zur Beherrschung der Variantenvielfalt untersucht und adressiert. Diese werden im Folgenden als **zukunftsrobuste modulare Produktstrukturen** bezeichnet.

## 2.2 Relevanz zukunftsrobuster modularer Produktstrukturen

Die Bedeutung einer methodischen Unterstützung zur Entwicklung zukunftsrobuster modularer Produktstrukturen aus Markt- und Produktionssicht wird in diesem Teilkapitel anhand der Ursachen und Auswirkungen von technischen Produktänderungen in produzierenden Unternehmen herausgearbeitet. Dazu werden bestehende Erkenntnisse aus der Literatur mit neuen empirischen Erkenntnissen aus dem industriellen Umfeld angereichert und die vorliegende Problemsituation beschrieben.

### 2.2.1 Ursachen technischer Produktänderungen

Die Ursachen bzw. Treiber für technische Produktänderungen verteilen sich auf alle Lebensphasen eines Produktes [Jar11]. Sie resultieren dabei aus der Dynamik von internen und externen Einflussfaktoren, welche zu veränderten Soll-Zuständen führen und eine Anpassung des Produkts notwendig machen können [Bau16]. Je später ein Auslöser dabei zu einer technischen Änderung führt, desto höher ist auch die negative Kostenwirkung im Unternehmen [Fri98].

Die häufigsten Änderungsursachen können in der Literatur in der Lebensphase der **Produktion** ausgemacht werden (u.a. [Gem95], [Con97], [Sae07], [Sid11], [Lan12], [Via12]). Auf diese Phase entfallen laut einer zusammenfassenden Auswertung mehrerer Studien von Bauer über die Hälfte aller Änderungsursachen [Bau16]. Hier führen vor allem die Fertigbarkeit und Montagefähigkeit von Einzelkomponenten zu technischen

Produktänderungen [Gem95]. Das umfasst neben Toleranzproblemen auch das Vermeiden von Änderungen an Produktionsprozessen und -anlagen [Sae93], [Gem95]. Zudem können rückwirkendende technische Änderungen durch eine geplante Reduzierung der Fertigungs- und Montagezeiten begründet sein [Jar11]. Vor dem Hintergrund der Entwicklung und Nutzung modularer Produktstrukturen stellen die produktionsseitigen Änderungstreiber wichtige Einflussgrößen auf die Zukunftsrobustheit einer Produktstruktur dar. So muss beispielsweise die Fertigbarkeit insbesondere von kommunal verwendeten Komponenten über einen möglichst langen Zeitraum sichergestellt sein, um die geplanten Einsparungseffekte auch langfristig ausschöpfen zu können.

Zur detaillierten Analyse der produktionsspezifischen Änderungstreiber wird eine Online-Umfrage unter 45 Industrievertretern/Innen durchgeführt [Gre20b]. Hierbei werden 32 produktionsspezifische Einflussfaktoren aus der Literatur gesammelt und deren absolute Häufigkeit als Ursache für technische Produktänderungen abgefragt. Das zusammengefasste Ergebnis der Verteilung ist in Bild 2-6 zu sehen, eine vollständige Beschreibung der Umfrage mit allen Einflussfaktoren kann Anhang 1 entnommen werden.

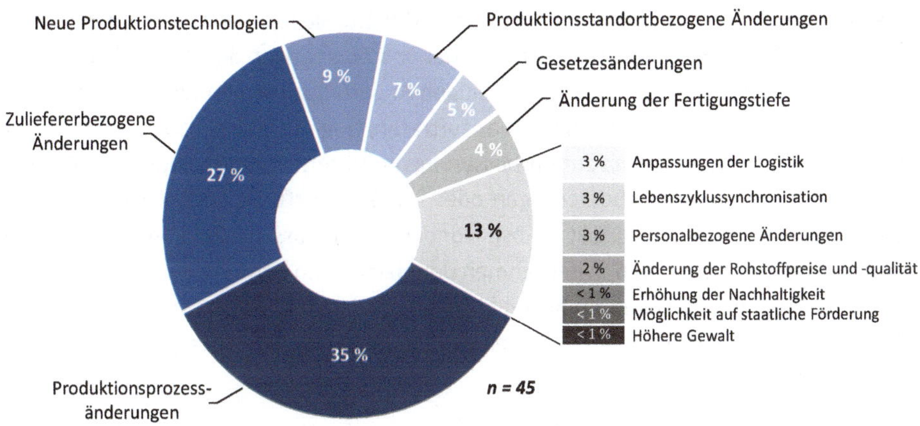


Bild 2-6: Online-Umfrage zur Verteilung der produktionsspezifischen Änderungsursachen [Gre20b]

Die häufigsten Ursachen für technische Produktänderungen stellen demnach Änderungen von Produktionsprozessen (35%) sowie zuliefererbezogene Änderungen (27%) dar. Sie machen zusammen fast zwei Drittel aller Änderungsgründe aus. Neue Produktionstechnologien sowie Änderungen des Produktionsstandorts, der Gesetzeslage und der Fertigungstiefe verursachen deutlich weniger Änderungen, werden aber auch mehrfach genannt. Weniger wahrscheinlich sind dagegen Änderungstreiber, wie z.B. höhere Gewalt oder personalbezogene Änderungen. Diese verteilen sich mit weiteren Änderungsauslösern zu ähnlichen Teilen auf die restlichen 13% der genannten Änderungen.

Aus der Studie wird deutlich, dass sowohl interne Einflüsse, wie z.B. Änderungen der Produktionsprozesse, als auch externe Einflüsse, wie z.B. Gesetzesänderungen, zu technischen Produktänderungen führen können. Die Treiber sind dabei nicht immer unabhängig voneinander und können sich auch gegenseitig beeinflussen und somit unterschiedlich ausprägen. So können beispielsweise Gesetzesänderungen dazu führen, dass Produktionstechnologien abgelöst oder Zulieferer gewechselt werden müssen, was wiederum Änderungen an den betroffenen Komponenten der Produktvarianten hervorruft.

Die Dynamik der produktionsspezifischen Änderungsursachen ist größtenteils intern geprägt und somit von den Unternehmen direkt beeinflussbar. In den meisten Fällen unterliegen sie einer eher geringen Unsicherheit und führen zu technischen Änderungen, welche vom Unternehmen selbst gesteuert und eingeplant werden können. Diese Art der Änderung wird in der Folge als größtenteils planbar angesehen und als *nachträgliche Änderung* bezeichnet.

Anders als die vielfältigen Einflussgrößen in der Produktion, können die häufigsten technischen Produktänderungen in der Phase der Nutzung fast ausschließlich auf **marktseitige** Änderungsursachen zurückgeführt werden [Sch13]. Sie resultieren vor allem aus den geänderten Bedürfnissen externer Stakeholder und entspringen der Dynamik des Marktumfelds [Jar11]. Auch wenn die marktseitigen Änderungsursachen nicht so häufig wie die produktionsseitigen Änderungstreiber auftreten, tragen sie direkt zu einer Erhöhung des Kundennutzens und somit zur Verbesserung der Unternehmensleistung bei [Bau16]. Anders als bei Qualitätsverbesserungen oder Fehlerkorrekturen entspringen die Ursachen dabei nicht dem Produkt selbst, sondern sind ausschließlich extern geprägt [Con97]. Sie können von den Unternehmen demnach nur in den seltensten Fällen direkt beeinflusst werden. Ausnahmen bilden hier monopolistische Märkte, in denen einzelne Unternehmen die Kundenbedürfnisse teilweise mitbestimmen können [Jak22]. Dies liegt jedoch nicht im Fokus dieser Arbeit.

Marktgetriebene Änderungen zeichnen sich demzufolge durch eine hohe Unsicherheit aus, ergeben sich durch gesellschaftliche, technologische oder politische Entwicklungen und sind somit nur schwer von den Unternehmen planbar. Aufgrund des unmittelbaren Einflusses auf den Kundennutzen muss dieser Änderungstreiber bei der zukunftsrobusten modularen Produktstrukturgestaltung ebenfalls berücksichtigt werden. Durch die Charakteristik der hohen Unsicherheit wird diese Art der Änderung in Folge als *zukünftige Änderung* bezeichnet.

Die Zusammenfassung der zu berücksichtigenden Änderungstreiber aus Markt- und Produktionssicht bei der Gestaltung zukunftsrobuster modularer Produktstrukturen ist in Bild 2-7 dargestellt.

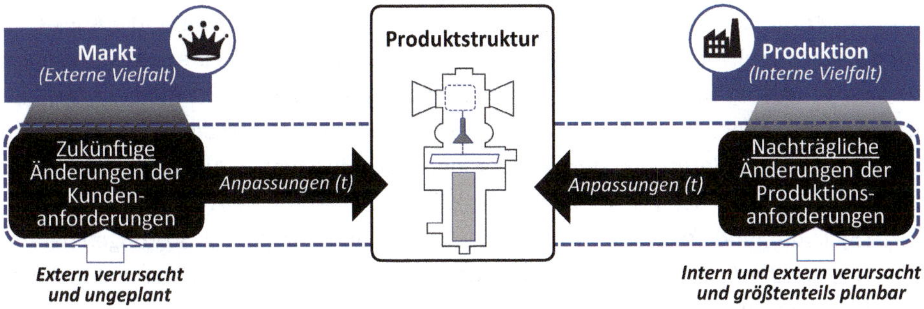


Bild 2-7: Eigenschaften der relevanten Änderungsursachen für technische Produktänderungen in Anlehnung an [Gre21]

Auch wenn sich die Eigenschaften der Änderungsursachen in Bezug auf die Unsicherheit und Beeinflussbarkeit unterscheiden, können sowohl die zukünftigen marktseitigen als auch die nachträglichen produktionsseitigen Änderungen zu kostenintensiven Anpassungen an der initial festgelegten Produktstruktur führen. Aus diesem Grund sollte eine Methode zur Gestaltung zukunftsrobuster modularer Produktstrukturen immer beide Änderungsarten berücksichtigen. Die nachteiligen Änderungsauswirkungen bei fehlender Berücksichtigung werden im nächsten Unterkapitel herausgearbeitet.

### 2.2.2 Auswirkungen technischer Produktänderungen

Änderungsbedingte Aufwände erstrecken sich zumeist über die gesamte Wertschöpfungskette und sind umso kostenintensiver, je später sie im Produktlebenslauf auftreten [Fri98]. Sind die Änderungsaufwände in der frühen Produktentstehungsphase zumeist noch moderat, steigen sie in den nachfolgenden Lebensphasen exponentiell an. Gegenläufig sinken die Möglichkeiten der Beeinflussung der Kosten mit zunehmender Lebensdauer [Rei96]. Dies ist vor allem darin begründet, dass die Einschränkungen der Randbedingungen zunehmen und die benötigten Ressourcen ansteigen [AßmOO].

Die Auswirkungen von Änderungen können sich abhängig von der gewählten Art der Produktstrukturierung unterschiedlich ausprägen. Wesentliche Unterschiede ergeben sich insbesondere bei dem Vergleich von hierarchischen und modularen Produktstrukturen. Diese werden im Folgenden herausgearbeitet.

**Änderungsauswirkungen in hierarchischen Produktstrukturen**

Hierarchische oder auch konventionelle Produktstrukturen orientieren sich ausschließlich an der Funktionsstruktur eines einzelnen Produkts und vernachlässigen den Aspekt der Variantenvielfalt [Kra18]. Die Auswirkungen von technischen Produktänderungen fallen hier besonders negativ ins Gewicht, da aufgrund einer nicht berücksichtigten, ansteigenden Versions- und Variantenvielfalt wesentliche Mehraufwände in allen Lebensphasen entstehen (Bild 2-8).

Im *Vertrieb* steigen durch technische Produktänderungen beispielsweise die Aufwände für die Auftragsabwicklung, wohingegen in der *Produktentwicklung* die diskontinuierlich und kontinuierlich auftretenden Änderungsbedarfe oftmals einen Großteil der Gesamtkapazitäten binden. Wenn diese gesenkt werden können, können die freigesetzten Kapazitäten unter anderem zur Stärkung der innovationsbezogenen Aktivitäten und somit zu einer Erhöhung der Wettbewerbsfähigkeit des Unternehmens eingesetzt werden [Sch13]. In der *Produktion* werden durch technische Änderungen u.a. Störungen hervorgerufen, welche Anpassungen an Maschinen und Anlagen nötig machen und somit zu erhöhten Investitionskosten führen.

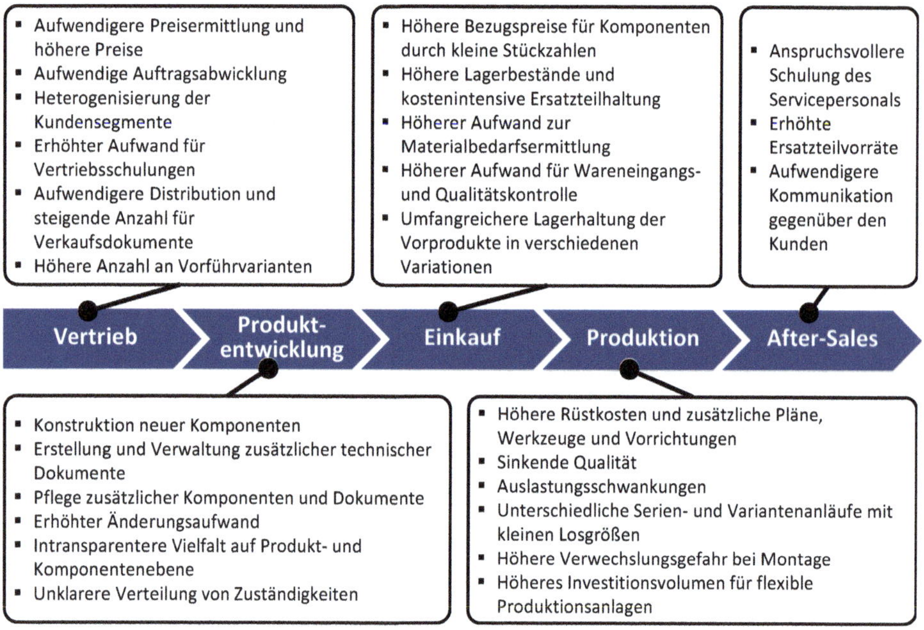


Bild 2-8: Beispiele für Auswirkungen technischer Produktänderungen in hierarchischen Produktstrukturen in Anlehnung an [Bau16]

Auch im *After-Sales* entstehen Nachteile, da durch die änderungsinduzierte Vielfalt viele Ersatzteilvarianten vorgehalten werden müssen. Zudem können produktstrukturseitige Änderungen in der Nutzungsphase neben weiteren Folgeänderungen auch einen hohen organisatorischen Aufwand verursachen [Aßm00]. Durch die Notwendigkeit umfangreicher Aktualisierungen der produktbezogenen Daten und Dokumente prägen sich die Nachteile oftmals noch weiter aus [Sch13]. Generell entstehen viele kostenstellenübergreifende Aufwände, die sich entlang der gesamten Wertschöpfungskette auf alle Unternehmensbereiche verteilen [Bau16]. Hierarchische Produktstrukturen eignen sich demnach nicht, um nachträgliche oder zukünftige Änderungen aufwandsarm umzusetzen.

### Änderungsauswirkungen in modularen Produktstrukturen

Mit modularen Produktstrukturen können durch eine gezielte Beeinflussung der Merkmale und Eigenschaften der Modularität (vgl. Kap. 2.1) Vorteile in allen Produktlebensphasen erschlossen und die Variantenvielfalt gehandhabt werden [Kra18]. Die Änderungsaufwände aus Bild 2-8 fallen hier im Vergleich zu den hierarchischen Produktstrukturen nicht so stark ins Gewicht, da die Änderungen im Idealfall nur bestimmte Module betreffen und nicht die gesamte Produktstruktur angepasst werden muss.

Ist die modulare Produktstruktur jedoch nicht auf die nachträglichen und zukünftigen Änderungen abgestimmt, können sich durch die variantenübergreifende Betrachtung zusätzliche Aufwände ergeben und die wesentlichen Potentiale modularer Produktstrukturen nicht vollständig ausgeschöpft werden. Diese Hypothese soll anhand einer empirischen Langzeitstudie mit einem Aufzugsanagenhersteller überprüft werden.

*Longitudinalstudie mit einem Aufzugsanlagenhersteller*

Gegenstand der Untersuchung ist ein mehrjähriges Modularisierungsvorhaben, welches im Rahmen der aufeinanderfolgenden Forschungsprojekte ModSupport[1] und ProRobuSt[2] über eine Gesamtdauer von fünf Jahren vom Autor begleitet wurde [Gre19a]. Kooperationspartner ist ein mittelständisches Unternehmen aus dem Sonderanlagengeschäft für Aufzugsanlagen.

Um die zeitliche Komponente innerhalb der Studie zu erfassen, wird das Studiendesign einer Longitudinal- oder auch Langzeitstudie angewandt. Dieses Vorgehen wird vorrangig in der medizinischen Forschung verwendet und für den vorliegenden Fall adaptiert. Charakteristisch ist hier, dass die zu untersuchende Zielgröße an unterschiedlichen Zeitpunkten analysiert und dann miteinander abgeglichen wird [Röh09]. Um den direkten Einfluss der Zeit auf die Zielgröße sicherzustellen, werden zudem mögliche Änderungseinflüsse über die Jahre identifiziert und analysiert.

Im Rahmen der Studie werden die wirtschaftlichen Auswirkungen modularer Produktstrukturen als zu untersuchende Zielgröße festgelegt und an zwei diskreten Zeitpunkten $t_1$ und $t_2$ nach der Freigabe der ersten Module $t_0$ aufgenommen sowie miteinander abgeglichen. Da das Gesamtsystem der Aufzugsanlage aufgrund der vielen Komponenten und Abhängigkeiten sehr umfangreich ist, wurden im Rahmen des

[1] ModSupport - Innovative methodische Unterstützung bei der Entwicklung eines modularen Produktprogramms von Aufzügen, in Kooperation mit Hans Lutz Maschinenfabrik GmbH & Co. KG, gefördert durch das BMBF (02PK2314), 2013-2015.

[2] ProRobuSt - Methoden zur Entwicklung und Beherrschung der Produktvielfalt durch modulare zukunftsrobuste Produktstrukturen, in Kooperation mit Mankenberg GmbH, ERLAS Erlanger Lastertechnik GmbH, Hans Lutz Maschinenfabrik GmbH & Co. KG und Odego GmbH, gefördert durch das BMBF (02P16K100), 2016-2018.

Modularisierungsprojekts übergeordnete Hauptmodule definiert und in sich geschlossene, parametrisierbare Baukästen für diese Module entwickelt [Geb16b]. Diese Hauptmodule können als eigenständige modulare Produktfamilien angesehen werden. Zukünftige Entwicklungen wurden bei der initialen Planung und Konzeption nur basierend auf Erfahrungen und vergangenheitsbezogenen Daten berücksichtigt. Der Verwendungsanteil von vier untersuchten Hauptmodulen über die fünf Jahre ist in Bild 2-9 dargestellt.

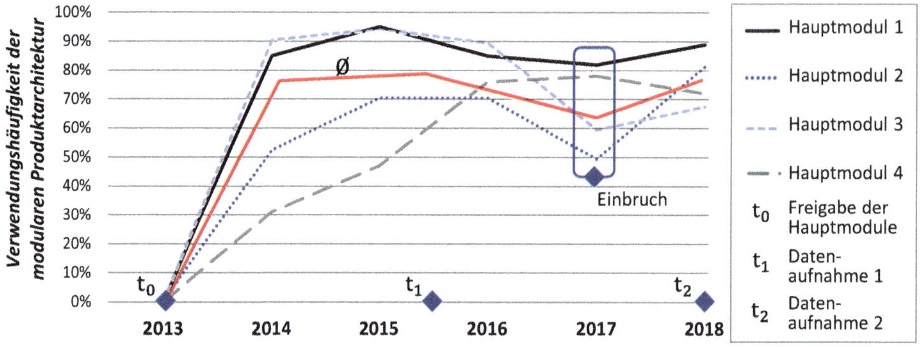


Bild 2-9: Relative Verwendungshäufigkeit der aus dem Modulbaukasten bedienten Kundenaufträge für vier Hauptmodule in Abhängigkeit von der Zeit [Gre19a]

Die vier Modulbaukästen wurden im Jahr 2013 freigegeben und deckten bereits im ersten Jahr durchschnittlich etwa Dreiviertel aller Kundenaufträge ab. Dieses Niveau hielt sich in den darauffolgenden zwei Jahren nahezu konstant, ehe im Jahr 2017 ein Einbruch des relativen Verwendungsanteils verzeichnet werden konnte. Im letzten Jahr der Aufzeichnung stieg die Verwendungshäufigkeit wieder an und nahm in etwa den Zustand der Anfangsjahre an.

Im Kontext der Analyse der Auswirkungen von technischen Produktänderungen sind insbesondere die zeitliche Entwicklung der wirtschaftlichen Auswirkungen sowie der Einbruch der Verwendungshäufigkeit im Jahr 2017 von Interesse. Zur Untersuchung der Aspekte wurden in einem Abstand von ca. 2,5 Jahren nach Implementierung zwei umfassende Interviewstudien mit Mitarbeitern aus unterschiedlichen Unternehmensbereichen durchgeführt [Gre19a]. Bei der ersten Datenaufnahme ($t_1$) wurden die bis dahin erzielten Effekte erfasst und bei der zweiten Datenaufnahme ($t_2$) die Entwicklung der Effekte seit der ersten Datenaufnahme abgefragt. Zudem wurden die Hintergründe des Einbruchs erhoben. Die Ergebnisse der Datenaufnahme zur zeitlichen Entwicklung der wirtschaftlichen Auswirkungen sind in Tabelle 2-1 dargestellt.

Tabelle 2-1: Zeitliche Entwicklung der wirtschaftlichen Auswirkungen in den Produktlebensphasen durch die Verwendung von modularen Produktstrukturen [Gre19a]

| Produktlebensphase | Effekt | $t_1$ | $t_2$ | |
|---|---|---|---|---|
| Vertrieb | Einfachere Preiskalkulation | ○ | ⇑ | ◕ |
| | Erhöhte Kundenzufriedenheit | ○ | ⇗ | ◔ |
| | Verbesserte Konfiguration | ◔ | ⇒ | ○ |
| | Schlechtere Produktdifferenzierung | ◕ | ⇘ | ○ |
| Entwicklung & Konstruktion | Reduzierter Dokumentationsaufwand | ○ | ⇑ | ◕ |
| | Reduzierte Entwicklungszeiten | ● | ⇗ | ● |
| | Reduzierte Planungsabweichungen | ◑ | ⇗ | ● |
| | Parallelisierung der Entwicklungsaufgaben | ◑ | ⇗ | ◕ |
| | Einfachere Implementierung neuer Prozesse | ○ | ⇗ | ◕ |
| | Reduzierung von Komponentenvarianz | ◕ | ⇒ | ● |
| | Reduzierung der Entwicklungskosten | ◕ | ⇒ | ◕ |
| | Weniger Design-Freiheit | ◑ | ⇒ | ◑ |
| | Überdimensionierung | ◕ | ⇘ | ○ |
| | Erhöhter Bedarf an Mitarbeiterschulungen | ● | ⇓ | ○ |
| Einkauf | Erhöhte Planbarkeit | ◔ | ⇗ | ◔ |
| | Verbesserte Beschaffungskonditionen | ◑ | ⇒ | ◔ |
| | Reduzierung der Anzahl der Zulieferer | ◔ | ⇒ | ○ |
| Produktion | Erhöhte Planbarkeit und Kontrolle | ◕ | ⇑ | ● |
| | Reduzierung von Fehlern | ◕ | ⇑ | ● |
| | Erhöhte Produktionsflexibilität | ○ | ⇗ | ◔ |
| | Reduzierung der Produktionszeiten | ● | ⇒ | ● |
| | Reduzierung der Produktionskosten | ● | ⇒ | ● |
| | Reduzierung der Werkzeugkosten | ◔ | ⇒ | ○ |

**Zustimmung zu dem Effekt**

- ● stimme voll zu
- ◕ stimme eher zu
- ◑ stimme teilweise zu
- ◔ stimme eher nicht zu
- ○ stimme nicht zu

**Entwicklung des Effektes zwischen $t_1$ und $t_2$**

- ⇑ viel stärker
- ⇗ stärker
- ⇒ gleich
- ⇘ schwächer
- ⇓ viel schwächer

Zum Zeitpunkt $t_1$ machte sich die Reduzierung der internen Variantenvielfalt vor allem in der Entwicklung bemerkbar. Zum einen konnten hier die Zielgrößen der Zeit und Kosten durch die kommunale Verwendung von Komponenten und das generelle Ausnutzen von Skaleneffekten reduziert werden. Zum anderen stiegen die Aufwände für die Schulung bzw. Einarbeitung in die neue modulare Produktstruktur, und es wurde eine Überdimensionierung durch die Befragten wahrgenommen. In den anderen Lebensphasen sind zu diesem Zeitpunkt eher geringe Auswirkungen zu verzeichnen.

Bei $t_2$ prägten sich ein Großteil der Einsparungen weiter aus und es kamen teilweise Neue hinzu. Beispiele hierfür sind die deutlich einfachere Preiskalkulation im Vertrieb, erhöhte Planungsgenauigkeit in der Beschaffung sowie die Reduzierung von Fehlern in der Fertigung. Obwohl der Verwendungsanteil der modularen Produktstruktur nahezu identisch ist, wurden zum Teil deutliche Sprünge bei den Einsparungen erzielt. Dieser Umstand kann auf parallel durchgeführte Prozessanpassungen, wie z.B. die Umstellung des Vertriebs oder die Einführung eines Konfigurators, zurückgeführt werden. Neben den produktstrukturseitigen Überarbeitungen im Rahmen der initialen Modulentwicklung mussten auch die zugehörigen prozessseitigen Anpassungen erst konzipiert, implementiert und im Unternehmen akzeptiert werden. In diesem Zusammenhang wurden Veränderungsprozesse in Gang gesetzt, die ein Umdenken bei den Mitarbeitern erforderten und deren Umsetzung Zeit benötigte. Auch konnten im Laufe der Zeit mehr Daten bzgl. der Spezifikationen und internen Kosten für verschiedene Produktvarianten gesammelt und dokumentiert werden, was die Akzeptanz und den damit verbundenen Nutzen in Bezug auf die neue modulare Produktstruktur deutlich erhöhte. Wesentliche Vorteile der modularen Produktstrukturierung prägten sich demnach erst über mehrere Jahre aus.

Traten im Laufe der Zeit technische Änderungen innerhalb der modularen Produktstruktur auf, hatten diese einen **direkten Einfluss auf den langfristigen Nutzen**. Dies kann anhand des zwischenzeitlichen Einbruchs der Verwendungshäufigkeit im Jahr 2017 aufgezeigt werden (vgl. Bild 2-9). Hier führten vor allem geänderte Kundenanforderungen und Produktionsprozessanpassungen dazu, dass wieder häufiger Sonderlösungen außerhalb des Baukastens entwickelt werden mussten, um den neuen Anforderungen gerecht zu werden. Insbesondere die sinkende Verwendung von kommunal verwendeten Komponenten fiel hierbei ins Gewicht, da weniger Komponenten wiederverwendet und die damit verbundenen Einsparungspotentiale, wie z.B. verkürzte Entwicklungszeiten durch Konfiguration statt Konstruktion oder kürzere Durchlaufzeiten in der Produktion, reduziert wurden. Auch konnten viele der identifizierten Langzeiteffekte aus Tabelle 2-1 zu diesem Zeitpunkt noch gar nicht oder nur teilweise erreicht werden.

Die größten nachteiligen Änderungsauswirkungen ergaben sich in diesem Zusammenhang durch eine **produktvariantenübergreifende Änderungsfortpflanzung**. Hierbei müssen die Änderungsabhängigkeiten nicht nur in einem Produkt, sondern über mehrere Produktvarianten hinweg analysiert und berücksichtigt werden. Dabei können grundsätzlich zwei Fälle identifiziert werden. Bei dem ersten Fall wird durch eine Änderung eine neue Version einer Komponente erzeugt. Hier können in modularen Produktstrukturen zusätzliche Änderungsaufwände dadurch entstehen, dass geklärt werden muss, in welchen Produktvarianten die aktualisierte Komponente verbaut ist und ob diese dort ebenfalls ersetzt werden muss. Darüber hinaus ist zu prüfen, inwiefern sich diese neue Komponentenversion auf weitere Komponenten in den anderen Produktvarianten auswirkt. Auch wenn die Variantenvielfalt in diesem Fall nicht direkt erhöht wird, können dadurch im Vergleich zu hierarchischen Produktstrukturen Mehraufwände entstehen. Im zweiten Fall wird durch eine technische Änderung, z.B. zur Adressierung einer neuen Kundenanforderung, eine zusätzliche Komponentenvariante erzeugt. Analog zum ersten Fall können auch hier Aufwände entstehen, da unter Umständen geklärt werden muss, ob noch weitere Produktvarianten von dieser Änderung betroffen sind. Zudem erzeugt diese Änderung einen zusätzlichen Anstieg der internen Variantenvielfalt und der damit verbundenen varianteninduzierten Komplexitätskosten [Rip17].

Die Änderungsaufwände unterschieden sich zudem in Bezug auf die **Anzahl der Abhängigkeiten von Komponenten zu den relevanten Produkteigenschaften**. Je mehr Abhängigkeiten eine Komponente aufwies, desto größer war auch die Wahrscheinlichkeit, dass diese durch eine technische Änderung betroffen ist. Der Änderungsaufwand kann dabei dennoch moderat sein, wenn sich die Änderung nur innerhalb des Moduls fortpflanzt – eine Änderung über Modulgrenzen hinweg war dabei jedoch mit erhöhten Aufwänden verbunden.

Im Jahr 2017 mussten aufgrund der negativen Entwicklungen aufwändige Anpassungen an den Hauptmodulen vorgenommen und die modulare Produktstruktur überarbeitet werden. Erst durch diese Anpassungen konnte der Verwendungsanteil bei dem Aufzugsanlagenhersteller wieder erhöht und die Einsparungspotentiale wieder besser adressiert werden. Um die identifizierten Änderungsaufwände zu minimieren und die wirtschaftlichen Vorteile langfristig zu sichern, sollten die wesentlichen Anforderungsänderungen demnach möglichst frühzeitig berücksichtigt werden.

## 2.3 Problemanalyse

In diesem Kapitel werden die gewonnenen Erkenntnisse zu den Ursachen und Auswirkungen technischer Produktänderungen in hierarchischen und modularen Produktstrukturen in einen Zusammenhang gebracht und der sich daraus ergebende Forschungsbedarf abgeleitet. Darauf aufbauend werden Forschungsfragen aufgestellt, welche im Rahmen dieser Arbeit beantwortet werden sollen.

Die wesentlichen Ursachen für technische Produktänderungen in Bezug auf Häufigkeit und Auswirkung können hauptsächlich in den Lebensphasen der Produktion und der Nutzung ausgemacht werden [Bau16]. Verteilen sich die produktionsseitigen Änderungstreiber noch auf diverse Einflussgrößen, sind in der Nutzungsphase vorrangig die marktseitigen Anforderungsänderungen von Relevanz. Die Produktionssicht ist vor allem durch interne und somit eher planbare Änderungen geprägt, wohingegen die Marktsicht durch externe und unsichere Anforderungsänderungen charakterisiert werden kann. Diesen Umstand gilt es bei der Auswahl einer geeigneten Methode zur Vorausschau der wesentlichen Änderungstreiber zu berücksichtigen.

Die Langzeitstudie des Modularisierungsvorhabens hat gezeigt, dass technische Änderungen auch bei modularen Produktstrukturen nachteilige Auswirkungen nach sich ziehen und damit direkten Einfluss auf den langfristigen Unternehmenserfolg haben können. Die Vorteile gegenüber hierarchischen Produktstrukturen überwiegen dabei klar, sollten aber durch eine gezielte Erhöhung der Zukunftsrobustheit noch weiter ausgeprägt und die identifizierten Herausforderungen adressiert werden. Wichtig ist es hier, dass die Schnittstellen zwischen den Modulen so gewählt werden, dass sie sowohl die bestehende Variantenvielfalt als auch die zukünftig entstehende Variantenvielfalt einer neuen Produktfamiliengeneration bestmöglich berücksichtigen können. Somit können die Aspekte der Änderungsfähigkeit und Variantengerechteit gleichermaßen ausgenutzt und die Potentiale bestmöglich ausgeschöpft werden.

Um auch die Langzeiteffekte adressieren zu können, sollte immer eine möglichst lange Nutzungsdauer einer modularen Produktstruktur angestrebt werden. Nur so können die notwendigen Umstellungen der Prozesse ermöglicht und die erhofften Einsparungen erreicht werden. Durch die lange Lebensdauer erhöht sich jedoch auch die Unsicherheit gegenüber zukünftigen Entwicklungen und somit auch die Wahrscheinlichkeit von ungeplanten Änderungen der initial gesetzten Anforderungen [Kre12]. Im Rahmen der zu entwickelnden Methode gilt es den Einfluss von markt- und produktionsseitigen Änderungen auf die modulare Produktstruktur aufzuzeigen und diese so auszugestalten, dass sie möglichst unempfindlich gegen zukünftige sowie nachträgliche Änderungen und deren nachteiligen Auswirkungen ist. Die so entwickelte zukunftsrobuste modulare Produktstruktur ermöglicht es, die Einsparungspotentiale langfristig auszuschöpfen und dabei möglichst wenig Änderungsaufwände zu verursachen. Hierbei wird der proaktive Ansatz der Vermeidung von Änderungen verfolgt, nachträgliche Pflegemaßnahmen, wie z.B. bei [Bah13], stehen nicht im Fokus dieser Arbeit.

Folgender Forschungsbedarf ergibt sich aus der Analyse des Problems:

- **Berücksichtigung zukünftiger markt- und nachträglicher produktionsseitiger Anforderungsänderungen**

  Die Antizipation der wesentlichen Änderungstreiber und deren Übertragung auf die Produktstruktur ermöglicht es, änderungskritische Elemente zu identifizieren und sie robust gegen beide Änderungsarten auszugestalten. Zur Bestimmung der zukünftigen und nachträglichen Entwicklungen werden Methoden der Zukunftsvorrauschau benötigt.

- **Erhöhung der Zukunftsrobustheit durch eine gezielte Produktgestaltung**

  Durch die Identifikation änderungskritischer Bereiche innerhalb der modularen Produktstruktur können Handlungsmaßnahmen abgeleitet werden, die zu einer Erhöhung der Zukunftsrobustheit der modularen Produktstruktur führen. Somit können nicht nur Änderungsaufwände eingespart, sondern auch die langfristigen Einsparungspotentiale erschlossen werden.

Für diese Arbeit leiten sich aus dem Forschungsbedarf folgende Forschungsfragen ab.

1. **Wie können Anforderungsänderungen aus Markt- und Produktionssicht methodisch und fallspezifisch erfasst werden?**
2. **Wie lässt sich der Einfluss der zukünftigen und nachträglichen Änderungen auf die modulare Produktstruktur aufzeigen?**
3. **Wie kann die Zukunftsrobustheit einer modularen Produktstruktur gezielt erhöht werden?**

Aufbauend auf dem Forschungsbedarf und den abgeleiteten Forschungsfragen werden im nächsten Teilkapitel die Anforderungen an eine methodische Unterstützung zur Entwicklung zukunftsrobuster modularer Produktstrukturen formuliert.

## 2.4 Anforderungen zur Gestaltung zukunftsrobuster modularer Produktstrukturen

Entsprechend der Erkenntnisse aus der Problemanalyse vereint die zukunftsrobuste modulare Produktgestaltung mit der **methodischen Produktstrukturgestaltung** und der **methodischen Vorausschau** die Bedarfe zweier unterschiedlicher Forschungsfelder. Um den Anforderungen beider Bereiche im Rahmen der Methodenentwicklung gerecht zu werden, erfolgt im Folgenden die Definition von verschiedenen Einzelanforderungen an die beiden Gebiete. Die Anforderungen ergeben sich dabei aus den vorgestellten Zusammenhängen sowie aus der analysierten Problemstellung und dem Forschungsbedarf.

**Anforderungen aus dem Bereich der methodischen Produktstrukturgestaltung**

***Eignung im Kontext der Variantenvielfalt:*** Die vorgestellten Herausforderungen sind Aspekte, die sich im Kontext der Betrachtung von modularen Produktstrukturen zur Beherrschung der Variantenvielfalt ergeben. Aus diesem Grund soll sich die Methode insbesondere für Produktfamilien mit mehreren Produktvarianten eignen.

***Berücksichtigung zukünftiger marktseitiger Anforderungsänderungen***: Um die modulare Produktstruktur möglichst robust gegen zukünftige Änderungen gestalten zu können, sollen marktseitige Anforderungsänderungen als eine der beiden wesentlichen Änderungsarten berücksichtigt werden.

***Berücksichtigung nachträglicher produktionsseitiger Anforderungsänderungen***: Nachträgliche Änderungen aus der Produktion können ebenfalls zu technischen Änderungen an der modularen Produktstruktur führen und sollen deshalb ebenfalls bei der zukunftsrobusten Produktgestaltung berücksichtigt werden.

***Visualisierung der Änderungsauswirkungen auf die Produktstruktur:*** Um sinnvolle und nachvollziehbare Handlungsmaßnahmen zur Erhöhung der Zukunftsrobustheit einleiten zu können, soll eine visuelle Repräsentation der Änderungsauswirkungen auf die Produktstruktur erfolgen. Dies erhöht im Rahmen der Produktentwicklung nicht nur die Transparenz bei der Ermittlung und Analyse [Geb20], sondern unterstützt auch die kreative Ideenfindung zur Erhöhung der Zukunftsrobustheit sowie die Dokumentation der Ergebnisse.

***Bereitstellung konstruktiver Lösungsansätze zur Erhöhung der Zukunftsrobustheit***: Zur langfristigen Adressierung von Einsparungspotentialen und einer Reduzierung der produktvariantenübergreifenden Änderungsausbreitung soll die Methode neben der eigentlichen Modulbildung auch konstruktive Gestaltungsmaßnahmen bereitstellen, um so die Zukunftsrobustheit der modularen Produktstruktur gezielt beeinflussen zu können.

***Bewertung und Auswahl von Produktstrukturkonzepten hinsichtlich der Zukunftsrobustheit***: Zur objektiven Auswahl eines geeigneten Produktstrukturkonzepts sollen entscheidungsrelevante Kenngrößen für die Zukunftsrobustheit definiert und evaluiert werden. Die Bewertungskriterien sollen dabei eine hohe Aussagekraft zur objektiven Bewertung aufweisen.

***Anwendung in der Produktgenerationsentwicklung:*** Die im Rahmen der Methode entwickelten Produktstrukturkonzepte sollen produktgenerationsübergreifend entwickelt werden, um so einen möglichst langfristigen Nutzen zu erzielen. Die Methode soll es dabei ermöglichen, Komponenten, Prozesse oder Wissen zu definieren, welche in mindestens einer weiteren Produktgeneration übernommen werden können.

***Transparente Darstellung und Dokumentation***: Eine Produktstrukturierungsmethode, welche mit vielen Unsicherheiten aufgrund zukünftiger Entwicklungen verbunden ist, muss grundsätzlich eine einfache und transparente Darstellung der Vorgehensweise und der Ergebnisse ermöglichen. Der Einsatz von Visualisierungen fördert die Kommunikation sowie das Verständnis der entwickelten Produktstrukturkonzepte und wird der hohen Interdisziplinarität bei der Methodenanwendung gerecht.

**Anforderungen aus dem Bereich der methodischen Vorausschau**

***Eignung zur Aufnahme zukünftiger marktseitiger Anforderungsänderungen***: Die methodische Vorgehensweise zur Vorausschau sollte es ermöglichen, zukünftige Entwicklungen der Marktanforderungen systematisch zu erfassen.

***Eignung zur Aufnahme nachträglicher produktionsseitiger Anforderungsänderungen***: Die methodische Vorgehensweise zur Vorausschau sollte es ermöglichen, die nachträglichen Entwicklungen der produktionsseitigen Anforderungen systematisch zu erfassen.

***Eindeutigkeit der Ergebnisse***: Insbesondere bei unsicherheitsbehafteten Entscheidungen soll eine möglichst eindeutige und transparente Darstellung der

Vorausschauergebnisse gewählt werden, da dies wesentlichen Einfluss auf die Akzeptanz sowie das Vertrauen in die verwendete Methode und deren Ergebnisse hat.

***Mittel- bis langfristiger Zeithorizont***: Um eine produktgenerationsübergreifende Vorausschau zu ermöglichen, soll ein mittel- bis langfristiger Betrachtungshorizont für die Analyse der zukünftigen und nachträglichen Änderungen angestrebt werden. Die Reichweite ist vom Anwendungsfall abhängig, als grobe Orientierungshilfe kann im Rahmen dieser Arbeit drei bis zehn Jahre angenommen werden.

# 3 Stand der Wissenschaft

In diesem Kapitel wird der aktuelle Stand der Wissenschaft zur Entwicklung zukunftsrobuster modularer Produktstrukturen untersucht. Hierzu wird das Forschungsfeld der methodischen Produktstrukturgestaltung aufgrund unterschiedlicher Zielsetzungen in die beiden Themenbereiche der modularen sowie zukunftsorientierten Produktstrukturgestaltung aufgeteilt und getrennt betrachtet. Zusammen mit dem Forschungsfeld der methodischen Vorausschau bilden die drei Themenbereiche die relevanten Forschungsgebiete im Kontext dieser Arbeit und sind zusammen mit den relevanten Unterforschungsfeldern sowie den Beiträgen dieser Arbeit im *Areas of Relevance and Contribution Diagram* (ARC Diagram) [Ble09] dargestellt (Bild 3-1).

Bild 3-1: ARC-Diagramm zur Darstellung relevanter Forschungsfelder und Beiträge der Arbeit

Die drei übergeordneten Forschungsbereiche werden zunächst kapitelweise vorgestellt sowie wichtige Begrifflichkeiten und Methoden im Kontext der Themenstellung erläutert. Im Anschluss an jedes Teilkapitel werden die vorgestellten Methoden und Werkzeuge anhand der aufgestellten Anforderungen aus Kapitel 2.4 bewertet. Aus den daraus


E. Greve, *Methode zur Gestaltung zukunftsrobuster modularer Produktstrukturen aus Markt- und Produktionssicht*, Produktentwicklung und Konstruktionstechnik 24,
https://doi.org/10.1007/978-3-662-68240-1_3

resultierenden Lücken leitet sich abschließend der weitere Forschungsbedarf für diese Arbeit ab.

## 3.1 Modulare Produktstrukturgestaltung

### 3.1.1 Begrifflichkeiten

Im Folgenden werden die wichtigsten Begriffe und Zusammenhänge im Kontext der modularen Produktstrukturgestaltung vorgestellt und deren Bezug zur vorliegenden Aufgabenstellung erläutert.

**Modularisierung**

Die zielorientierte Beeinflussung der Modularität einer Produktstruktur mit der konkreten Festlegung von Modulen und ihren Schnittstellen wird als Entwicklung modularer Produktstrukturen, kurz Modularisierung bezeichnet [Kra18]. Je nach Zielsetzung, Betrachtungsrahmen und Randbedingung wird bei der Modularisierung die Produktstruktur zunächst in geeignete Komponenten zergliedert (**Dekomposition**), anschließend untersucht (**Analyse**) und dann nach bestimmten Gesichtspunkten wieder in neue Module gruppiert (**Rekomposition**) [Geb16a].

Der Begriff der **Komponente** kommt bei der Entwicklung modularer Produktstrukturen eine besondere Bedeutung zu [Kra18]. Er wird häufig als Synonym für Einzel- oder Bauteile verwendet und einer bestimmten Gliederungsebene innerhalb der Produktstruktur zugeordnet [Kra21]. Diese Definition ist im Kontext der Modularisierung oft nicht zielführend, da hier ein fallspezifisches Aufbrechen der Produktstruktur notwendig ist und es einen unterschiedlichen Detaillierungsgrad bei der Zerlegung und Optimierung bedarf [Kra18]. Aus diesem Grund wird in dieser Arbeit unter einer Komponente der relative Begriff einer kleinsten, im spezifischen Zusammenhang betrachteten Einheit verstanden und kann demnach ein Bauteil, eine Baugruppe oder eine Mischform dessen sein. Auch können Komponenten einen immateriellen Charakter besitzen, um ebenfalls mechatronische Produkte oder Produkt-Service-Systeme darstellen zu können [Ren19].

**Sichten der Modularisierung**

Ziel bei der modularen Produktstrukturierung ist es, eine auf strategische, unternehmensspezifische und produktspezifische Vorteile ausgerichtete Produktstruktur zu erzeugen [Kra18]. Hierbei ist es von Bedeutung, dass neben der funktionsbezogenen Betrachtungsweise auch weitere Perspektiven bei der Modulbildung eingenommen werden. Nach Krause & Gebhardt können sechs verschiedene Sichten der Modularisierung unterschieden werden - die Sicht der Kopplung/Entkopplung, der Technik, die Funktionen, der Prozesse, der Organisation sowie der Produktstrategie [Kra18]. Mertens et al. bestätigen die unterschiedlichen Perspektiven auf die Modularisierung mit Hilfe einer systematischen und umfassenden Literaturrecherche und definieren die übergeordneten Perspektiven der Ingenieurwissenschaften, Produktionssysteme sowie der Organisation [Mer22].

**Integral-, Differential- und Modulbauweise**

Eine weitere wichtige Voraussetzung für die modulare Produktstrukturgestaltung ist das Verständnis der **Bauweisen**. Diese beschreiben bestimmte Prinzipien, mit denen die Produktstruktur ausgerichtet und aufgebaut werden kann [Kra18]. Hier haben sich in der Literatur insbesondere die Differential- und Integralbauweise durchgesetzt, welche in der Produktentwicklung als alternative und gegensätzliche Konstruktionsweisen verstanden und genutzt werden [Kol98], [Kra21].

Die **Integralbauweise** beschreibt ein Prinzip, bei dem die Komponenten oder ganze Produkte aus möglichst wenig Einzelteilen aufgebaut werden [Ehr05]. Die physische Integration hat zum Ziel, mehrere Funktionen auf ein Bauteil zu vereinen [Göp98]. Treiber dieses Konstruktionsprinzips sind u.a. die Reduzierung von Komponenten, die Einsparung von Schnittstellen oder die Vereinfachung von Montageschritten. Den größten Hebel hat die Integralbauweise dabei in der Serienproduktion [Fra02]. Im Gegensatz dazu wird bei der **Differentialbauweise** eine Zergliederung des Produkts in mehrere Einzelteile angestrebt [Ehr05]. Die physische Zerteilung zielt darauf ab, die Verwendungsstückzahl von Teilen zu erhöhen und sie in mehreren Produkten zu verbauen. Die Vorteile sind größtenteils fertigungstechnisch geprägt. So kann beispielsweise eine einfachere Handhabung der Teile oder die erleichterte Qualitätssicherung infolge von Werkstoffhomogenitäten erzielt werden [Kra21]. Das Prinzip der Differentialbauweise wird insbesondere bei geringen Stückzahlen und Losgrößen empfohlen [Fra02].

In der Literatur werden oftmals die Prinzipien der Differentialbauweise und **Modulbauweise** gleichgesetzt (u.a. in [Mik06], [Sch13], [Bau16], [Sch17]). Dies ist nicht zielführend, da sich die Modulbauweise von den konstruktiv geprägten Prinzipien abgrenzt und weit über die Beweggründe von klassischen Bauweisen hinausgeht [Kra18]. So beschreibt die Modulbauweise nicht den Aufbau einzelner Produkte, sondern verfolgt die Gestaltung der Produktstruktur aufgrund von produktvarianten- oder sogar produktfamilienübergreifenden Zielstellungen (siehe Bild 3-2).

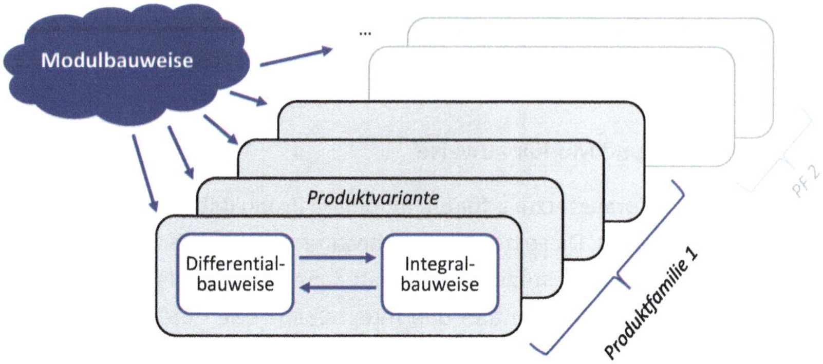


Bild 3-2: Einordnung der Modulbauweise als übergeordnete Produktstrukturierungsstrategie

Die Modulbauweise muss somit als eine Produktstrukturierungsstrategie verstanden werden, bei der die Produktvarianten durch eine Kombination unterschiedlicher Module erzeugt werden können. Die deutlich erweiterte Motivation der Modulbauweise und der Fokus auf andere Ebenen der Produktarchitektur führen dazu, dass die Bandbreiten „integral bis differential" sowie „nicht-modular bis stark modular" nicht miteinander verglichen werden dürfen [Kra18].

**Modulare Produktstrukturierungsstrategien**

KRAUSE & GEBHARDT definieren mit der *Plattformstrategie*, dem *Modulbaukasten* und der *Gleichmodulstrategie* drei grundlegende modulare Produktstrukturierungsstrategien, welche sich in der Praxis - im Sinne des Best-Practise - etabliert haben. Daher stellen sie eher Idealbilder zur Produktstrukturierung dar und ermöglichen durch eine unternehmensindividuelle Kombination die Erschließung möglicher Potentiale der Modulbildung [Kra18]. Die drei grundlegenden Prinzipien mit den charakteristischen Eigenschaften sind in Bild 3-3 dargestellt.

Bei der **Gleichmodulstrategie** wird die systematische Verwendung von identischen Modulen über mehrere Teile oder sogar im gesamten Produktprogramm in verschiedenen Produkten angestrebt. Das übergeordnete Ziel ist hier die Reduzierung der internen Vielfalt und das Ausnutzen von Skaleneffekten. Im Kontext der Produktstrukturierung sind sogenannte Übernahmemodule zu identifizieren, welche von den restlichen Komponenten zu entkoppeln sind. Die Schnittstellen und Leistungsmerkmale sollten dabei so entwickelt werden, dass sie produktfamilienübergreifend verwendet werden können. Die Modulumfänge sind bei dieser Produktstrukturierungsstrategie in der Regel deutlich geringer, da mehr Abhängigkeiten zu berücksichtigen sind [Kra18]. Die Vorteile der Gleichmodulstrategie liegen insbesondere in den breiten Anwendungsmöglichkeiten der Module, wohingegen die Nachteile vor allem in den möglichen Mehrkosten durch die Überdimensionierung von Modulen zu finden sind [Geb16a]. Die Produktstrukturstrategie der

Gleichmodule ist durch die vielen Abhängigkeiten für einen eher kurzfristigen Planungshorizont geeignet.

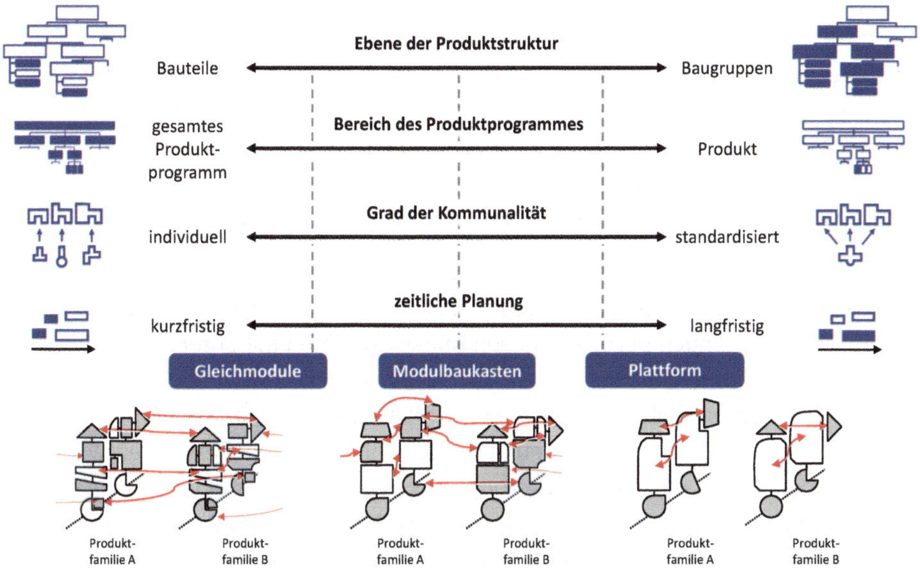


Bild 3-3: Wesentliche modulare Produktstrukturierungsstrategien mit qualitativer Einteilung [Kra18] in Anlehnung an [Geb16a]

Das wesentliche Ziel eines **Modulbaukastens** (oft auch nur „Baukasten") ist es, Produktvarianten mit möglichst geringem Aufwand durch eine minimale interne Vielfalt zu konfigurieren sowie eine breite produktfamilien- oder produktprogrammübergreifende Verwendung der Module anzustreben [Kra18]. Dabei wird die interne Vielfalt zumeist über einen standardisierten, vordefinierten Satz an Modulen abgebildet, deren Konfiguration die Erstellung der benötigten externen Angebotsvielfalt ermöglicht [Koh97], [Fir03]. Dies wird durch das Standardisieren von Schnittstellen unterstützt und somit ein hohes Maß an Flexibilität erreicht [Arn11]. Bei der Schnittstellengestaltung gilt es zu beachten, dass hier ein erhöhter Standardisierungsgrad oft mit einer Erhöhung der Herstellkosten und Herausforderungen bezüglich der Qualitäts- und Bauraumanforderungen einhergeht. Durch die Verwendung von Modulbaukästen sollen größtmögliche Einsparungen aufgrund von Skaleneffekten und Kommunalität bei höheren Stückzahlen erreicht werden [Kra18]. Die Modulbaukastenstrategie kann demnach als Mischform zwischen einer Gleichmodul- und einer Plattformstrategie verstanden werden.

Der Begriff der **Plattform** ist in der Industrie weit verbreitet [Pir11], [And19]. In Anlehnung an Meyer & Lehnerd verstehen Schuh & Riesener unter einer Plattform die Weiterentwicklung einer modularen Entwicklung, bei der vor allem einheitliche Komponenten, Schnittstellen und Funktionen zusammengefasst werden [Mey97a], [Sch17]. Diese rein technisch geprägte Perspektive wird durch das Verständnis von Robertson & Ulrich erweitert, indem eine Plattform als eine Sammlung von Werten verstanden werden kann, die in ihrem Umfang von verschiedenen Produkten geteilt wird. Dabei kann der Plattformbegriff je nach Situation auch auf Prozesse, Wissen, Personen und Beziehungen ausgeweitet werden [Rob98]. Kristjannson ergänzt den Wertebegriff um die Ansammlung von wiederverwendbaren Kernwerten, mit denen einen Wettbewerbsvorteil erreicht werden kann [Kri05]. Durch den relativ großen Anteil einer Plattform am Gesamtprodukt und den mittel- bis langfristigen Planungshorizont, werden meist die unternehmensspezifische Kerntechnologien und -kompetenzen in ihr gebündelt [McG01], [Kra18].

Bei der Entwicklung einer Plattform müssen diverse Produktvarianten berücksichtigt werden, die mittel- und langfristig über einen gewissen Zeithorizont hinaus im Voraus sowie unter Umständen in verschiedenen Marktsegmenten mit unterschiedlichen Kundenanforderungen angeboten werden sollen. Der Konflikt zwischen Standardisierung und Differenzierung stellt dabei die größte Herausforderung dar [Rob98]. Somit ist die Gestaltung und Definition einer Produktplattform mit einem erhöhten Vorentwicklungsaufwand verbunden, da aufgrund des langfristigen Betrachtungshorizonts eine deutlich höhere Planungssicherheit erreicht werden muss. Neben den aktuellen Anforderungen müssen insbesondere bei Plattformen auch zukünftige Änderungen abgeschätzt und berücksichtigt werden [Kra18]. Für die Strategie einer Plattform ist die Zukunftsrobustheit der modularen Produktstruktur demzufolge besonders relevant.

Die drei vorgestellten modularen Produktstrukturierungsstrategien stellen keine diskreten und voneinander abgrenzbaren Prinzipien dar, sondern bilden vielmehr das mögliche Spektrum bei der Auswahl einer geeigneten Strategie ab. Gleichmodule und Plattformen können dabei als idealisierte Extreme verstanden werden, die in der Praxis in ihrer Reinform nur selten auftreten.

**Variantengerechte Produktstrukturen**

Das Prinzip der Variantengerechtheit einer Produktstruktur hat zum Ziel, durch die Konfiguration einer festgelegten externen Angebotsvielfalt eine minimale interne Vielfalt an Komponenten und Prozessen zu gewährleisten [Kip12]. Durch die Reduzierung der internen Variantenvielfalt mit Hilfe einer modularen Produktgestaltung kann die **varianteninduzierte Komplexität** in allen Unternehmensbereichen reduziert und die daraus resultierenden Komplexitätskosten gesenkt werden [Rip19]. Einzig umsatzwirksam sollte die Varianz der Produkteigenschaften sein, welche der Kunde bei der Auswahl einer Produktvariante beachtet und wertschätzt. Dabei sollte jede variante Produkteigenschaft aus Kundensicht idealerweise direkt mithilfe eines Moduls mit geringem Umfang konfiguriert werden können [Kra18].

Die Produktstruktur einer ideal variantengerechten Produktfamilie kann nach KIPP & KRAUSE mit Hilfe von vier grundlegenden Eigenschaften beschrieben werden [Kip08]. Hierbei wird der Zusammenhang zwischen der externen Vielfalt, abgebildet durch die kundenrelevanten Produkteigenschaften, und der internen Vielfalt, dargestellt durch ein abstraktes Modell einer Produktfamilie auf Ebene der Komponenten, genutzt und modelliert (Bild 3-4).

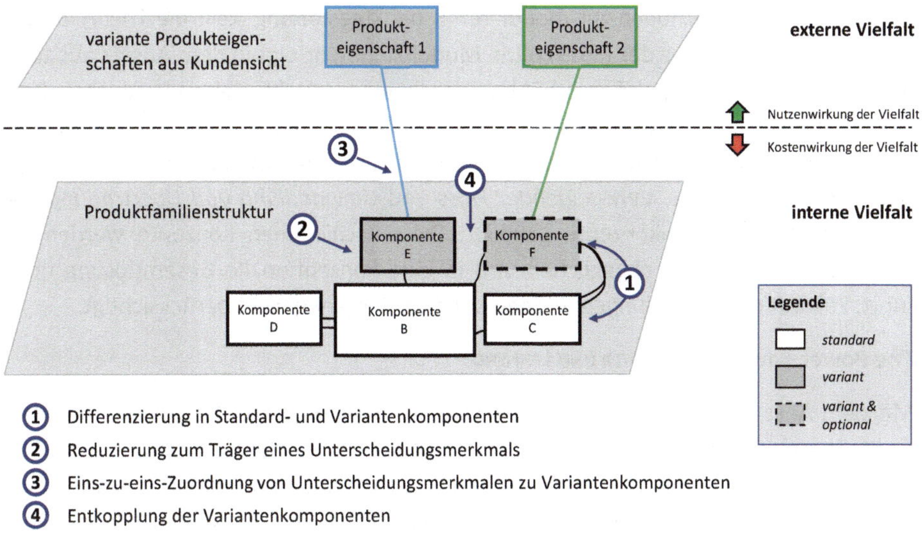


Bild 3-4: Eigenschaften einer ideal variantengerechten Produktstruktur [Kra18] in Anlehnung an [Kip08]

Grundsätzlich kann bei der Betrachtung einer modularen Produktfamilie zwischen varianten und standardisierten Komponenten unterschieden werden. Standardkomponenten sind in allen Varianten einer Produktfamilie verbaut, wohingegen variante Komponenten idealerweise nur zur Differenzierung der Produktvarianten aus Kundensicht beitragen und sich mindestens in zwei Ausprägungen unterscheiden. Sie können in unterschiedlicher Anzahl, optional, variant oder individualisiert vorliegen [Kip12], [Kuh21].

Bei einer ideal variantengerecht gestalteten Produktstruktur wird eine kundenrelevante Produkteigenschaft nur von einer einzigen varianten Komponente adressiert (1-1-Zuordnung), der Anteil an varianten Eigenschaften einer Komponente reduziert sowie die Komponenten voneinander entkoppelt, um eine maximale Konfigurierbarkeit gewährleisten zu können. Die vier Eigenschaften beschreiben dabei einen hypothetischen Ideal-Zustand und sind demzufolge in der Realität fast nicht zu erreichen [Kip12].

### 3.1.2 Methoden zur Entwicklung modularer Produktstrukturen

In diesem Teilkapitel wird der Stand der Wissenschaft zu den methodischen Vorgehensweisen zur Gestaltung modularer Produktstrukturen aus der Literatur kurz vorgestellt und mit Bezug zur Zielformulierung der Arbeit analysiert.

**Theory of Modular Design nach Stone**

Eine der ältesten Methoden zur modularen Produktgestaltung stellt die *Theory of Modular Design* nach Stone dar [Sto97]. Die Modulbildung erfolgt in dem Ansatz aus technisch/funktionaler Perspektive auf Ebene der Funktionsstruktur eines Produktes. Dazu werden die verschiedenen Flussarten (Material, Signal, Energie) zwischen den Funktionen mit Hilfe einer umsatzorientierten Funktionsstruktur erfasst und anhand der Heuristiken *Dominanter Fluss, Verzweigender Fluss* und *Umwandlung und Übertragung* drei unterschiedliche Modulkonzepte gebildet. Die verschiedenen Konzepte werden anschließend miteinander abgeglichen und in eine konzeptionelle Gesamtlösung überführt. Zukünftige Entwicklungen werden bei dem Vorgehen nicht berücksichtigt.

**The Power Tower nach Meyer und Lehnerd**

Mit dem Ansatz von Meyer & Lehnerd wird eine methodische Unterstützung bereitgestellt, welche die Definition und Planung aufeinanderfolgender Generationen von Produktplattformen unter Berücksichtigung der zu adressierenden Zielmärkte sowie deren Entwicklungen ermöglicht [Mey97a]. Mit dem *Power Tower* als Visualisierungswerkzeug werden die Kernbausteine *Kundenverständnis, Produkttechnologien, Fertigungsprozesse* und *organisatorische Fähigkeiten* des Unternehmens abgebildet und zur Ableitung einzelner Produktplattformen genutzt. Die Methode unterstützt die Planung sich zeitlich ändernder Produktplattformen unter Berücksichtigung dynamischer Marktanforderungen. Dabei wird aber eher das Produktplattformverständnis vertieft und kein konkretes Vorgehen zur Gestaltung der eigentlichen Plattform vorgegeben.

**Modular Function Deployment nach Erixon**

Das *Modular Function Deployment* (MFD) stellt eine produktstrategische Modularisierungsmethode dar und unterstützt bei der durchgängigen Entwicklung modularer Produkte unter Einbeziehung der Ziele verschiedener Produktlebensphasen [Eri98]. Hierfür werden für die einzelnen Phasen eine Sammlung von sogenannten Modultreibern vorgegeben, welche die Gründe für die Modulbildung aus unterschiedlichen Unternehmensperspektiven abbilden. Beispiele sind hier u.a. *Übernahmenahmeteile* für die nächste Produktgeneration in der Entwicklung, *separates Testen* in der Produktion oder *Wartbarkeit* im Service.

Die Methode besteht aus fünf Schritten und beginnt mit der Prüfung von Kundenanforderungen sowie deren Überführung in geeignete technische Anforderungen mit Hilfe eines angepassten *Quality Function Deployments* (QFD). Anschließend wird das Produkt hinsichtlich der zu erfüllenden (Teil-)Funktionen analysiert und passende technische Lösungen ausgewählt. Als zentrales Werkzeug der Methode dient die *Module Indication Matrix* (MIM), in der bewertet wird, inwiefern die vordefinierten Modultreiber für die Teilfunktionen und deren technischen Umsetzungen zutreffen. Aus den Bewertungsergebnissen können sogenannte Modulkandidaten abgeleitet werden, die darauf aufbauend dazu genutzt werden, alternative Produktkonzepte zu entwickeln. Hier wird innerhalb der Methode auf bestehende *Design for X* (DfX)-Methoden verwiesen und eine Verwendung in Abhängigkeit von der jeweiligen Zielstellung empfohlen. Abschließend findet die Bewertung und Auswahl der Konzeptalternativen statt. Zukünftige Entwicklungen der Markt- und Kundenanforderungen werden zwar durch zwei Modultreiber in der Lebensphase der Entwicklung berücksichtigt, eine Betrachtung von produktionsseitigen Änderungen oder die Bereitstellung konstruktiver Umgestaltungsmaßnahmen erfolgt dagegen nicht.

**Planning for Product Platforms nach Robertson & Ulrich**

Eine fundamentale Methode auf dem Gebiet der Plattformentwicklung stellt die Arbeit von Robertson & Ulrich dar [Rob98]. Wesentlich ist hier, dass eine Abstimmung zwischen den, von den Kunden wahrgenommenen, Differenzierungsmerkmalen und der Komponenten- sowie Prozesskommunalität erfolgt. Für diese Abstimmung stellen die Autoren drei Planungsinstrumente bereit. Der *Produktplan* beschreibt die zeitliche Perspektive auf die betroffene Produktfamilie und ordnet die einzelnen Produktvarianten den jeweiligen Zielmarktsegmenten zu. Der *Differenzierungsplan* beinhaltet die subjektiven Unterscheidungsmerkmale sowie Ausprägungen der Produkte und der *Kommunalitätsplan* unterstützt bei der Definition von Gemeinsamkeiten hinsichtlich geschätzter Entwicklungs-, Werkzeug- und Herstellungskosten und dient der Festlegung der internen Vielfalt. Der Ansatz berücksichtigt das Spannungsfeld zwischen der marktseitigen Differenzierung und den anzustrebenden produkt- und prozessseitigen Kommunalitäten, liefert dabei aber keine explizite Unterstützung zur Gestaltung einer zukunftsrobusten Produktplattform.

**Modular Product Platform Design nach Hölttä-Otto**

Aufbauend auf den bereits vorgestellten Ansätzen zur Plattformentwicklung werden von Hölttä-Otto drei Methodenbausteine zur Auswahl von Modulgrenzen sowie zur Berücksichtigung der Varianz ergänzt. Der Baustein *Flexible Interface Design* unterstützt im Anschluss an eine technisch/funktionale Modularisierung bei der Festlegung der Schnittstellen, sodass die entwickelte Produktarchitektur robuster gegen Änderungen ist [Höl05]. Mit dem Baustein *Identifying Common Modules* wird zudem das Übernahmepotential mit Hilfe von Kennzahlen zur Bewertung der Kommunalität bestimmt [Höl03] und der dritte Baustein *Evaluating Platform Architectures* ermöglicht eine Bewertung von

Produktplattformen auf Basis technisch/funktionaler und produktstrategischer Gesichtspunkte. Zu diesem Zweck werden 19 Kennzahlen in den Kategorien *Portfolio-Kundenzufriedenheit, Produktvarianz, After Sales, organisatorische Anpassung, Nachrüstflexibilität* und *Entwicklungskomplexität* in einer *Platform Concept Evaluation Scorecard* vorgegeben [Höl06]. Mit der Kennzahl *Planned upgrade carry-over* wird auch die zukünftige Variantenvielfalt berücksichtigt, aber dabei ausschließlich ein intern beeinflussbarer Änderungstreiber adressiert. Konstruktive Handlungsempfehlungen zur Erhöhung der Zukunftsrobustheit werden bei keinem der ergänzten Methodenbausteine bereitgestellt.

**Structural Complexity Management nach LINDEMANN ET AL.**

Aufbauend auf den Arbeiten von PIMMLER UND EPPINGER [Pim94], werden beim *Structural Complexity Management* diverse Matrizen für die Bildung von Modulen verwendet [Lin09]. Zusätzlich zur *Design Structure Matrix* (DSM) [Pim94], welche eine Analyse der Kopplungsstärke von Komponenten über technische Verbindungen ermöglicht, werden weitere Matrizen bereitgestellt und die Entwicklung einer Produktarchitektur unter Berücksichtigung multikriterieller Aspekte, wie z.B. Produkte, Produktentstehungsprozesse, beteiligten Personen und Organisationen, unterstützt. Die Verknüpfung und Gruppierung der verschiedenen Faktoren erfolgt dabei mit Hilfe von *Multiple Domain Matrices* (MDM), sodass z.B. auch Personen, die an ähnlichen Komponenten arbeiten, gruppiert werden können.

Eine produktstrategische Modularisierung kann durch eine kombinierte Anwendung von DSM und MDM realisiert werden, was im Wesentlichen der bereits vorgestellten MIM nach ERIXON entspricht [Eri98]. Die Analyse der Ergebnisse erfolgt durch die Triangulation der Matrizen, was zudem eine Erstellung von kräfteorientierten Graphen für eine visuelle Analyse ermöglicht. Das Vorgehen bietet eine breite Anwendbarkeit, da es die Analyse und Strukturierung umfangreicher technischer Systeme ermöglicht. Zukünftige Entwicklungen werden jedoch nicht direkt berücksichtigt und müssten zudem erst in eine Matrix-Form überführt werden. Eine Erweiterung dieses Ansatzes unter Berücksichtigung der Änderungsfähigkeit wird in Kapitel 3.3.2 vorgestellt [Bau16].

**Global Views on Modular Design Research nach OTTO ET AL.**

OTTO ET AL. konsolidieren in ihrer Arbeit bestehende Modularisierungsmethoden und stellen ein eigenes Vorgehen mit 13 übergeordneten Schritten zur Gestaltung modularer Produktarchitekturen vor [Ott16] (Bild 3-5).

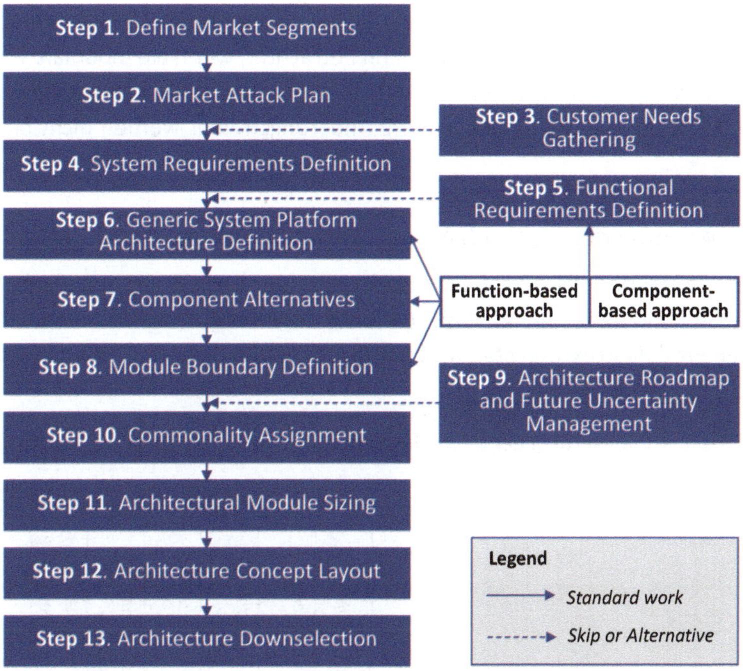


Bild 3-5: Systematisches Ablaufmodell der modularen Produktarchitekturentwicklung [Ott16]

Der generische Prozess beginnt mit einer frühzeitigen Definition relevanter Marktsegmente (Schritt 1) und dem daraus abgeleiteten *Marktangriffsplan* (Schritt 2). Dieser gibt vor, welche Produkte in welcher Reihenfolge in die Zielmärkte eingebracht werden sollen. Im dritten Schritt können Methoden zur Bewertung des Kundennutzens hinzugezogen werden, um in Schritt 4 die Ableitung von Anforderungen an die Produktvarianten zu unterstützen. Schritt 5 umfasst die Definition der funktionalen Anforderungen und unterstützt damit den nachfolgenden Schritt 6, in dem die grundlegende Produktarchitektur festgelegt wird. Daraufhin wird die Vielfalt der Komponenten für die Produktfamilie definiert (Schritt 7) und anschließend die Module hinsichtlich ihrer Größe, Komponenten und Funktionalität bestimmt (Schritt 8). Im neunten Schritt können zukünftige Änderungen und die damit verbundenen Unsicherheiten mit einbezogen werden. Dabei werden insbesondere technologische Änderungen als Treiber für zukünftige Änderungen angesehen und in Form von *Roadmaps* (Definition siehe Kap. 3.2.2) berücksichtigt. Im zehnten Schritt werden Kommunalitäten zwischen den Produktvarianten festgelegt und anschließend eine Dimensionierung der Module über eine Funktions- und Leistungsanalyse vorgenommen (Schritt 11). Im vorletzten Schritt wird darauf aufbauend das konzeptionelle Layout der Produktarchitektur erstellt und abschließend die verschiedenen alternativen Modulkonzepte systematisch bewertet.

Zukünftige Änderungen werden in diesem konsolidierten methodischen Vorgehen nur optional berücksichtigt und zudem erst dann betrachtet, wenn die modulare Produktarchitektur bereits größtenteils definiert ist (Schritt 9). Darüber hinaus werden nur technologische Änderungen adressiert, andere Änderungstreiber werden nicht berücksichtigt.

### 3.1.3 Bewertung der Methoden

Im Folgenden werden die eingeführten Methoden zur Gestaltung modularer Produktstrukturen anhand der eingangs vorgestellten Anforderungen aus dem Bereich der methodischen Produktstrukturgestaltung zusammenfassend bewertet. Einen Überblick der Bewertung liefert Tabelle 3-1.

Tabelle 3-1: Bewertung der Methoden der modularen Produktstrukturgestaltung

○ nicht berücksichtigt
◑ teilweise berücksichtigt
● berücksichtigt

| | | | Anforderungen | | | | | | | |
|---|---|---|---|---|---|---|---|---|---|---|
| | | Jahr | Eignung im Kontext der Variantenvielfalt | Berücksichtigung zukünftiger marktseitiger Anforderungsänderungen | Berücksichtigung nachträglicher produktionsseitiger Anforderungsänderungen | Visualisierung der Änderungsauswirkungen auf die Produktstruktur | Bereitstellung konstruktiver Lösungsansätze zur Erhöhung der Zukunftsrobustheit | Bewertung und Auswahl von Produktstrukturkonzepten hinsichtlich der Zukunftsrobustheit | Anwendung in der Produktgenerationsentwicklung | Transparente Darstellung und Dokumentation |
| Methoden | **Theory of Modular Design** (STONE) | 1997 | ● | ○ | ○ | ○ | ○ | ○ | ○ | ● |
| | **The Power Tower** (MEYER & LEHNERD) | 1997 | ◑ | ◑ | ○ | ○ | ○ | ○ | ● | ◑ |
| | **Modular Function Deployment** (ERIXON) | 1998 | ◑ | ◑ | ○ | ○ | ○ | ○ | ◑ | ● |
| | **Planning for Product Platforms** (ROBERTSON & ULRICH) | 1998 | ◑ | ◑ | ○ | ○ | ○ | ○ | ● | ◑ |
| | **Modular Product Platform Design** (HÖLTTA-OTTO) | 2005 | ● | ◑ | ○ | ○ | ○ | ○ | ◑ | ● |
| | **Structural Complexity Management** (LINDEMANN ET AL.) | 2009 | ◑ | ◑ | ○ | ○ | ◑ | ○ | ◑ | ◑ |
| | **Global Views on Modular Design Research** (OTTO ET AL.) | 2016 | ● | ◑ | ○ | ○ | ○ | ○ | ◑ | ● |

***Eignung im Kontext der Variantenvielfalt:*** Die Variantenvielfalt wird von den meisten der vorgestellten Modularisierungsmethoden ausreichend berücksichtigt.

***Berücksichtigung zukünftiger marktseitiger Anforderungsänderungen***: Die zukünftigen Entwicklungen der Markt- und Kundenanforderungen werden von einigen Methoden adressiert, oftmals aber nur als optionale Aufgabe verstanden (OTTO ET AL.) oder nicht direkt bei der eigentlichen Produktstrukturgestaltung mit einbezogen (LINDEMANN ET AL.).

***Berücksichtigung nachträglicher produktionsseitiger Anforderungsänderungen:*** Die Betrachtung zukünftiger produktionsseitiger Änderungen ist bei keiner der Methoden Teil des Vorgehens.

***Visualisierung der Änderungsauswirkungen auf die Produktstruktur:*** Da dynamische Entwicklungen bei keinem der vorgestellten Ansätze im direkten Fokus stehen, wird auch die visuelle Darstellung von Änderungsauswirkungen auf die Produktstruktur nicht weiter berücksichtigt.

***Bereitstellung konstruktiver Lösungsansätze zur Erhöhung der Zukunftsrobustheit:*** Konstruktive Gestaltungsmaßnahmen zur Adressierung der Zukunftsrobustheit werden von keiner Methode bereitgestellt. Einzig LINDEMANN ET AL. nennen explizite Maßnahmen zur konstruktiven Ausgestaltung, gehen dabei aber nicht auf die Zukunftsrobustheit als zu adressierende Zielgröße ein.

***Bewertung und Auswahl von Produktstrukturkonzepten hinsichtlich der Zukunftsrobustheit:*** Die Bewertung und Auswahl alternativer Produktstrukturkonzepte ist Teil vieler Methoden, jedoch wird die Zukunftsrobustheit bei keiner der Methoden als Kriterium bei der Entscheidungsfindung genannt.

***Anwendung in der Produktgenerationsentwicklung:*** Die produktgenerationsübergreifende Betrachtungsweise wird von einigen Ansätzen adressiert. Insbesondere die Methoden zur Entwicklung von Produktplattformen von MEYER & LEHNERD sowie ROBERTSON & ULRICH berücksichtigen diesen Aspekt bei der Gestaltung der modularen Produktstruktur.

***Transparente Darstellung und Dokumentation:*** Die meisten der vorgestellten Methoden sind nachvollziehbar dokumentiert und transparent dargestellt.

### 3.1.4 Integrierter PKT-Ansatz zur Entwicklung modularer Produktfamilien

Da die zu entwickelnde Methode zur Gestaltung zukunftsrobuster modularer Produktstrukturen aus Markt- und Produktionssicht in den bestehenden Methodenbaukasten des *Integrierten PKT-Ansatzes zur Entwicklung modularer Produktfamilien* (kurz: *PKT-Ansatz*) eingebettet werden soll, wird dieser mit seinen relevanten Methodenbausteinen in diesem Kapitel gesondert vorgestellt. Hierbei wird insbesondere auf die Kernschritte des Ansatzes eingegangen sowie ein Modell zur Visualisierung der wirtschaftlichen Auswirkungen von modularen Produktstrukturen vorgestellt.

Kerngedanke des PKT-Ansatzes ist es, die unternehmensinterne Produkt- und Prozessvielfalt bei gleichzeitiger Erhaltung oder sogar Erhöhung der externen Angebotsvielfalt zu reduzieren [Kra18] (Bild 3-6). Der Ansatz wurde am *Institut für Produktentwicklung und Konstruktionstechnik* (PKT) der *Technischen Universität Hamburg* (TUHH) entwickelt und in diversen industriellen Fallstudien evaluiert und weiterentwickelt [Gre20b].

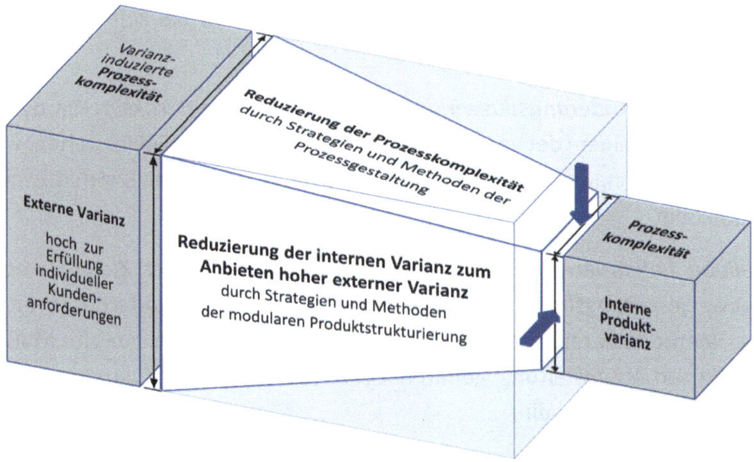


Bild 3-6: Schematische Darstellung des Integrierten PKT-Ansatzes zur Entwicklung modularer Produktfamilien [Gre20b]

Die beiden Betrachtungsebenen von Produkt und Prozess werden in dem Bild durch die Vorder- und Oberseite des Trichters dargestellt. Auf der Produktebene wird dabei das Ziel verfolgt, die vom Markt geforderte Vielfalt mit einer möglichst geringen internen Produktvarianz abzubilden. Auf der Prozessseite gilt es, die varianteninduzierte Prozesskomplexität mit möglichst einfachen Standard- und möglichst wenigen Sonderprozessen zu reduzieren. Zur Erreichung dieser Zielsituation werden verschiedene Methodenbausteine bereitgestellt, welche den Dissertationen des Forschungsbereichs der methodischen Produktentwicklung des PKT entsprechen (Übersicht u.a. in [Gre20b]).

Als Kernschritte des Ansatzes haben sich über die Jahre die Methodenbausteine der *Variantengerechten Produktgestaltung* nach KIPP sowie die *Lebensphasen-Modularisierung* nach BLEES etabliert [Ble11], [Kip12]. Die beiden Methoden bauen aufeinander auf und bilden zusammen ein Vorgehen in acht Schritten (siehe Bild 3-7), welches im Folgenden zusammen mit den wesentlichen Visualisierungswerkzeugen vorgestellt wird. Zusätzlich zu den beiden Vorgehensweisen werden die Methodenbausteine der *Strategischen Planung modularer Produktprogramme* nach JONAS sowie das *Wirkmodell modularer Produktstrukturen* nach HACKL eingeführt, da diese im Kontext der Arbeit ebenfalls von Relevanz sind [Jon14], [Hac20].

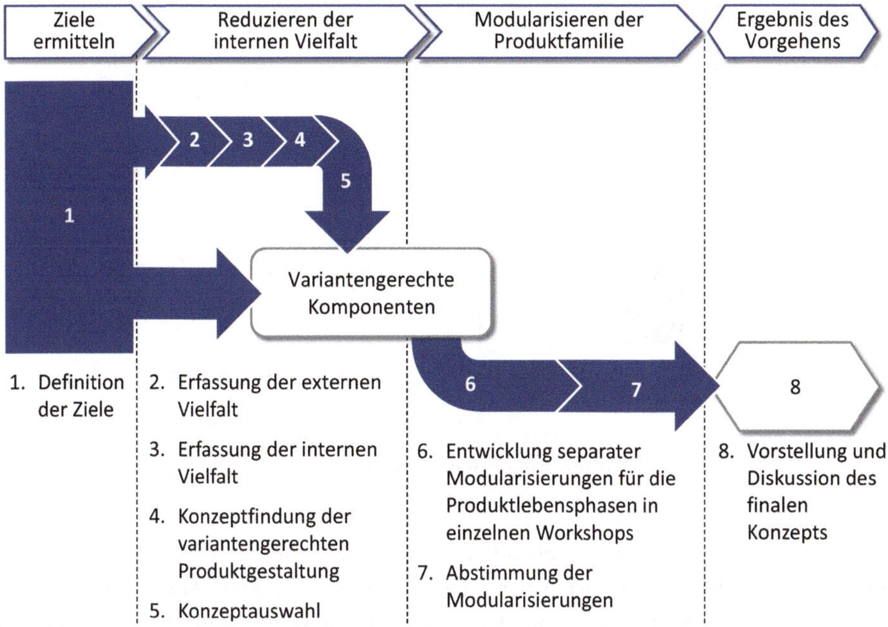


Bild 3-7: Kernschritte des Integrierten PKT-Ansatzes [Kip10]

**Variantengerechte Produktgestaltung nach Kipp (Schritt 1-5)**

Aufbauend auf den vier definierten Idealen einer variantengerechten Produktstruktur (vgl. Bild 3-4) haben Kipp & Krause ein Vorgehen entwickelt, welches die Reduzierung der internen Produktvielfalt unter Beibehaltung der externen Angebotsvielfalt ermöglicht [Kip08]. Dazu werden zunächst die Ziele der Produktstrukturgestaltung festgelegt, um unterschiedliche Zielsetzungen durch verschiedene Lösungskonzepte adressieren und diesen in unterschiedlichem Maße gerecht werden zu können.

Im zweiten Schritt wird die externe Vielfalt in Form von kundenrelevanten Produkteigenschaften mit Hilfe des *Vielfaltsbaums* (*Tree of external Variety*, TeV) erfasst. Dieses Visualisierungswerkzeug enthält alle Produkteigenschaften und Ausprägungen, die zu einer Differenzierung bestehender Produktvarianten aus Kundensicht beitragen (Bild 3-8). Die Auskombination der einzelnen Pfade bildet dabei die Kaufentscheidung der Kunden in absteigender Relevanz ab und ergibt am Ende die einzelnen Produktvarianten der betrachteten Produktfamilie. Wichtig bei der Erstellung des TeV ist es, dass die Formulierung der Produkteigenschaften aus Kunden- und nicht aus technischer Sicht erfolgt [Kip12]. Nur so kann gewährleistet werden, dass die umsatzfördernde Vielfalt identifiziert und bei der Umgestaltung berücksichtigt wird. Die gezielte Aufnahme und Analyse von Kundenbedürfnissen kann durch die Erlangung eines tiefergehenden Verständnisses vom Nutzer im Rahmen der *Nutzerzentrierten Entwicklung* unterstützt werden [Pae21].

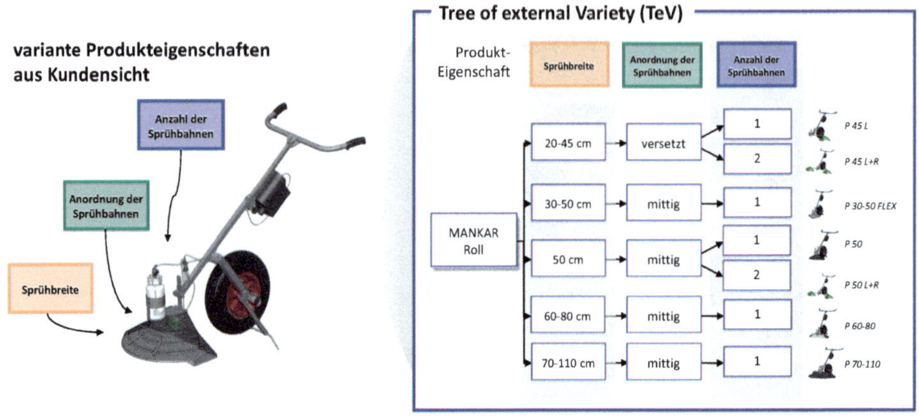


Bild 3-8: Vielfaltsbaum am Beispiel einer Produktfamilie von Herbizidsprühgeräten nach [Kra18] angelehnt an [Kip08]

Die Aufnahme der internen Vielfalt auf Ebene der Komponenten wird durch den *Module Interface Graph* (MIG) realisiert, welcher die Anordnung und grobe Form der Komponenten sowie deren Schnittstellen und Flüsse abbildet (siehe Bild 3-9). Die Darstellung der Komponentenvielfalt erfolgt in dem Varianzmodell über die bereits eingeführte farbliche Kodierung aus Bild 3-4.

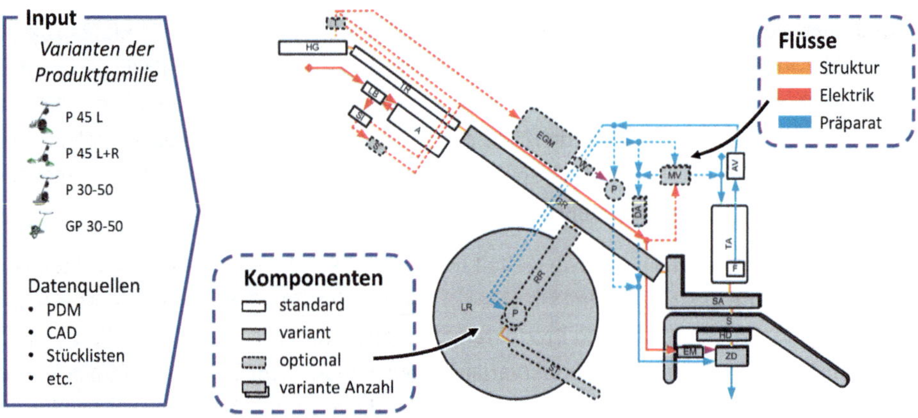


Bild 3-9: Module Interface Graph (MIG) einer beispielhaften Produktfamilie von Herbizidsprühgeräten zur Darstellung der Komponentenvielfalt nach [Geb14] in Anlehnung an [Ble11]

Die externe Angebotsvielfalt wird über variante Funktionen und Wirkprinzipien bzw. -geometrien mit der internen Komponentenvielfalt verknüpft. Für die Aufnahme der varianten Funktionen wird eine um die Information der Varianz erweiterte, umsatzorientierte Funktionsstruktur empfohlen. Die varianten Wirkprinzipien und -geometrien werden daraufhin aus der Varianz der Funktionen und der Komponenten abgeleitet.

Die visuelle Zusammenführung der externen und internen Vielfalt erfolgt anschließend im *Variety Allocation Model* (VAM). Dieses Modell stellt das zentrale Werkzeug der Methode dar und ermöglicht die Visualisierung des Idealbilds variantengerechter Produktstrukturen sowie die Lösungssuche zur Umgestaltung auf unterschiedlichen Ebenen (siehe Bild 3-10, links). Da die Varianzanalyse mittels Funktionen und Wirkprinzipien in der Praxis oftmals als zu abstrakt und zu aufwändig angesehen wird, reduzieren GEBHARDT ET AL. das Modell um eine Ebene und entwickeln eine alternative Darstellung mit varianten technischen Merkmalen auf der Mittelebene (Bild 3-10, rechts) [Geb12].

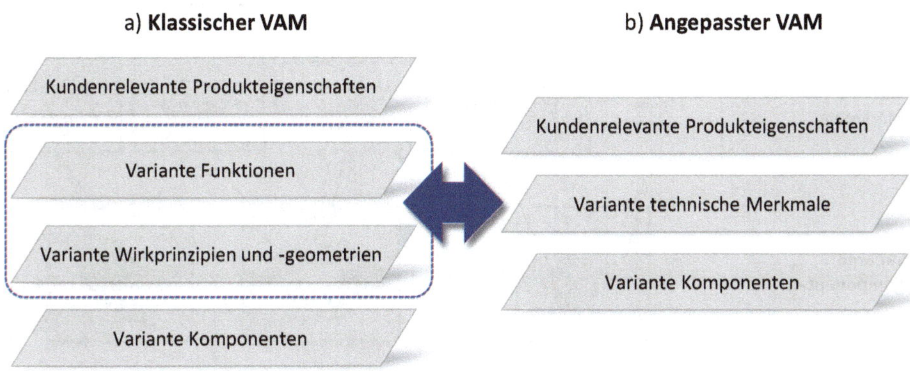


Bild 3-10: Strukturierung des klassischen (a) und angepassten VAM (b) in Anlehnung an [Geb12]

Die Reduzierung auf drei Hierarchieebenen ermöglicht im Vergleich zum klassischen VAM eine Darstellung der gleichen Varianz mit weniger Elementen. Außerdem können auch umfangreiche Produktfamilien mit vergleichsweise geringem Aufwand untersucht werden. Die fallspezifische Überführung vom 3- zum 4-Ebenen-VAM ist dabei möglich und je nach Problem- und Zielformulierung zu empfehlen. Die grundlegende Systematik und Wirksamkeit der Methodik wird laut GEBHARDT ET AL. nicht beeinträchtigt [Geb12]. In Bild 3-11 ist ein Ausschnitt eines 3-Ebenen-VAM für das Produktbeispiel der Herbizid-Sprühgeräte dargestellt.

Im Idealfall wird jede variante Produkteigenschaft durch genau eine Komponentenvariante realisiert. Die technischen Merkmale auf der mittleren Ebene sind dabei möglichst abstrakt sowie produkt- und nicht komponentenbezogen anzugeben, um vergleichbare Abstraktionsstufen zwischen ursprünglich erster und zweiter Ebene sowie zweiter und dritter Ebene zu realisieren. Die technischen Merkmale greifen in Teilen die varianten Wirkprinzipien und -elemente des klassischen VAMs auf, gehen aber über diese hinaus, da auch übergeordnete Merkmale des Produktes, wie z.B. die Lage des Schwerpunktes, erfasst werden. Sie beschreiben in ihrer Gesamtheit eindeutig die Produktsicht und sind direkt vom Entwicklungsingenieur beeinflussbar. Interne Produktattribute beinhalten auf Ebene der Baugruppen oder Module die Struktur eines Produktes durch

Identifikation seiner Elemente und deren Anordnung, auf Ebene der Maschinenelemente im Wesentlichen Form/Gestalt, Abmessungen/Dimensionen und Materialeigenschaften. Hinzu kommen Aspekte, wie Oberflächen, Herstellungsmethoden oder Farbe. Alle Angaben sollten darüber hinaus quantifizierbar sein [Geb12].

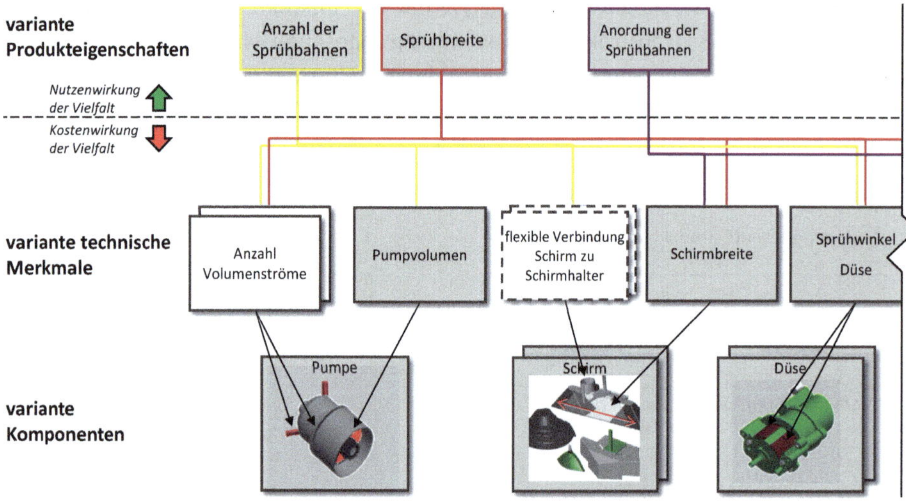


Bild 3-11: Angepasster 3-Ebenen-VAM der Produktfamilie von Herbizidsprühgeräten [Kra18]

Unabhängig von der Anzahl der Ebenen wird das VAM abschließend dazu verwendet, die Produktstruktur durch eine gezielte Umgestaltung an das Idealbild einer variantengerechten Produktfamilie anzunähern. Zu diesem Zweck stellt Kipp eine Reihe von Gestaltungsmaßnahmen bereit, die auf verschiedenen Innovationstiefen ansetzen. So können von einer Anpassungskonstruktion bis hin zur Neuentwicklung alle Stufen angewendet und in dem Modell visualisiert werden [Kip12]. Ergebnis der Methode sind variantengerechte Lösungsalternativen, welche abschließend bewertet und ausgewählt werden.

### Lebensphasen-Modularisierung nach Blees (Schritt 6-8)

Aufbauend auf dem variantengerecht gestalteten Produktstrukturkonzept wird im Rahmen der Methode nach Blees eine Modularisierung angestrebt, die auf alle beteiligten Produktlebensphasen ausgerichtet und abgestimmt ist. Diese Vorgehensweise folgt dem Grundsatz, dass nicht die eine optimale modulare Produktstruktur für das gesamte Unternehmen existiert, sondern es vielmehr einen Kompromiss zwischen den oftmals gegenläufigen Anforderungen der unterschiedlichen Lebensphasen an die modulare Produktstruktur bedarf. Zu diesem Zweck werden für alle Unternehmensbereiche unterschiedliche Modularisierungen entwickelt und harmonisiert [Ble11].

Zunächst werden dazu, in Anlehnung an die *Heuristiken* nach Stone, die Module aus technisch/funktionaler Perspektive gebildet. Anschließend wird die MFD nach Erixon erweitert und den Modultreibern (z.B. separates Testen) fallspezifische Ausprägungen (z.B. Drucktest) zugeordnet. Diese sogenannten Modultreiberausprägungen stellen konkrete Beschreibungen der Gründe zur Modulbildung für die jeweiligen Lebensphasen dar. Mit Hilfe der *Netzplantechnik* werden die „Wunsch-Modularisierungen" der einzelnen Abteilungen daraufhin entwickelt und dokumentiert (Bild 3-12). Dabei wird die technisch/funktionale Sichtweise nach STONE als Modultreiber in der Lebensphase der Entwicklung berücksichtigt und somit eine Kombination beider Sichten ermöglicht.

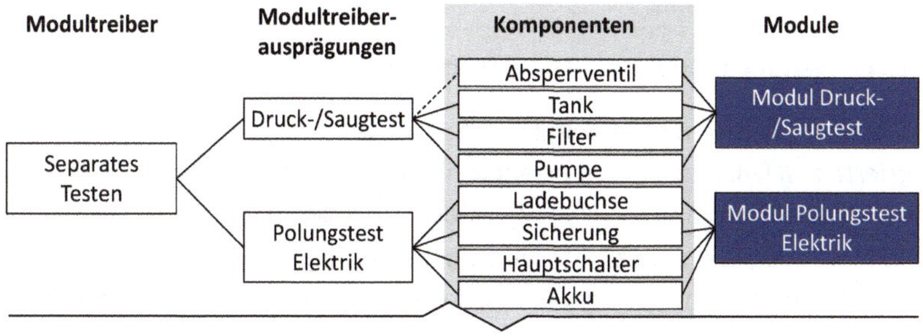


Bild 3-12: Ausschnitt des Netzplans der Lebensphase der Herstellung in Anlehnung an [Ble11]

Die verschiedenen „Wunsch-Modularisierungen" der einzelnen Unternehmensbereiche werden im *Module Process Chart* (MPC) zusammenfassend dargestellt und der Modulprozess entlang der Wertschöpfungskette eines Unternehmens abgebildet (Bild 3-13).

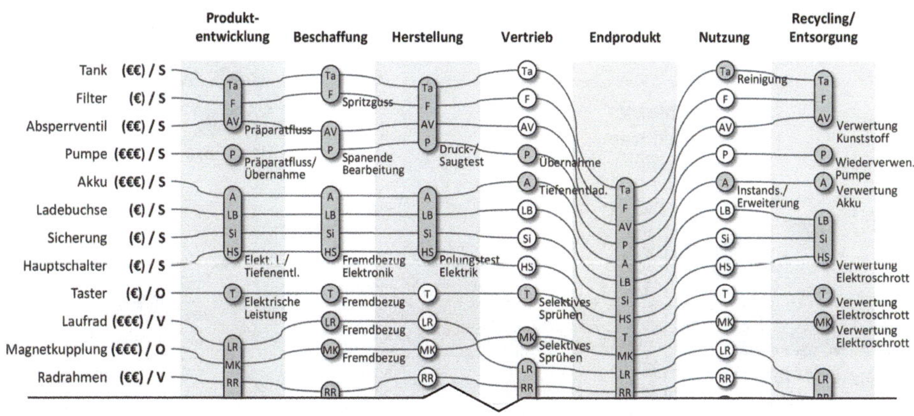


Bild 3-13: Ausschnitt des Module Process Charts (MPC) für das Beispiel einer Produktfamilie von Herbizidsprühgeräten vor der Harmonisierung [Ble11]

Um aus den Modularisierungen der verschiedenen Phasen einen kontinuierlichen Prozess ableiten zu können, müssen die unterschiedlichen Modularisierungen aufeinander abgestimmt werden. Dazu werden Widersprüche zwischen den einzelnen Sichten der Lebensphasen identifiziert und im Rahmen einer Harmonisierung aufgelöst. Eine Prämisse für die Gestaltung des Modulprozesses ist es, dass die Module bis hin zum

Endprodukt idealerweise immer größer werden [Ble10]. Die Zerlegung eines Moduls in einzelne Komponenten in einer späteren Lebensphase kann zu Problemen zwischen den Schnittstellen der Abteilungen und somit zu unnötigen Prozessaufwänden führen. Im Rahmen des Harmonisierungsprozesses werden in Absprache mit allen Fachbereichen Kompromisse gesucht und mögliche Lösungen diskutiert, bis ein durchgängiges Modularisierungskonzept entwickelt wird. Dieses Konzept wird abschließend unternehmensweit festgelegt, sodass eine konstruktive Ausgestaltung der Module mit den zugehörigen Schnittstellen erfolgen kann.

**Strategische Planung modularer Produktprogramme nach JONAS**

Dieser Methodenbaustein setzt zeitlich vor der eigentlichen Produktstrukturgestaltung im *Integrierten PKT-Ansatz* an und ermöglicht eine szenariobasierte Entwicklung von alternativen Produktprogrammen [Jon14]. Mit Hilfe der Methode können Produktfamilien ausgewählt werden, welche sich für eine Überarbeitung im Rahmen der beiden vorgestellten Methoden besonders eignen. Ziel ist es dabei, das Kommunalitätspotential im gesamten Produktprogramm auszuschöpfen und möglichst viele produktfamilienübergreifende Übernahmekomponenten zu identifizieren. Die zukünftigen Entwicklungen werden dabei mit Hilfe einer angepassten *SWOT-Methode* (Definition siehe Kapitel 3.2.2) antizipiert und alternative Szenarien im Sinne von *Best-/worst-Cases* für das Gesamtproduktprogramm mit Hilfe der Visualisierung des *Program Structuring Models* (PSM) entwickelt (Bild 3-14).

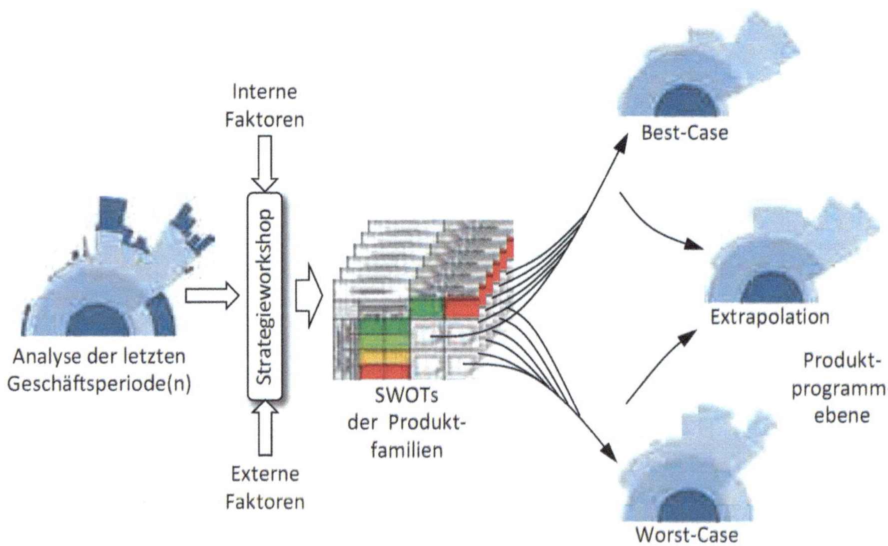


Bild 3-14: Vorgehen zur strategischen Planung modularer Produktprogramme [Jon14]

Aufbauend auf den Szenarien werden alternative Konzepte für Produktprogramme entwickelt und hinsichtlich des möglichen Übernahmeanteils von Komponenten bewertet sowie ausgewählt. Die Methode berücksichtigt zwar zukünftige Entwicklungen, bezieht deren Auswirkungen jedoch nur bei der Konzeption von Produktprogrammen mit ein. Die eigentliche Gestaltung einer modularen Produktstruktur auf der Ebene von Produktfamilien erfolgt nicht.

**Wirkmodell modularer Produktstrukturen nach HACKL**

Die Auswirkungen von modularen Produktstrukturen auf ein Unternehmen sind abteilungsübergreifend, oftmals schwer zu quantifizieren und selten ausreichend dokumentiert [Hac17]. Das Wissen um diese Auswirkungen und deren Kausalzusammenhänge ist jedoch essentiell, um die modulare Produktstruktur bestmöglich an die jeweiligen Randbedingungen anzupassen und die größtmöglichen Einsparungspotentiale zu erschließen. Eine Möglichkeit dieses Wissen explizit und systematisch abzubilden, stellt das *Wirkmodell modularer Produktstrukturen* (WiMo) dar (Bild 3-15).

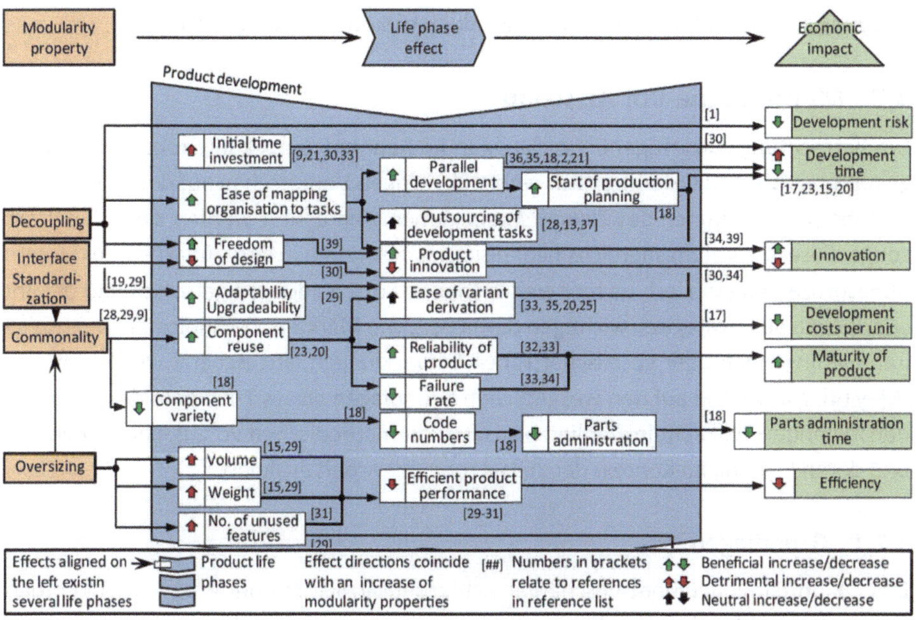


Bild 3-15: Ausschnitt des Wirkmodells modularer Produktstrukturen [Hac20]

Wesentliche Vorteile gegenüber bestehender Modelle sind die Vollständigkeit durch die Berücksichtigung aller wertschöpfender Lebensphasen, wie z.B. die Produktentwicklung in Bild 3-15, sowie die Rückführung auf produktbezogene Ursachen durch die Eigenschaften und Merkmale der Modularität (Bild 3-15, links) [Hac16]. Das Modell bildet dabei systematisch die Kausalbeziehungen von den Eigenschaften und Merkmalen über die einzelnen Wirkketten bis hin zu den wirtschaftlichen Zielgrößen eines Unternehmens ab (Bild 3-15, rechts). Diese können den Kategorien Zeit, Kosten, Qualität und Risiko zugeordnet werden und sich positiv (grün) oder negativ (rot) ausprägen. Das initiale Modell enthält über 80 Effekte, welche im Rahmen einer umfassenden Literaturrecherche von über 60 Beiträgen aus *Management und Engineering Journals* zunächst zusammengetragen [Hac16] und durch weitere Literaturrecherchen und Validierungsstudien ergänzt wurden [Hac17], [Hac20].

Wie in dem Modell dargestellt, ermöglicht die gezielte Beeinflussung der Modularität einer Produktstruktur das Ausschöpfen lebensphasenübergreifender Vorteile entlang der gesamten Wertschöpfungskette eines Unternehmens. Die Entwicklung modularer Produktstrukturen ist demnach als Unternehmensstrategie zu verstehen, die auf das gesamte Produktprogramm ausgeweitet werden kann und maßgeblichen Einfluss auf den Erfolg eines Unternehmens hat [Kra18]. Ziel sollte es bei der Modularisierung daher immer sein, durch eine gezielte Gestaltung spezifische und strategisch gewollte Vorteile entlang des gesamten Produktlebenslaufs auszuschöpfen. Dies ist ebenfalls bei der Entwicklung zukunftsrobuster modularer Produktstrukturen zu berücksichtigen.

## 3.2 Methodische Vorausschau

Die Betrachtung zukünftiger Entwicklungen im Rahmen der zukunftsrobusten Produktgestaltung ruft die Forderung nach einer zukünftigen Vorausschau auf den Plan, welche methodisch im Rahmen des Zukunftsmanagements adressiert werden kann. Die Werkzeuge dieses Forschungsbereichs haben sich insbesondere in den frühen Produktentstehungsprozessen etabliert, da hier weitreichende Entscheidungen getroffen und die Entwicklungen aus strategisch wichtigen Bereichen, wie Märkten, Technologien, politischen Randbedingungen oder gesellschaftlichen Entwicklungen, abgeschätzt werden müssen [Mey14]. Aufbauend auf den wesentlichen Grundlagen dieses Themenfeldes werden in den folgenden Teilkapiteln etablierte Ansätze zur methodischen Vorausschau vorgestellt und deren Eignung im Kontext der Zielsetzung der Arbeit evaluiert.

### 3.2.1 Grundlagen

Das **Zukunftsmanagement** beschäftigt sich grundsätzlich mit der Prognose zukünftiger Ereignisse und der darauf aufbauenden unternehmensseitigen Planung [Ste97]. FINK & SIEBE beschreiben den Forschungsbereich als die Verzahnung von strategisch relevanten Zukünften und zukunftsfähigen Strategien, welche auf drei unterschiedlichen Ebenen sowie aus zwei verschiedenen Perspektiven heraus erfolgen kann (Bild 3-16) [Fin16].

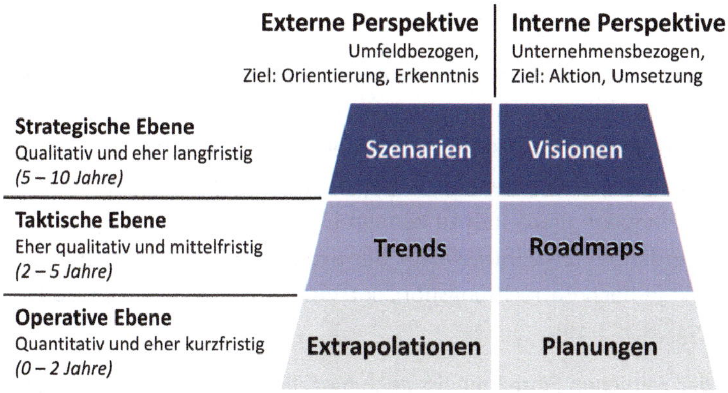


Bild 3-16: Modell des Zukunftsmanagements [Fin16]

### Operative, taktische und strategische Ebene der Vorausschau

Die **operative Ebene** bildet eher die kurzfristige Sicht ab und ermöglicht eine Zukunftsprognose aufgrund quantitativer, vergangenheitsbezogener Daten. Die Methoden dieser Ebene nutzen aufgrund des relativ kurzfristigen Zukunftsblicks zumeist formale, statistische Modelle, welche datenbasiert extrapoliert werden und dabei als Ergebnis numerische Werte liefern [Ung12]. Diese quantitativen Ansätze generieren im Vergleich zu den qualitativen Methoden die genauesten Vorhersagen, hängen aber auch sehr stark von der Qualität der Eingangsdaten ab [Fye13]. Aus den Erkenntnissen werden meist konkrete Planungen abgeleitet, wie z.B. Geschäftspläne oder Investitionsentscheidungen.

Auf der **taktischen Ebene** werden unternehmensbezogene Entscheidungen auf Basis von mittelfristigen Prognosen getroffen. Diese sind in den meisten Fällen eher qualitativ geprägt, da hier zukünftige Entwicklungen über einen längeren Zeithorizont betrachtet werden müssen. Auf dieser Ebene sind insbesondere anstehende und bereits erkennbare Veränderungen in Form von Trends von großer Relevanz, die zur Erstellung konkreter *Strategie-*, *Produkt-* oder *Technologie-Roadmaps* genutzt werden können [Möh17].

Aufgrund der Langfristigkeit der Vorausschau reicht auf der **strategischen Ebene** eine reine Trendbetrachtung nicht mehr aus, es müssen vielmehr alternative Zukünfte und Zusammenhänge zwischen verschiedenen Einflussfaktoren betrachtet werden. Hier hat sich insbesondere das vernetzte Denken in Szenarien etabliert, welches auf der unternehmensinternen Perspektive zur Ableitung von Visionen und Leitbildern genutzt werden kann [Fin16].

Eine konkrete zeitliche Einteilung der drei Ebenen ist zumeist nicht zielführend, sondern muss immer in Abhängigkeit zur Volatilität des Betrachtungssystems und der jeweiligen Zielstellung erfolgen [Fin11].

### Externe und interne Perspektive der Vorausschau

Neben der Einteilung des zeitlichen Horizonts kann das Modell des Zukunftsmanagements auch hinsichtlich der zu Grunde liegenden Perspektive differenziert werden. So bezieht sich die **externe Sicht** auf das Unternehmensumfeld und dient dem Erkenntnisgewinn (strategische Früherkennung), um daraus unternehmensinterne Handlungen (strategische Planungen) ableiten zu können [Fin11]. Letzteres entspricht **der internen Sicht**. Hier werden die Erkenntnisse aus der externen Vorausschau in eigene Aktionen überführt und je nach Betrachtungshorizont *Visionen*, *Roadmaps* und/oder *Planungen* entwickelt (vgl. Bild 3-16).

Analog zu der zeitlichen Einteilung, ist auch hier die Abgrenzung der beiden Kategorien nicht immer trennscharf und führt in der Praxis oft zu Überschneidungen [Fin11].

### Qualitative und quantitative Methoden der Vorausschau

Eine Möglichkeit zur Unterscheidung der Vorausschaumethoden der externen Perspektive, stellt die Einteilung in qualitative und quantitative Vorgehensweisen dar [Ung12]. **Qualitative Methoden** basieren dabei auf intuitiven bzw. subjektiven Bewertungen von Experten mit umfangreichem Fachwissen in der jeweiligen Thematik und setzen keine methodischen Prognoseregeln mit schematischen Prognosemodellen voraus [Cro10], [Fin11]. **Quantitative Methoden** dagegen beruhen zumeist auf formalen, statistischen Modellen, die datenbasiert fortgeschrieben werden und somit numerische Werte liefern [Ham00], [Ung12].

Nach einer Vergleichsstudie von FYE AT EL. sind qualitative Methoden zumeist weniger akkurat, können dafür aber bisher unbekannte Ereignisse besser berücksichtigen [Fye13]. Qualitative Vorausschaumethoden weisen in der Praxis deutlich mehr Zuspruch auf und können besser wiedergeben, *ob* ein Ereignis eintritt [Fye13], [Küh15]. Quantitative Methoden ermöglichen dagegen genauere Vorhersagen und geben – immer in Abhängigkeit von der Qualität der Eingangsdaten – an, *wann* ein Ereignis eintritt [Fye13]. Die quantitativen Vorausschaumethoden lassen sich zudem in Bezug auf die Datenverarbeitung unterteilen. Dabei werden zwischen rein statistischen Methoden und Methoden des *Maschinellen Lernens* (ML) unterschieden. Bei ML werden die Daten nicht nur extrapoliert, sondern dazu genutzt, um Muster und Gesetzmäßigkeiten in den Lerndaten zu erkennen und genauere Vorhersagen zu ermöglichen [Jan20].

### Unsicherheit, dynamische Einflussfaktoren und Soll-Ist-Abweichung

Als **Unsicherheit** wird die existierende Lücke zwischen der Information, die benötigt wird, um eine Aufgabe zielgerichtet durchzuführen, und der aktuell zur Verfügung stehenden Information verstanden [Gal67], [Bug09]. Die Informationslücke entsteht dabei durch das Wirken von **dynamischen Einflussfaktoren** im Umfeld und der zeitlichen

Änderung ihrer Ausprägungen sowie deren Beziehungen zum Bezugsobjekt [Gal67]. Im Kontext der Aufgabenstellung ist insbesondere die Dynamik der Einflussfaktoren aus Markt- und Produktionssicht von besonderer Relevanz.

Unsicherheiten können darüber hinaus zu einer Abweichung zwischen dem geplanten Soll- und dem erreichten Ist-Zustand führen. Bei dieser **Soll-Ist-Abweichung** können generell drei unterschiedliche Fälle beobachtet werden (Bild 3-17) [Her10].

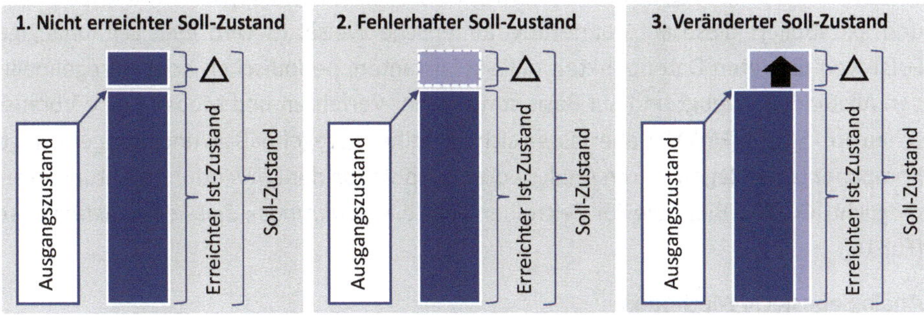


Bild 3-17: Die drei Fälle einer Soll-Ist-Abweichung [Her10]

Im *ersten Fall* entspricht der erzielte Ist-Zustand nicht dem vorher definierten Soll-Zustand. Bezogen auf die Produktplanung werden dementsprechend nicht alle definierten Produktanforderungen erreicht.

Im *zweiten Fall* wird der geplante Zielzustand erreicht, ist aber fehlerhaft definiert, sodass auch hier eine Abweichung zwischen Ist- und Soll-Zustand auftritt. Hier sind beispielweise unzureichend aufgenommene Marktanforderungen oder Anforderungsänderungen aufgrund von übersehenden Kundengruppen mögliche Ursachen für die Änderungsabweichung [Fri98]. Die Fälle *eins* und *zwei* treten demnach aufgrund von fehlerbedingten Änderungen auf [Aßm00], [Bau16].

Im *dritten Fall* sind die Anforderungen korrekt erfasst, ändern sich aber durch dynamische Einflüsse im Laufe der Zeit und führen zu einer neuerungsbedingten Soll-Ist-Abweichung [Aßm00]. Anders als bei den anderen beiden Fällen entstehen die Abweichungen durch externe Einflussgrößen und werden durch Unsicherheiten hervorgerufen. Diese sind in der frühen Produktentstehungsphase besonders groß und müssen berücksichtigt werden, um langfristig zukunftsgerichtete Systeme erfolgreich entwickeln zu können [Suh07], [Neu11].

In der vorliegenden Arbeit werden vorrangig die Änderungseinflüsse betrachtet, die zu einer neuerungsbedingten Änderungsabweichung gemäß Fall *drei* führen. Aufgrund der verursachten Unsicherheiten, gilt es die Dynamik dieser Einflussfaktoren mit Hilfe geeigneter Methoden der Vorausschau zu erfassen und bei der Gestaltung zukunftsrobuster modularer Produktstrukturen zu berücksichtigen.

### 3.2.2 Methoden der Vorausschau

Im Folgenden werden etablierte Methoden der Vorausschau kurz vorgestellt und anschließend ihre Eignung im Kontext der Aufgabenstellung mit Hilfe der eingangs formulierten Anforderungen aus dem Bereich dieses Forschungsfeldes evaluiert.

**Zeitreihenprognose**

Die Zeitreihenprognose basiert auf einer Zusammenhangsanalyse historischer Daten und extrapoliert diese auf quantitativ-numerische Weise. Es wird eine zeitabhängige Folge von diskreten Datenpunkten mit äquidistanten, periodischen oder unregelmäßigen Abständen erzeugt und auf Basis statistischer Verfahren und Modelle eine Vorausschau ermöglicht [Fin11]. Dabei lassen sich Zeitreihen in regelmäßige und unregelmäßige Komponenten zerlegen, deren Analyse die Extrapolation der Entwicklungsrichtungen ermöglicht [Cro10]. Beispiele für Zeitreihen sind u.a. *Währungs-*, *Zins-* oder *Aktienkurse* [Fah16].

**Analogiebasierte Methoden**

Bei den analogiebasierten Methoden werden die Prognosen ebenfalls auf der Grundlage von vergangenheitsbezogenen Daten erstellt, dabei aber Analogieschlüsse für das Fortschreiben von Entwicklungsmustern in die Zukunft genutzt [Lic02]. Als Inputdaten dienen hier zumeist Lebenskurven und -zyklen von Produkten, Technologien oder Absätzen, wobei durch die Bestimmung der aktuellen Position auf den Kurven die zukünftigen Entwicklungen abgeleitet werden können [Fin11]. Ein Beispiel für einen technologiebezogenen Zyklus stellt der *Gartner-Hype-Cycle* dar, welcher den zeitlichen Verlauf der öffentlichen Aufmerksamkeit einer neuen Technologie bei deren Einführung abbildet. Weitere Zyklen sind u.a. *Konjunkturzyklen* oder das *S-Kurven-Konzept* [Fen08].

**Expertenbefragung**

Die Expertenbefragung als qualitative Methode der externen Vorausschau zielt darauf ab, zukünftige Entwicklungen durch die Bündelung der Expertise eines Expertenkreises abzuschätzen [Fin11]. Dabei werden die Ansichten der Experten zu den zukünftigen Entwicklungen des Betrachtungsobjekts in Interviews identifiziert und im Kontext der jeweiligen Fragestellung analysiert. Bei der Datenerhebungsmethode kann grundsätzlich zwischen standardisierten Formaten (z.B. *Fragebögen*, *Einzelinterviews*) mit geschlossenen Fragen oder nicht-standardisierten Formaten (z.B. *narrative Interviews*, *Workshops*) mit offenen Fragen unterschieden werden [Fin11], [Bau16].

**Delphi-Technik**

Bei der Delphi-Technik wird ebenfalls Expertenwissen genutzt – die Prognose dabei jedoch aus den Erkenntnissen mehrerer Fragerunden abgeleitet [Fin11]. In dem mehrstufigen Prozess werden die Experten hinsichtlich möglicher Entwicklungstrends und dessen zeitlichen Verlauf schriftlich befragt und die Ergebnisse jeweils anonymisiert zurückgespielt. Der iterative Prozess führt dazu, dass extreme Abweichungen zwischen den Expertenmeinungen aufgedeckt und auf den Gedanken anderer Experten aufgebaut werden kann. Der Prozess wird dabei so oft iteriert, bis ein Konsens bezüglich der Thematik erreicht ist [Her13].

**Trendanalyse /-management**

Ein *Trend* kann als eine allgemeine Entwicklungsrichtung über einen Zeitraum mit relativ vorhersehbarem Charakter beschrieben werden [Gia13]. Trends sind demnach mögliche Entwicklungen der Zukunft, welche aufgrund einer erhöhten Wahrscheinlichkeit als relevant für zukünftige Geschäftstätigkeiten angesehen werden können [Gau14]. Sie unterscheiden sich von Prognosen durch ihre explizite Berücksichtigung von Veränderungen [Fin11] und können hinsichtlich ihrer Tragweite in *Megatrends*, *Konsumententrends* und *Branchentrends* eingeteilt werden [Hor98]. Megatrends rufen globale Veränderungen hervor, Konsumententrends beeinflussen vor allem Marketing- und Produktkonzepte und Branchentrends wirken sich als Folge von Megatrends auf einzelne Branchen und Technologien aus.

Als übergeordnetes Vorgehen zur Ermittlung und Analyse von Trends kann das **Trendmanagement** (oder auch Trendforschung) verstanden werden [Fin11], [Gau14]. Der Trendmanagementprozess ist dabei durch fünf wesentliche Schritte charakterisiert (Bild 3-18).

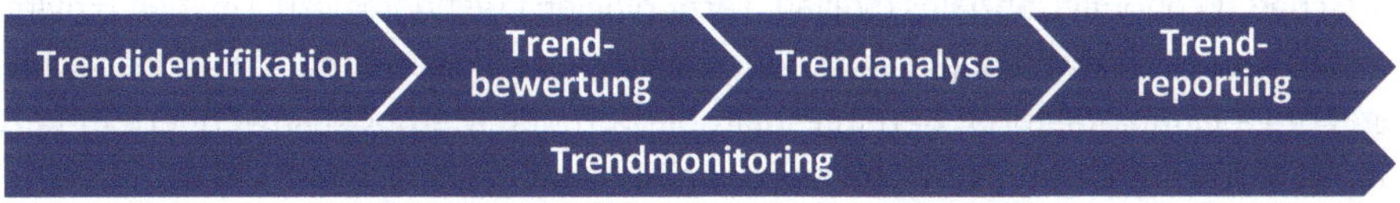


Bild 3-18: Prozess des Trendmanagements [Fin11]

Im Rahmen der **Trendidentifikation** werden zunächst relevante Entwicklungsrichtungen ermittelt. Als Hilfsmittel werden Quellen, wie Internet, Literatur, Leitmessen, Patentanalysen oder auch die kontinuierliche Beobachtung von innovativen Wettbewerbern, empfohlen [Jon14]. Nachdem die relevanten Trends ermittelt sind, werden diese im Rahmen der anschließenden **Trendbewertung** hinsichtlich ihrer Priorität evaluiert. Dieser Schritt soll sicherstellen, dass im Kontext der jeweiligen Aufgabenstellung die wesentlichen Trends weiterverfolgt werden. Beim *kollaborativen Trendmanagement* erfolgt die Bewertung durch die Mitarbeiter des Unternehmens oder durch externe Experten [Dur10]. Die Kriterien können unterschiedlich ausfallen, in der Regel werden die Eintrittswahrscheinlichkeiten sowie die Auswirkungen auf das Unternehmen bewertet und gegeneinander aufgetragen [Gau14]. Diese beiden Kenngrößen spannen das sogenannte *Trendportfolio* auf, welches die Ableitung von Handlungsempfehlungen ermöglicht (Bild 3-19).

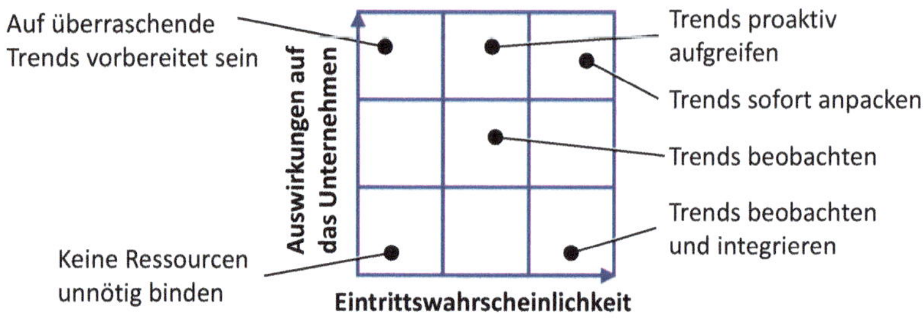


Bild 3-19: Trendportfolio [Gau14]

Das abschließende **Trendreporting** zielt darauf ab, die gewonnenen Informationen so aufzubereiten, dass sie der Führungsebene kommuniziert werden können. Eine häufige Form des Trendreportings ist die Kategorisierung der einzelnen Trends mit Hilfe einer Ampel im *Trendradar* [Fin11]. Hier werden die Trends hinsichtlich ihrer Priorität visualisiert [Dur10]. Das **Trendmonitoring** findet kontinuierlich und parallel zu den vier vorgestellten Schritten statt. Hierbei werden besonders kritische Trends sowie deren Indikatoren durchgehend und gezielt beobachtet [Fin11].

**PESTEL-Methode**

Eine systematische Möglichkeit zur Trendidentifikation und -analyse liefert die PESTEL-Methode, in der die relevanten Einflussgrößen über sechs vordefinierte Suchfelder bestimmt werden können. Zu diesen Suchfeldern zählen die Bereiche der Politik (**P**olitical), Wirtschaft (**E**conomic), Soziales (**S**ocial), Technologien (**T**echnological), Umwelt (**E**nvironmental) sowie Gesetzgebung (**L**egal). Innerhalb der Methode werden für jedes Suchfeld zugehörige Einflussfaktoren bereitgestellt, die von den Methodenanwendern in Bezug auf das betrachtete Bezugssystem ausgewählt und analysiert werden können [Bou20].

**Kontextmodell**

Eine ähnliche Möglichkeit bietet das *Kontextmodell*, welches die expertenbasierte Identifikation von Trends und Einflussfaktoren mit Hilfe verschiedener Einflussklassen (Technologie, Sozioökonomie, Ressourcen, Politik/Legislative, Organisation und Mensch) und Wirkungsbereiche (intern/extern) ermöglicht [Lan09]. Die zeitlichen Eigenschaften von Einflussfaktoren werden durch *Eintrittszeitpunkt*, *Änderungsfrequenz*, *Änderungshäufigkeit*, *Änderungsverlauf* sowie *Änderungswahrscheinlichkeit* klassifiziert. MAURER ET AL. erweitern dieses Modell um zusätzliche Kategorien wie *Entwicklungsrichtung*, *Quellen*, *Relevanz* und *Wirkungsbereich* der Einflussfaktoren [Mau14].

**SWOT-Analyse**

Bei der *SWOT-Analyse* werden externe Einflussfaktoren in einen unternehmensinternen Kontext gesetzt und hinsichtlich ihrer Chancen und Risiken sowie der Stärken und Schwächen kategorisiert (**S**trengths/**W**eaknesses vs. **O**pportunities/**T**hreats). Diese

Gegenüberstellung ermöglicht es, konkrete strategische Handlungsempfehlungen für ein Unternehmen abzuleiten. Die Stärken und Schwächen spiegeln dabei zumeist die unternehmensinterne Sicht wider, wohingegen die Chancen und Risiken die externen Einflüsse repräsentieren [Lom10]. Die SWOT-Analyse kann sowohl als Werkzeug der externen Vorausschau, als auch zur internen Planung genutzt werden.

**Roadmaps**

Eine Roadmap ist ein rein strategisches Planungsinstrument, mit dem die Entwicklungsmöglichkeiten der Zukunft visualisiert und in eine zeitliche Reihenfolge gesetzt werden können [Beh03]. Dabei werden je nach Zielsetzung und Zweck unterschiedliche Betrachtungsebenen zukünftiger Entwicklungen dargestellt und miteinander in Beziehung gesetzt. Gängig sind hier insbesondere die Ebenen der *Technologien, Märkte, Branchen* oder *Umwelt* [Fin11], es können aber auch Roadmaps für *Strategien, Produkte* oder *Prozesse* entwickelt werden [Pha04]. Die Erstellung von internen Planungen mit Roadmaps wird im Kontext der Gestaltung zukunftsrobuster modularer Produktstrukturen nicht direkt fokussiert, ist aber für die zukünftige Operationalisierung zukünftiger Entwicklungen von Bedeutung.

**Szenariotechnik/ Szenariomanagement**

Ein *Szenario* kann als Zukunftsbild verstanden werden, welches auf einer in sich schlüssigen Kombination von denkbaren Entwicklungen einzelner Einflussfaktoren beruht [Gau14]. Eine der einschlägigsten Methoden zur Erstellung von Szenarien stellt die *Szenariotechnik* nach GAUSEMEIER & PLASS dar [Gau14]. Hier werden durch die Vernetzung verschiedener Einflussfaktoren zukünftige Szenarien im Sinne einer multiplen Zukunft erzeugt. Das *Szenario-Management* geht über die reine Entwicklung von Szenarien hinaus und verknüpft diese mit den strategischen Stoßrichtungen eines Unternehmens [Fin16]. Da in der Praxis eine Vielzahl an unterschiedlichen Vorgehensweisen zur Erstellung und Bewertung von Szenarien existiert, führen FINK & SIEBE ein übergeordnetes Phasenmodell zur Beschreibung eines generischen Szenarioprozesses ein (Bild 3-20).

Die eigentliche Erstellung der Szenarien im Sinne der Szenariotechnik erfolgt dabei in den Phasen 1 bis 3.

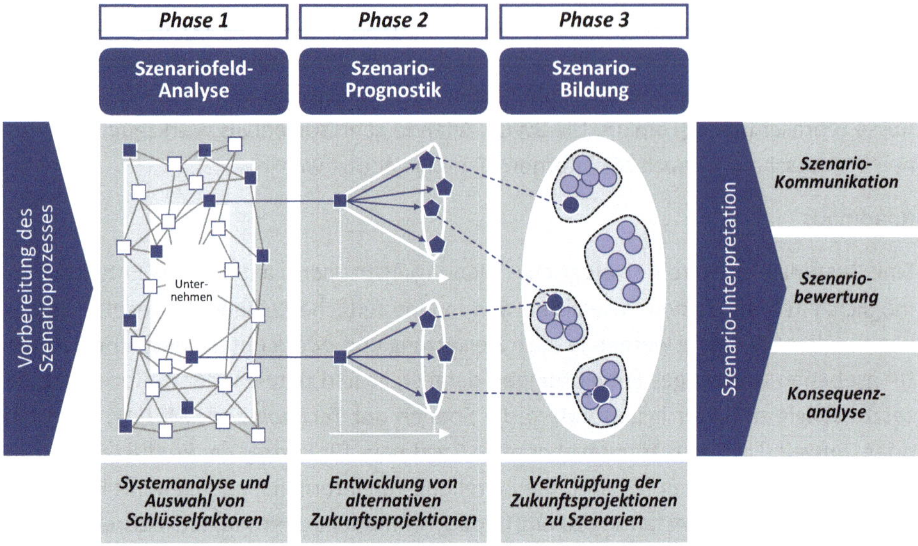


Bild 3-20: Phasenmodell des Szenarioprozesses [Fin16]

In der **Vorbereitung des Szenarioprozesses** werden die Projektziele definiert und das jeweilige Gestaltungsfeld untersucht. Hierzu können, je nach Zielstellung, verschiedene Systemebenen betrachtet und Einflussbereiche aus dem *allgemeinen Umfeld* (z.B. Politik), dem *spezifischen Umfeld* (z.B. gesetzliche Rahmenbedingungen), den *Wertketten* (z.B. Lieferanten) und der jeweiligen *Branche* (z.B. Industriearmaturen-Industrie) untersucht werden. Dies dient der Erstellung eines Systembildes, mit dem die relevanten Einflussparameter der verschiedenen Ebenen differenziert und visualisiert werden können.

Anschließend erfolgt die **Szenariofeld-Analyse**, in der zunächst die relevanten Einflussfaktoren identifiziert werden. Wichtig ist dabei, dass die Formulierung der Einflussgrößen auf neutrale Weise erfolgt (z.B. Art der Kundenbeziehung) und nicht, wie beispielsweise bei Trends, bereits Entwicklungsrichtungen vorgegeben werden (z.B. langfristige Kundenbeziehung). Da der Umfang und Aufwand der späteren Szenariobildung mit der Anzahl der betrachteten Einflussgrößen stark korreliert, wird in dieser Phase eine Eingrenzung der Faktoren empfohlen. Fink & Siebe empfehlen hier eine maximale Anzahl von 15-20 Schlüsselfaktoren [Fin16]. Die Auswahl der relevanten Faktoren kann dabei durch ein *Vernetzungs-Relevanz-Grid* unterstützt werden. Hier werden die Einflussfaktoren gemäß ihres Vernetzungsgrades sowie ihres Einflusses auf das untersuchte Szenariofeld priorisiert, in eine Rangfolge gebracht und in einem Diagramm gegeneinander aufgetragen. Einflussfaktoren mit einer hohen Vernetzung und einer hohen Relevanz stellen dabei die geeignetsten Kandidaten für die weiter zu verfolgenden Schlüsselfaktoren dar.

Für die ausgewählten Schlüsselfaktoren werden in der **Szenario-Prognostik** (Phase 2) zukünftige Entwicklungen (*Projektionen*) aufgestellt. Diese müssen entweder einen alternativen (*Umfeld-* und *Strategieszenarien*) oder parallelen (*Markt-* und *Produktszenarien*) Charakter aufweisen, da eine Vermischung zu Fehlinterpretationen führen kann [Fin16]. Um den Zukunftsraum möglichst breit und weit auszuleuchten, werden dabei nicht nur ein- sondern mehrdimensionale Entwicklungsmöglichkeiten bei der Projektionsentwicklung betrachtet. Dazu werden zunächst relevante Dimensionen bzw. Ausprägungen für jeden Schlüsselfaktor vom Projektteam gesammelt und dokumentiert. Um die Weiterbearbeitung im Rahmen der Szenarioentwicklung zu gewährleisten, wird die Anzahl der Dimensionen für die Projektionsermittlung auf zwei begrenzt [Fin11]. Hierbei sollten die beiden Dimensionen mit der höchsten Unsicherheit ausgewählt werden, um den Zukunftsraum möglichst breit auszuleuchten. Die Dimensionen werden anschließend gegenübergestellt und die Projektionen mit Hilfe des *Projektionsportfolios* erzeugt (Bild 3-21)

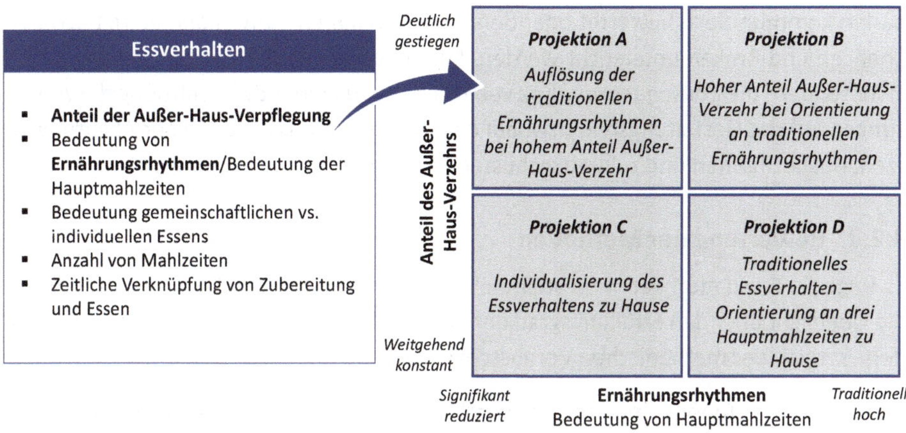


Bild 3-21: Zweidimensionale Projektionsermittlung mit Hilfe des Projektionsportfolios am Beispiel des Schlüsselfaktors „Essverhalten" [Fin16]

In dem Beispiel des Szenarioprozesses *Die Zukunft unserer Lebensmittel* werden der *Anteil des Außer-Haus-Verzehrs* sowie die *Ernährungsrhythmen* als wesentliche Dimensionen für die zukünftige Entwicklung des Schlüsselfaktors *Essverhalten* ausgewählt. Durch die Definition von alternativen Entwicklungsrichtungen jeder Dimension, wie z.B. *hoch* und *reduziert*, wird der Zukunftsraum aufgespannt und die Projektionsentwicklung unterstützt. Wichtig bei der Erstellung der einzelnen Projektionen ist, dass sie eindeutig alternative Entwicklungen des Schlüsselfaktors darstellen, um so eine spätere Fehlinterpretation der Szenarien zu vermeiden [Fin16].

Die eigentliche **Szenariobildung** baut auf den ermittelten Projektionen auf und erfolgt in der dritten Phase des Vorgehens. Hier können grundsätzlich zwei verschiedene Ansätze verfolgt werden. Bei dem *Bottom-up-Ansatz* wird zunächst untersucht, wie gut die aufgestellten Projektionen zueinander passen. Die Szenarien werden so gebildet, dass sie eine möglichst hohe *Konsistenz* aufweisen. Bei dem zweiten Ansatz werden anhand der ausgewählten Schlüsselfaktoren und der erstellten Projektionen inhaltliche Themen für mögliche Szenarien ermittelt und diesen passenden Zukunftsprojektionen zugeteilt. Dieser deduktive Ansatz hat den Vorteil, dass keine zusätzlichen Ressourcen, wie z.B. eine Software, benötigt werden und die Anwender direkt bei der Erstellung der Szenarien beteiligt sind. Das erhöht nicht nur das Verständnis und spart Aufwände, sondern fördert auch das Vertrauen in die erstellten Szenarien [Fin16]. Dieser Ansatz wird auch als *Morphologische Szenariobildung* bezeichnet und erfolgt nach dem *Top-Down*-Verfahren. Das Ergebnis dieser Phase sind, unabhängig vom gewählten Ansatz, die Zukunftsszenarien, welche durch die zuvor ermittelten Zukunftsprojektionen der Schlüsselfaktoren beschrieben werden.

Im Rahmen der abschließenden **Szenario-Interpretation** können die aufgestellten Szenarien kommuniziert, bewertet oder deren Einfluss auf das Unternehmen mit etwaigen Chancen und Risiken untersucht werden. Für die vorliegende Aufgabenstellung ist hier insbesondere die *Konsequenzanalyse* von Interesse, da diese der Ermittlung der Auswirkungen auf das Gestaltungsfeld bzw. auf das Unternehmen dient und der Ableitung von szenariospezifischen und zukunftsrobusten Handlungsoptionen ermöglicht.

### 3.2.3 Bewertung der Methoden

Es folgt die Evaluation der vorgestellten Vorausschaumethoden. Dazu zeigt Tabelle 3-2 die Übersicht über den Erfüllungsgrad der in Kapitel 2.4 formulierten Anforderungen aus dem Bereich der methodischen Vorausschau.

***Eignung zur Aufnahme zukünftiger marktseitiger Anforderungsänderungen***: Grundsätzlich unterstützen mehrere Methoden die Ermittlung zukünftiger marktseitiger Anforderungsänderungen. Das Ziel einer robusten Abdeckung alternativer Zukünfte kann jedoch nur mit Hilfe der Szenariotechnik bzw. dem Szenariomanagement vollständig erreicht werden. Hier eignen sich insbesondere alternative Umfeldszenarien, um die robusten bzw. änderungskritischen Kundenanforderungen zu ermitteln.

***Eignung zur Aufnahme nachträglicher produktionsseitiger Anforderungsänderungen:*** Da produktionsseitige Anforderungsänderungen sowohl interne als auch externe Ursachen haben können, eignen sich für deren explizite Bestimmung nur wenige Methoden. Die Verwendung der Szenariotechnik ist in diesem Fall nicht zielführend, da die Vermischung von internen und externen Lenkungsgrößen bei der Szenario-Interpretation häufig zu Fehlern führen kann [Fin16]. Die Identifikation, Analyse und Bewertung von Trends ist hier deutlich erfolgsversprechender, da vielen Anforderungsänderungen im Bereich der Produktion konkrete Entwicklungsrichtungen zugeordnet werden können.

Tabelle 3-2: Bewertung der Methoden der Vorausschau

○ ungeeignet
◑ teilweise geeignet
● geeignet

| Methoden der Vorausschau | Anforderungen: *Eignung zur Aufnahme zukünftiger marktseitiger Anforderungsänderungen* | *Eignung zur Aufnahme zukünftiger produktionsseitiger Anforderungsänderungen* | *Eindeutigkeit der Interpretation der Ergebnisse* | *Mittel- bis langfristiger Zeithorizont* |
|---|---|---|---|---|
| **Zeitreihenprognosen** | ○ | ◑ | ● | ○ |
| **Analogiebasierte Methoden** | ○ | ◑ | ● | ○ |
| **Expertenbefragungen** | ○ | ○ | ◑ | ○ |
| **Delphi-Technik** | ◑ | ◑ | ◑ | ● |
| **Trendanalyse/-management** | ◑ | ● | ● | ● |
| **Kontextmodell** | ◑ | ○ | ● | ● |
| **PESTEL-Methode** | ◑ | ○ | ◑ | ● |
| **SWOT-Analyse** | ◑ | ○ | ◑ | ● |
| **Roadmapping** | ○ | ○ | ◑ | ● |
| **Szenariotechnik/-Management** (Morphologische Szenariobildung) | ● | ○ | ● | ● |
| **Szenariotechnik/-Management** (Konsistenzbasierte Szenariobildung) | ● | ○ | ◑ | ● |

***Eindeutigkeit der Interpretation der Ergebnisse und Akzeptanz***: Viele Methoden leiten ihre Ergebnisse systematisch und transparent her. Die Berechnung konkreter Eintrittswahrscheinlichkeiten sowie Abweichungen erweist sich dabei aufgrund der hohen Unsicherheit durch den oftmals langen Betrachtungshorizont und den subjektiv geprägten Einschätzungen zu den zukünftigen Entwicklungen als nicht zielführend. Im Vergleich der beiden unterschiedlichen Vorgehensweisen innerhalb der Szenariotechnik ist der deduktive Ansatz der *morphologischen Szenariobildung* mit einer deutlich höheren Akzeptanz verbunden, da hier die Szenarien unmittelbar durch die Anwender und nicht auf Basis einer unüberschaubaren Konsistenzmatrix entwickelt werden.

***Mittel- bis langfristiger Zeithorizont***: Bis auf die quantitativen Vorausschaumethoden eignen sich alle der vorgestellten Ansätze für eine mittel- bis langfristige Vorausschau.

## 3.3 Zukunftsorientierte Produktstrukturgestaltung

Die produktstrukturseitige Berücksichtigung der Dynamik von Einflussgrößen kann in der frühen Phase der Produktentstehung durch die Gestaltungsstrategie einer zukunftsorientierten Entwicklung adressiert werden. Wesentlich ist hier insbesondere das Konzept der Änderungsfähigkeit von Systemen, welches im Folgenden fokussiert und vorgestellt wird. Zudem werden die wichtigsten Ansätze auf dem Gebiet eingeführt und bewertet.

### 3.3.1 Grundlagen

Ein **änderungsfähiges System** zeichnet sich dadurch aus, dass es mit oder ohne externen Einfluss angepasst werden kann, nachdem es bereits auf dem Markt eingeführt wurde [Fer07]. Das Konzept der *Robustheit* stellt dabei einen wesentlichen Teilaspekt dieser Systemeigenschaft dar (Bild 3-22).

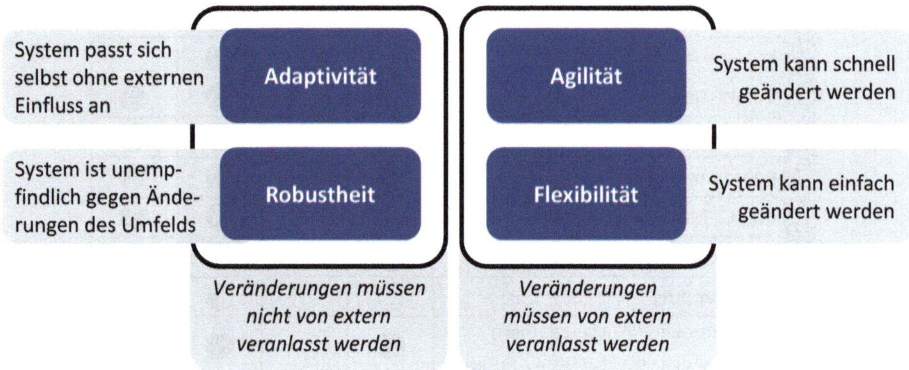


Bild 3-22: Die vier Aspekte der Änderungsfähigkeit nach [Fri05]

Die vier Aspekte aus Bild 3-22 lassen sich hinsichtlich der Notwendigkeit einer externen bzw. internen Durchführung der Änderung am System unterscheiden [Fri05]. Die **Adaptierfähigkeit** wird dadurch charakterisiert, dass das betrachtete System trotz Änderungen weiterhin dieselben Werte liefert und sich selbst an die neuen Gegebenheiten anpasst [Fri05]. Die **Robustheit** beschreibt dagegen die Fähigkeit, unempfindlich gegenüber dynamischen Störgrößen zu sein [Sal09]. Bei dem Aspekt der **Flexibilität** werden externe Änderungen notwendig, jedoch ohne unerwünschte Nebeneffekte oder Auswirkungen geändert zu haben [Car14]. Flexible Systeme befriedigen dementsprechend unterschiedliche Anforderungen und Funktionen zu verschiedenen Zeitpunkten [Sal09]. **Agilität** ergänzt den Aspekt der Flexibilität um eine schnelle Durchführung der Systemänderungen [Fri05].

Im Laufe der Jahre haben sich darüber hinaus die Begriffe der *Volatilität* und *Resilienz* im Kontext der Änderungsfähigkeit etabliert. **Volatilität** stammt dabei aus dem Bereich der Statistik und beschreibt die Standardabweichung der Veränderungen eines betrachteten

Parameters und gilt als Maß für Schwankungen [Poo05]. Der Begriff der **Resilienz** wird in verschiedenen Bereichen der Forschung unterschiedlich verwendet [Sch18]. In der Psychologie beschreibt der Begriff die Fähigkeit einer Person, sich nach Stresssituationen zu erholen und die physische Gesundheit wieder herzustellen [Liu20]. Aus technischer Sicht werden resiliente technische Systeme so beschrieben, dass sie ein vorgegebenes Mindestmaß an Funktionsfähigkeit auch bei Störungen oder Ausfall von Systemkomponenten gewährleisten und darüber hinaus die Fähigkeit besitzen, mindestens die Sollfunktion wiederherzustellen. Die Resilienz des Systems kann dabei durch die Anpassung des Systemzustandes mittels Überwachung, Reaktion, Lernen und/oder Antizipation sowie durch die systematische Gestaltung der Systemtopologie erhöht werden [Alt18].

Die Erhöhung der Änderungsfähigkeit von technischen Systemen ermöglicht es, dem dynamischen Druck des Unternehmensumfelds standzuhalten und Entwicklungskosten zu reduzieren [Agr12], [Sul18]. Zur Adressierung der Änderungsfähigkeit von Systemen wird in der Literatur häufig die **modulare Produktgestaltung** genannt (u.a. in [Tho97], [Pal03], [Pan07], [Bau16], [Pic19], [Li21]). Für einen effizienten Umgang mit unsicheren Änderungen sind dabei insbesondere die Konzepte der Robustheit und Flexibilität erfolgsversprechend, da sie eine aufwandsarme Anpassung an neue Gegebenheiten ermöglichen [Bau16]. Sie stellen demnach die wesentlichen Kernkonzepte zur Adressierung der Änderungsfähigkeit von zukunftsorientierten Systemen dar. Die Adaptierfähigkeit ist dagegen weniger zielführend, da hier die Änderungen bereits vollständig bekannt sein müssen, was insbesondere in der frühen Produktentstehungsphase aufgrund der hohen Dynamik und den damit verbundenen Unsicherheiten nicht realisierbar ist [Fri05]. Die schnelle Änderung eines Systems ist zwar ebenfalls erstrebenswert, jedoch repräsentiert die Agilität eher den Mechanismus, der die Änderung beschreibt und nicht das von der Änderung betroffene System an sich [Bau16]. Volatilität und Resilienz können darüber hinaus produktstrukturseitig nur schwer adressiert werden.

Bei der Entwicklung eines **robusten Produktstrukturkonzepts** werden die Elemente zusammengefasst, welche widerstandsfähig gegenüber Änderungen in der Umgebung sind [Car14]. Dadurch wird es ermöglicht, dass die Elemente produktgenerationsübergreifend wiederverwendet und langfristig Skaleneffekte erzielt werden können [Hof01]. Zudem wird nicht nur das Risiko einer dynamisch verursachten Änderung minimiert, sondern auch die Akzeptanz des Risikos durch die Reduzierung oder Eliminierung der negativen Änderungseffekte erlaubt [Bau16]. Ziel bei der robusten Ausgestaltung sollte es dabei immer sein, die Elemente zu identifizieren, welche keinen oder möglichst wenig zukünftigen Änderungen unterliegen.

Durch die **flexible Ausgestaltung der Produktstruktur** wird dagegen eine erhöhte Reaktionsfähigkeit erreicht, welche benötigt wird, um schnell und kostengünstig auf sich ändernde Randbedingungen reagieren zu können [Cor09]. Das Konzept der Flexibilität erlaubt es, trotz änderungsinduzierender Unsicherheit aufgrund dynamischer Einflussfaktoren, nachträgliche Änderungen mit reduzierten Kosten und Aufwand durchzuführen [Cor09]. Negative Effekte von nachteiligen Entwicklungen lassen sich dadurch im Unternehmenskontext reduzieren, während Potentiale ausgeschöpft und kapitalisiert werden können [Car14].

Das Streben nach einer hohen Robustheit bzw. Flexibilität korreliert dabei negativ. Je höher die Kommunalität einer Produktstruktur, desto geringer ist deren Flexibilität und vice versa [Jia00]. Die Festlegung des richtigen Grades an Robustheit und Flexibilität stellt demnach die zentrale Herausforderung bei der Entwicklung zukunftsorientierter Produktstrukturen dar.

### 3.3.2 Methoden zur Entwicklung zukunftsorientierter Produktstrukturen

Da sich die beiden Aspekte der Robustheit und Flexibilität gegenseitig bedingen, werden im Folgenden wesentliche methodische Ansätze auf dem Gebiet beider Kernkonzepte zur Adressierung zukünftiger Entwicklungen vorgestellt und bewertet.

**Product Platform Concept Exploration Method (PPCEM) nach Simpson et al.**

Die Methode nach Simpson et al. zielt darauf ab, Produktfamilien auf Basis einer **skalierbaren Plattform** zu entwickeln [Sim01]. Dazu wird im ersten Schritt das *Marktsegmentierungsnetz* nach [Mey97a] genutzt, um die Anforderungen sowie die Brandbreite der Plattform zur Erreichung möglicher Skaleneffekte festzulegen. Anschließend werden die Konstruktionsparameter und deren Bereiche definiert, welche den zu entwickelnden Plattformumfang beschreiben. Dabei kann zwischen **Kontrollfaktoren**, welche durch die Entwickler frei bestimmt werden, den **Störfaktoren**, welche schwer oder gar nicht kontrolliert werden können und den **Skalierungsfaktoren**, welche die Bandbreite festlegen, unterschieden werden. Die Faktoren werden in ein mathematisches Metamodell überführt und aufbauend auf rechenintensiven Computeranalysen die notwendigen Restriktionen und Zielwerte der Plattformparameter abgeleitet sowie die Plattformspezifikationen aggregiert. Im letzten Schritt erfolgt die eigentliche Planung der skalierbaren Plattform unter Berücksichtigung der Marktanforderungen und den daraus abgeleiteten Konstruktionsparametern. Ergebnis ist ein *Produktplattform-Portfolio*, welches die nötige Flexibilität aufweist, um auf möglichst viele Anforderungsänderungen reagieren zu können.

Die Methode adressiert den Aspekt der Flexibilität durch die Festlegung von Kontroll- und Skalierungsfaktoren, setzt dabei aber voraus, dass die zukünftigen Entwicklungen in den Marktsegmenten durch eine reine Parametervariation abgedeckt werden können. Dynamische Änderungseinflüsse werden nicht berücksichtigt und die Produktplattform wird nur durch die mathematische Beschreibung eines Lösungsraums definiert. Die eigentliche Umgestaltung der Produktstruktur erfolgt nicht.

### Design for Variety (DfV) nach Martin & Ishii

Mit der Methode nach Martin & Ishii wird die Entwicklung einer Produktstruktur angestrebt, welche möglichst wenige Änderungsauswirkungen und damit verbundene Entwicklungsaufwände durch eine zukünftig entstehende Variantenvielfalt verursacht [Mar02]. Die Autoren führen mit dem *Generational Variety Index* (GVI) und dem *Coupling Index* (CI) zwei Kennzahlen ein, welche zur Entwicklung und Bewertung der zu entwickelnden Plattformarchitektur genutzt werden.

Die Berechnung des GVI erfolgt in sieben Schritten und ermöglicht eine Abschätzung zum Umfang und zur Wahrscheinlichkeit von Komponentenanpassungen aufgrund von zukünftigen Änderungen. Im ersten Schritt wird dazu zunächst die Anzahl und Art der zu erwartenden Marktänderungen festgelegt und die Lebensdauer der zu entwickelnden Produktplattform bestimmt. Daraufhin werden zwei QFD-Matrizen aufgestellt und die Kundenanforderungen über *Engineering Metrics* (EM) auf die Komponenten übertragen. EM sind auf das jeweilige Problem bezogene Spezifikationen, wie z.B. *Höhe*, *Breite* oder *Tiefe* des Produkts. Aufbauend darauf werden die Änderungen von Kundenanforderungen antizipiert und Abschätzungen zum erwarteten Änderungsaufwand pro Kundenanforderung durch die Experten vorgenommen. Anschließend werden die Zielwerte der Spezifikationen aus Markt- und Trendanalysen abgeleitet und die *GVI-Matrix* erstellt (Tabelle 3-3).

Tabelle 3-3: GVI-Matrix am Beispiel eines Wasserspenders [Mar02]

**9** Umfassende Neugestaltung der Komponente (>50% der initialen Gestaltungskosten)
**6** Teilweise Umgestaltung der Komponente (<50%)
**3** Zahlreiche einfache Änderungen (<30%)
**1** Einige kleinere Änderungen (<15%)
**leer** Keine Änderungen erforderlich

| | | Components | | | | | | | | |
|---|---|---|---|---|---|---|---|---|---|---|
| | | Fan | Heat Sink | TEC | Power Supply | Chassis | Plumbing | Reservoir | Insulation | Fascia |
| Engineering Metrics | Cool Down Time (min) | 3 | 6 | 3 | 1 | | | 6 | 1 | 6 |
| | Water temperature (C) | | | | | | | | | |
| | Cold Water Volume (gal) | | | | | | | 9 | | |
| | Power consumption (W) | 1 | | 3 | 3 | | | | | |
| | Width (in) | | | | | 6 | | | | 6 |
| | Height (in) | | | | | | | | | |
| | Depth (in) | | | | | 6 | | | | 6 |
| | Volume flow rate (gal/min) | | | | | | 9 | 1 | | |
| | MTBF (hrs) | | | | | | | | | |
| | Cost ($) | | 1 | | 1 | 3 | | 3 | | 6 |
| | **GVI** | **4** | **7** | **6** | **5** | **15** | **9** | **19** | **1** | **24** |

In der Matrix werden die Aufwände zur Anpassung einer Komponente durch die Änderung einer Spezifikation bewertet (1, 3, 6, 9) und für die einzelnen Komponenten aufsummiert. Dies ergibt den GVI der einzelnen Komponenten der Produktfamilie (Tabelle 3-3, unten).

Im zweiten Teil der Methode wird die **Kopplungsstärke der Komponenten** untereinander bestimmt. Zu diesem Zweck werden die Komponenten in einer unidirektionalen Matrix gegenübergestellt und hinsichtlich der Änderungsauswirkungen der Spezifikationen gewichtet. Basierend auf dieser Bewertung werden zwei Kennzahlen abgeleitet. Der *Coupling Index-supply* (CI-S) repräsentiert die Spaltensumme und gibt dabei an, wie stark die Änderungsauswirkungen sind, die von einer Komponente ausgehen. Mit dem *Coupling Index-receive* (CI-R) wird dagegen angegeben, wie stark eine Komponente von anderen Komponenten bei einer Änderung beeinflusst wird. Der Wert ergibt sich dabei aus der Zeilensumme der Matrix. Der CI-S sowie der CI-R werden zusammen mit dem GVI für jede Komponente in einem Portfolio visualisiert und somit die kritischen Komponenten identifiziert.

Die eigentliche **Gestaltung der Plattform** erfolgt im letzten Schritt und zielt darauf ab, die ermittelten Kennwerte zu reduzieren. Dazu kann sowohl die Zuordnungsstruktur zwischen Funktionen und Komponenten geändert, als auch einzelne Spezifikationen eingefroren werden, um so die Merkmale über die gesamte Lebensdauer der Plattform nicht ändern zu müssen. Zusätzlich kann die Sensitivität der Komponenten adressiert werden. Hierzu empfehlen die Autoren die *Differential-* anstatt der *Integralbauweise*, um so den erwarteten Aufwand der Änderungen zu minimieren. Eine *Überdimensionierung* von Komponenten ermöglicht es zudem, dass zukünftige Spezifikationen keine Änderungen dieser Komponenten verursachen.

Mit der *Design for Variety* können die Auswirkungen zukünftiger Änderungen von Markt- und Kundenanforderungen auf die Komponenten einer Produktstruktur übertragen und zur gezielten Umgestaltung einer robusten Plattform genutzt werden. Produktionsseitige Einflüsse werden dabei nicht berücksichtigt und die vorgeschlagenen Maßnahmen zur Umgestaltung nur in Ansätzen vorgestellt. Darüber hinaus erfolgt die Bestimmung der änderungskritischen Komponenten nur anhand der Kopplungsstärke und der zukünftigen Änderungsaufwände – die bestehende Komponentenvielfalt wird nicht berücksichtigt.

**Robust modular product family design nach JIANG & ALLADA**

Der Ansatz von JIANG UND ALLADA zielt darauf ab, die optimalen Kontrollfaktoren für eine Produktarchitektur zu definieren und den optimalen Zeitraum für eine möglichst hohe, profitorientierte Robustheit der Produktfamilie zu bestimmen [Jia05]. Um dieses Ziel zu erreichen, schlagen die Autoren ein 10-stufiges Vorgehen vor, welches an die *Taguchi-*

*Methode* angelehnt ist [Tag00]. Bild 3-23 zeigt den übergeordneten Regelkreis des methodischen Vorgehens.

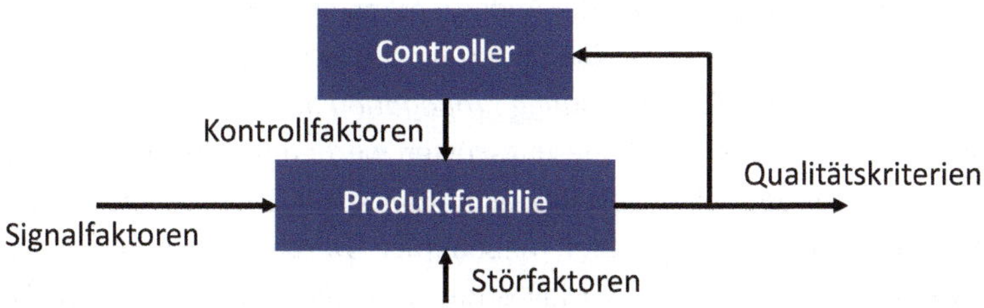


Bild 3-23: Blockdiagramm des Regelkreises des Robust modular product family design [Jia05]

Die **Signalfaktoren** stellen die aktuellen Kundenanforderungen als Eingangsgrößen dar und dienen der Erstellung alternativer technischer Lösungen für die betrachtete Produktfamilie. Zur Bestimmung der Robustheit werden **Qualitätskriterien** definiert, welche die Leistungsparameter der Produktfamilie repräsentieren. Die **Störfaktoren** bilden die zeitlichen Änderungen der Kundenanforderungen ab. Um die Zielstellungen der Qualitätskriterien trotz der Störgrößen zu erreichen, werden die zu optimierenden Parameter definiert, welche durch die **Kontrollfaktoren** abgebildet werden. Zu diesem Zweck werden in einer *Modul-Matrix* die Modulvarianten den jeweiligen Produktvarianten zugeordnet und deren Kompatibilität bewertet. Die Optimierung des Systems hinsichtlich der Robustheit erfolgt anschließend mit Hilfe der *Simplex Methode* und zielt darauf ab, die Kundenanforderungen trotz Störungen bei maximalen Qualitätskriterien zu erfüllen. Darüber hinaus wird die Zeitspanne bestimmt, in der die Produktfamilie mit ihren Varianten umsatz- und absatzrobust bezüglich der festgelegten Grenzen ist. Die Grenze für die Robustheit wird dabei über das Verhältnis der Verbesserung der Qualitätskriterien zum Änderungsaufwand für die Module definiert.

Die Methode berücksichtigt die Dynamik von Kundenanforderungen in Form von Störgrößen und generiert profitorientierte Modulvarianten, welche im betrachteten Zeitraum robust gegenüber den antizipierten Änderungen sind. Die Betrachtung von produktionsspezifischen Änderungstreibern scheint über die Formulierung von Störfaktoren möglich, wird in dieser Arbeit jedoch nicht berücksichtigt. Zudem werden keine alternativen Produktstrukturkonzepte erstellt, sondern lediglich eine einzige Lösung generiert.

**Flexible Product Platforms nach Suh**

Das von Suh entwickelte Vorgehen hat zum Ziel, flexible Plattformarchitekturen unter Berücksichtigung von Unsicherheiten der Kundenanforderungen zu gestalten [Suh07]. Die Unsicherheiten werden zunächst bestimmt und mit den beeinflussten Produkt- oder Komponentenmerkmalen verknüpft. Daraufhin wird die Bandbreite der Produktplattform hinsichtlich des Umsatzes optimiert und die kritischen Produktstrukturelemente identifiziert, welche flexibel ausgestaltet werden sollten. Hierfür werden die funktionalen Anforderungen und Merkmalsausprägungen mit den Komponenten verknüpft und die Änderungsauswirkungen sowie die Änderungskosten je Komponente innerhalb der festgelegten Bandbreite bestimmt. Die Änderungsauswirkungen werden dabei in Anlehnung an ECKERT ET AL. mit Hilfe des *Change Propagation Indices* (CPI) berechnet [Eck04]. Aufbauend auf den CPI und den Änderungskosten werden die kritischen Komponenten identifiziert und fünf abstrakte Gestaltungsprinzipien zur Erhöhung der Flexibilität bereitgestellt. Unter Anwendung dieser Maßnahmen werden alternative Plattformkonzepte entwickelt und hinsichtlich der Investitions- sowie der entstehenden Änderungskosten bewertet und ausgewählt.

Die vorgestellte Methode ermöglicht die Planung einer flexiblen Plattformarchitektur auf Basis von unsicheren Kundenmerkmalen, gibt dabei aber nur sehr generische Prinzipien und Hinweise zur eigentlichen Gestaltung vor. Zudem ist die Bestimmung der Optimierungsgrößen des CPI und der Änderungskosten mit einem sehr großen Aufwand verbunden, da sie für jede Änderung durchgeführt werden muss. Nachträgliche produktionsspezifische Einflussgrößen werden auch in diesem methodischen Vorgehen vernachlässigt.

**Szenariorobuste Produktarchitekturgestaltung nach SCHIFFER**

SCHIFFER stellt eine Unterstützung bereit, die auf Basis der Vorhersage von Eintretenswahrscheinlichkeiten von Kundenanforderungen auf eine änderungsfähige Gestaltung der Produktarchitektur abzielt [Sch13]. Hierzu wird die *Szenariotechnik* nach GAUSEMEIER & PLASS (siehe Kap. 3.2.2) als Vorausschaumethode genutzt, um alternative Zukunftsszenarien für das betrachtete Umfeld zu entwickeln und die Unsicherheiten der Ausprägungen von Kundenanforderungen zu bestimmen. Dabei werden die Projektionen der Szenarien mit den Ausprägungen verknüpft und daraus die Teilerwartungswerte sowie deren Abweichungen berechnet. Diese beiden Kennwerte dienen der Klassifizierung der Ausprägungen von Kundenanforderungen hinsichtlich ihrer Realisierungswahrscheinlichkeit (Bild 3-24). Durch eine Überlagerung aller Ausprägungen wird der Gesamtumfang der zu adressierenden Kundenanforderungen der Produktfamilie bestimmt.

Basierend auf der Einteilung werden im zweiten Teil der Methode die kritischen Produktarchitekturelemente auf Ebene der Spezifikationen bzw. Komponentenmerkmale der betrachteten Produktfamilie hergeleitet. Diese entsprechen im Wesentlichen den *Engineering Metrices* (EM) nach MARTIN & ISHII [Mar02]. Neben der Unsicherheit aus dem *Kundenmerkmals-Ausprägungsportfolio* werden dazu auch die abgeschätzten Kosten zur Änderung eines Komponentenmerkmals berücksichtigt.

Bild 3-24: Kundenmerkmals-Ausprägungsportfolio zur Klassifizierung der Realisierungswahrscheinlichkeit von Ausprägungen [Sch13]

Zur eigentlichen Umgestaltung der Produktarchitektur werden daraufhin sieben generische Gestaltungsstrategien bereitgestellt, welche auf den Ebenen der Funktionsstruktur, der Produktstruktur bzw. auf der Transformationsebene zwischen den beiden Ebenen ansetzen. Die Auswahl der geeigneten Gestaltungsstrategie erfolgt dabei durch ein Verfahren, welches aus der Aggregation der zuvor ermittelten Kennwerte hergeleitet wird. Durch die Anwendung der jeweils passenden Strategie werden alternative Produktarchitekturkonzepte entwickelt und im letzten Schritt mit Hilfe eines weiteren Modells hinsichtlich der Initial-, Herstell- und Änderungskosten monetär bewertet und ausgewählt.

Die Bestimmung der änderungskritischen Anforderungen erfolgt in der vorgestellten Methode durch die Verknüpfung alternativer Entwicklungsmöglichkeiten mit den zu erfüllenden Ausprägungen der Kundenanforderungen. Dieses Vorgehen scheint sinnvoll, da es eine nachvollziehbare und einfache Möglichkeit zur Identifikation zukunftsrobuster Produkteigenschaften bietet. Durch die Berechnung konkreter Wahrscheinlichkeiten suggeriert der Autor hierbei jedoch eine zu hohe Genauigkeit und erhöht somit die Gefahr von Fehlinterpretationen und die Anwendung falscher Maßnahmen zur szenariorobusten Produktarchitekturgestaltung. Die Maßnahmen bleiben darüber hinaus sehr unkonkret und ermöglichen nur eine eingeschränkte konstruktive Umgestaltung der Produktstruktur.

**Planung und Entwicklung änderungsrobuster Plattformarchitekturen nach Bauer**

Das Vorgehen nach Bauer zielt darauf ab, den Umfang einer änderungsrobusten Produktplattform auf Basis einer kombinierten Vorausschau von qualitativen und quantitativen Vorhersagen bezüglich sich ändernder Kundenanforderungen zu bestimmen, konzeptionell auszugestalten und dessen Nutzung proaktiv zu planen und zu kontrollieren [Bau16].

Zur Umsetzung gibt der Autor ein 4-phasiges Vorgehen vor, welches insgesamt aus 25 Teilschritten besteht. In der ersten Phase wird zunächst der Ist-Stand der bestehenden Produktfamilie erfasst und die Vielfalt auf Ebene der Kundenanforderungen sowie der Produktstruktur analysiert. Darüber hinaus wird die Produktarchitektur mit Hilfe einer MDM abgebildet und die aktuelle Komponentenflexibilität über die physischen sowie funktionalen Änderungsabhängigkeiten von Komponenten bestimmt. Dies entspricht der aktuellen Änderungsfähigkeit der Produktarchitektur. In Phase 2 werden die Erkenntnisse aus einer experten- sowie einer datenbasierten Vorausschau genutzt, um den Umfang der benötigten Plattformflexibilität bzw. -robustheit zu definieren. Die Übertragung der Änderungen von der Ebene der Kundenanforderungen auf die Komponenten erfolgt dabei über eine *Domain Mapping Matrix* (DMM), in der die Änderungen über die Funktionen auf die Komponenten transformiert werden und so deren benötigten Änderungsfähigkeit bestimmt wird. Die eigentliche Entwicklung der änderungsrobusten Plattform findet in der dritten Phase des Vorgehens statt. Hier wird die aktuelle und die benötigte Änderungsfähigkeit von Komponenten im *Delta-Portfolio* gegeneinander aufgetragen und die Abweichungen von Ist- und Soll-Zustand visualisiert (Bild 3-25).

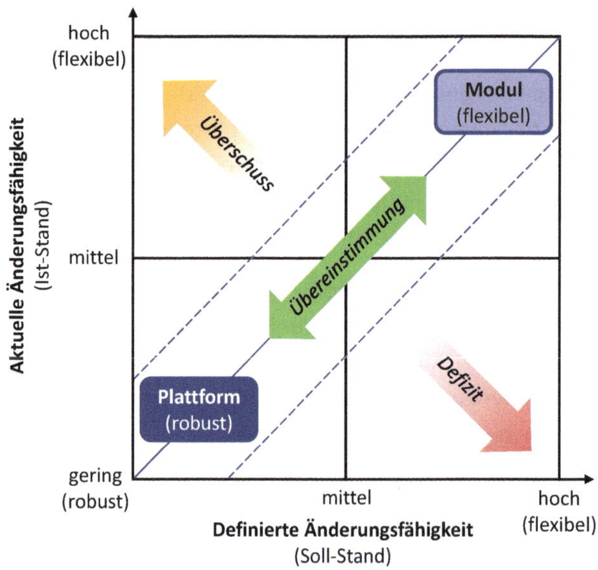


Bild 3-25: Vergleich von aktueller und benötigter Änderungsfähigkeit im Delta-Portfolio [Bau16]

Die Winkelhalbierende gibt in dem Portfolio dabei den qualitativen Idealzustand zwischen aktueller und benötigter Änderungsfähigkeit wieder. Weisen Komponenten einen Überschuss bzw. ein Defizit an aktueller Änderungsfähigkeit auf, gilt es diese durch geeignete Umgestaltungsmaßnahmen an die Ideallinie anzunähern. Ist das Delta zwischen Ist- und Soll-Zustand eher gering, wird eine robuste bzw. flexible Ausgestaltung in Form einer Plattform bzw. von Modulen empfohlen. Zur Umgestaltung werden literaturbasiert ermittelte Gestaltungsprinzipien vorgegeben, die u.a. auf die DSM-basierte Entkopplung und Definition von Modulgrenzen und -schnittstellen sowie auf die Umgestaltung auf Basis der änderungsbasierten und funktionalen Komponenteninteraktionen abzielen. Ergebnis ist eine änderungsfähige Plattformarchitektur mit festgelegten und reglementierten robusten und flexiblen Anteilen. Auf Basis dieser Einteilung werden Entwicklungs- und Modul-Roadmaps in der letzten Phase abgeleitet und die Planung der Nutzungsphase der entwickelten Plattformarchitektur unterstützt.

Das methodische Vorgehen nach BAUER kombiniert unterschiedliche Vorausschaumethoden für eine umfassende Vorhersage auf Basis vergangenheitsbezogener und zukunftsorientierter Daten. Dabei werden jedoch nur kundenseitige Anforderungsänderungen betrachtet und produktionsspezifische Änderungseinflüsse vernachlässigt. Die Bereitstellung von umfangreichen Gestaltungsprinzipien zur Umgestaltung scheint hilfreich, wird aber ausschließlich auf Basis von änderungsbasierten sowie funktionalen Abhängigkeiten und nicht auf Basis der Komponentenvarianz durchgeführt. Darüber hinaus erweist sich die Methode mit ihren vielen Teilschritten als sehr umfangreich und könnte im industriellen Umfeld nur schwer vermittel- und anwendbar sein.

**Systematik für die zukunftsorientierte Produktentwicklung nach MARTHALER**

In dem Ansatz von MARTHALER wird das Beschreibungsmodell der *PGE-Produktgenerationsentwicklung* um den Aspekt der zukünftigen Vorausschau von Kunden- und Marktanforderungen erweitert [Mar21]. Grundgedanke der *PGE-Produktgenerationsentwicklung* ist es, basierend auf einem Referenzsystem neue Teilsysteme für kommende Produktgenerationen zu entwickeln. Hierfür stehen die drei verschiedenen Variationsarten der *Übernahmevariation*, der *Gestaltvariation* und der *Prinzipvariation* als Maßnahmen zur Verfügung, deren Kombination die Entwicklung von Produktgenerationen unterstützen soll [Alb15].

Die Methode von MARTHALER zielt darauf ab, zukünftige Produkteigenschaften mit hohem Innovationspotential zu identifizieren und die generationsübergreifende Planung von Entwicklungsumfängen zur Erschließung dieses Potentials zu unterstützen. Zu diesem Zweck werden mit der Systematik zunächst die Kernkompetenzen des Unternehmens bestimmt und anschließend die derzeitigen Produkteigenschaften des Referenzsystems ermittelt sowie hinsichtlich ihrer derzeitigen Kundenrelevanz bewertet. Zur Bestimmung des Soll-Zustands werden in Abhängigkeit vom Planungshorizont die Vorausschauergebnisse von *Prognosen*, *Trends* oder *Szenarien* genutzt (vgl. Bild 3-16), um die neuen und zukünftig relevanten Produkteigenschaften zu identifizieren. Im Rahmen einer Delta-Analyse findet anschließend der Abgleich zwischen dem Ist- und Soll-Zustand statt. Hierbei werden zunächst die Inventionspotentiale und die Zukunftsrobustheit der zukünftigen Produkteigenschaften ermittelt. Eine hohe Zukunftsrobustheit sagt dabei aus, dass auch beim Eintreten verschiedener Entwicklungen von Umfeldern die technische

Realisierung einer Produkteigenschaft einen großen Beitrag zur Kundenzufriedenheit leistet. Dies wird über die gewichtete Relevanz sowie deren Standardabweichung bestimmt. Das Inventionspotential einer Produkteigenschaft wird dagegen als möglicher Umfang schöpferischer Leistung zur Realisierung einer Produkteigenschaft durch eine technische Neuerung verstanden. Die Kombination der beiden Werte ermöglicht die Bestimmung der Innovationspotentiale sowie die Herleitung der Variationszeitpunkte für die Produkteigenschaften. Der Autor unterscheidet insgesamt vier Fälle zur Ableitung von Handlungsmaßnahmen zur Bestimmung des Variationszeitpunkts (Bild 3-26).

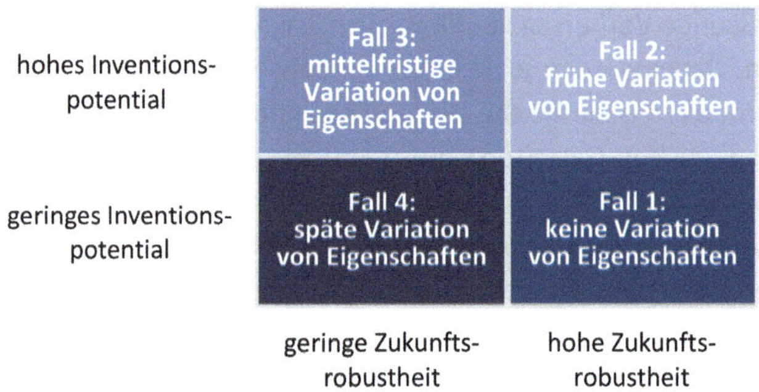


Bild 3-26: 4-Felder-Portfolio zur Ableitung von Handlungsempfehlungen in Bezug auf den Variationszeitpunkt von Produkteigenschaften [Mar21]

Aufbauend auf den vier Fällen wird eine *Entwicklungs-Roadmap* zur zielgerichteten Überführung vom Ist- in den Soll-Zustand abgeleitet. Die Umsetzung der Maßnahmen erfolgt auf Basis von sogenannten *Produktprofilen,* welche als lösungsoffene Beschreibungen zur Ableitung von Produktideen in Form von Entwicklungsaufträgen formuliert werden.

Die Methode unterstützt bei der Identifikation zukünftig änderungskritischer bzw. änderungsrobuster Produkteigenschaften auf Basis unterschiedlicher Vorausschaumethoden und gibt generische Zeiträume für die erwarteten Änderungszeitpunkte vor. Dabei werden wieder nur kundenspezifische Anforderungsänderungen betrachtet. Die Umsetzung erfolgt zudem nur sehr generisch mit teilsystemspezifischen Produktprofilen in Form von Entwicklungs-Roadmaps und unterstützt nicht direkt die Umgestaltung der Produktstruktur.

### 3.3.3 Bewertung der Methoden

Die vorgestellten Methoden der zukunftsorientierten Produktstrukturgestaltung werden im Folgenden mit Hilfe der in Kapitel 2.4 eingeführten Anforderungen aus dem Bereich der methodischen Produktstrukturgestaltung zusammenfassend evaluiert. Eine Übersicht findet sich in Tabelle 3-4.

Tabelle 3-4: Bewertung der Methoden zur zukunftsorientierten Produktstrukturgestaltung

○ nicht berücksichtigt
◑ teilweise berücksichtigt
● berücksichtigt

| Methoden | Jahr | Anforderungen: Eignung im Kontext der Variantenvielfalt | Berücksichtigung zukünftiger marktseitiger Anforderungsänderungen | Berücksichtigung nachträglicher produktionsseitiger Anforderungsänderungen | Visualisierung der Änderungsauswirkungen auf die Produktstruktur | Bereitstellung konstruktiver Lösungsansätze zur Erhöhung der Zukunftsrobustheit | Bewertung und Auswahl von Produktstruktur-konzepten hinsichtlich der Zukunftsrobustheit | Anwendung in der Produktgenerationsentwicklung | Transparente Darstellung und Dokumentation |
|---|---|---|---|---|---|---|---|---|---|
| **Product Platform Concept Exploration Method** (SIMPSON) | 2001 | ◑ | ◑ | ○ | ○ | ○ | ○ | ◑ | ○ |
| **Design for Variety** (MARTIN & ISHII) | 2002 | ◑ | ● | ○ | ○ | ◑ | ◑ | ● | ● |
| **Robust Modular Product Family Design Methodology** (JIANG & ALLADA) | 2005 | ◑ | ● | ○ | ○ | ○ | ○ | ◑ | ○ |
| **Flexible Product Platforms** (SUH) | 2007 | ◑ | ● | ○ | ○ | ○ | ● | ◑ | ○ |
| **Szenariorobuste Produktarchitekturgestaltung** (SCHIFFER) | 2013 | ◑ | ● | ○ | ○ | ◑ | ● | ◑ | ◑ |
| **Planung und Entwicklung änderungs-robuster Plattformarchitekturen** (BAUER) | 2016 | ● | ● | ○ | ○ | ● | ● | ● | ○ |
| **Zukunftsorientierte Produktentwicklung** (MARTHALER) | 2021 | ◑ | ● | ○ | ○ | ○ | ○ | ● | ● |

***Eignung im Kontext der Variantenvielfalt:*** Die Variantenvielfalt wird von vielen Methoden adressiert, dabei aber zumeist nur die zukünftige Vielfalt betrachtet und nur selten ein Abgleich mit der bestehenden Vielfalt vorgenommen.

***Berücksichtigung zukünftiger marktseitiger Anforderungsänderungen***: Fast alle der vorgestellten Methoden berücksichtigen die zukünftigen Änderungen von markt- bzw. kundenseitigen Anforderungen bei der Gestaltung von zukunftsorientierten Produktstrukturen.

***Berücksichtigung nachträglicher produktionsseitiger Anforderungsänderungen:*** Die nachträglichen produktionsseitigen Änderungseinflüsse werden von keinem der vorgestellten Ansätze berücksichtigt.

***Visualisierung der Änderungsauswirkungen auf die Produktstruktur:*** Die Änderungsauswirkungen werden in den Methoden fast ausschließlich über Matrizen abgebildet, eine explizite Unterstützung in Form einer Visualisierung zur Darstellung der Änderungsabhängigkeiten existiert nicht.

***Bereitstellung konstruktiver Lösungsansätze zur Erhöhung der Zukunftsrobustheit:*** Konstruktive Gestaltungsmaßnahmen zur Adressierung der Zukunftsrobustheit einer Produktstruktur werden nur von wenigen Methoden bereitgestellt. Einzig BAUER liefert mit einem literaturbasierten Maßnahmenkatalog generelle Handlungsempfehlungen für die konstruktive Umgestaltung auf Ebene der Komponenten.

***Bewertung und Auswahl von Produktstrukturkonzepten hinsichtlich der Zukunftsrobustheit:*** Die Bewertung und Auswahl von alternativen Produktstrukturkonzepten hinsichtlich der Zukunftsrobustheit wird von einigen Methoden durch die Bereitstellung von Kriterien zur Bewertung der entstehenden Änderungsaufwände und des Kommunalitätspotentials unterstützt.

***Anwendung in der Produktgenerationsentwicklung:*** Aufgrund des langfristigen Betrachtungshorizontes bei der Berücksichtigung zukünftiger Entwicklungen sind fast alle Methoden im Rahmen der Produktgenerationsentwicklung implizit anwendbar.

***Transparente Darstellung und Dokumentation:*** Die Mehrheit der vorgestellten Methoden ist sehr umfangreich und darüber hinaus oftmals wenig verständlich dargestellt. Das verringert die Akzeptanz bei den Methodenanwendern und führt dazu, dass die meisten Vorgehen sich im industriellen Umfeld nur schwer vermittelbar zeigen. Einzig die Methoden von MARTIN & ISHII sowie MARTHALER stechen hier heraus, da sie nicht zu umfangreich und verhältnismäßig transparent dargestellt sind.

## 3.4 Zusammenfassung und weiterer Forschungsbedarf

Im Folgenden werden die getrennt untersuchten Themenfelder zusammenfassend betrachtet und übergreifend ausgewertet. Dazu wird die modulare und zukunftsorientierte Produktstrukturgestaltung im Forschungsfeld der *methodischen Produktstrukturierung* zusammengeführt und die analysierten sowie bewerteten Einzelmethoden innerhalb der beiden Forschungsrichtungen übergreifend betrachtet. Zusammen mit der Auswertung im Bereich der *methodischen Vorausschau* ergibt sich abschließend der resultierende Forschungsbedarf an die neue Methode zur zukunftsrobusten modularen Produktstrukturgestaltung aus Markt- und Produktionssicht.

### Auswertung im Bereich der methodischen Produktstrukturgestaltung

Die Bewertungen der bestehenden Methoden der modularen und zukunftsorientierten Produktstrukturgestaltung zeigen, dass die in Kapitel 2.4 gestellten Anforderungen an eine methodische Unterstützung derzeit nur teilweise erfüllt werden.

Während ein Großteil der vorgestellten Methoden der modularen Produktstrukturierung die bestehende Variantenvielfalt bei der Entwicklung der Produktstruktur berücksichtigt, adressieren die Methoden der zukunftsorientierten Produktgestaltung zumeist nur einzelne Produkte oder fokussieren sich hauptsächlich auf die zukünftige Vielfalt bei der Gestaltung der Produktstruktur. Werden zukünftige Änderungen bei der Gestaltung der Produktstruktur berücksichtigt, so sind diese bei den zukunftsorientierten Methoden ausschließlich markt- und kundenseitig getrieben – eine Einbeziehung von produktionsseitigen Anforderungsänderungen erfolgt dagegen nicht. Eine visuelle Unterstützung zur Darstellung der Änderungsauswirkungen auf die Produktstruktur ist zudem bei keiner der vorgestellten Methoden enthalten. Die Repräsentation erfolgt nur über Matrizen, aus denen oftmals komplizierte, intransparente und aufwändig zu berechnende Kennzahlen abgeleitet werden. Die Änderungseinflüsse können dabei nicht eindeutig zurückverfolgt werden, was zu einer sinkenden Akzeptanz der daraus erarbeiteten Lösungskonzepte und somit zu einer Einschränkung des ganzheitlichen Nutzens der Methode führen kann.

**Auswertung im Bereich der methodischen Vorausschau**

Für die Bestimmung zukünftiger marktseitiger Anforderungsänderungen hat sich insbesondere die *Szenariotechnik mit morphologischer Szenariobildung* als geeignetes Rahmenwerk zur methodischen Vorrauschau herausgestellt. Hier können über einen langen Betrachtungszeitraum alternative Entwicklungen berücksichtigt und deren Einfluss auf die Dynamik von Kundenanforderungen aufgezeigt werden. Vor allem die externen Einflüsse durch marktseitige Veränderungen können durch die Methode systematisch erfasst und der Zukunftsraum möglichst breit ausgeleuchtet werden.

Zur Bestimmung der produktionsseitigen Anforderungsänderungen ist die *Szenariotechnik* weniger geeignet, da hier sowohl externe als auch interne Einflussgrößen berücksichtigt werden müssen. Dies führt insbesondere bei Anwendern mit geringer Expertise dazu, dass die Szenarioerstellung fehlerbehaftet sein kann und die darauf aufbauenden Schlussfolgerungen zu falschen Einschätzungen bezüglich der zukünftigen Änderungen führen. Für die Identifikation zukünftiger produktionsspezifischer Anforderungsänderungen bietet sich vielmehr das *Trendmanagement* an, da hier die internen als auch externe Einflussgrößen oftmals besser vom Unternehmen abgeschätzt und konkrete Entwicklungsrichtungen vorgegeben werden können. Eine systematische Unterstützung zur dedizierten Identifikation von produktionsspezifischen Einflussgrößen existiert jedoch bei keiner der vorgestellten Unterstützungen der methodischen Vorausschau und muss im Rahmen der Methodenentwicklung im nächsten Kapitel erfolgen.

### Weiterer Forschungsbedarf

Aus der Analyse und Bewertung des Stands der Wissenschaft wird deutlich, dass keine der vorgestellten Methoden der methodischen Produktstrukturierung die relevanten Änderungstreiber aus Markt- und Produktionssicht zur Gestaltung zukunftsrobuster modularer Produktstrukturen ganzheitlich berücksichtigt. Die *Szenariotechnik* und das *Trendmanagement* sind in diesem Zusammenhang besonders geeignete und etablierte Methoden, um Anforderungsänderungen sowie neue Anforderungen bereits in der frühen Phase der Produktentwicklung ermitteln zu können. Die methodische Vorausschau sollte dabei möglichst nachvollziehbar sein und transparent in die zu entwickelnde Methode integriert werden können.

Um die Zukunftsrobustheit zudem gezielt adressieren und erhöhen zu können, ist ein visuelles Analysewerkzeug notwendig, welches sowohl den Einfluss der Änderungsauswirkungen auf die Produktstruktur aufzeigt als auch die entstehenden Änderungsaufwände durch eine produktvariantenübergreifende Änderungsfortpflanzung darstellt. Zudem gilt es, die interne Komponentenvielfalt miteinzubeziehen, um auch die Auswirkungen auf die Produktvielfalt und die damit verbundenen Einsparungspotentiale abbilden und berücksichtigen zu können. Darüber hinaus sollte die methodische Unterstützung zur Gestaltung zukunftsrobuster modularer Produktstrukturen als Methodenbaustein im Rahmen des *Integrierten PKT-Ansatzes zur Entwicklung modularer Produktfamilien* anwendbar sein.

Der aufgedeckte Bedarf wird im folgenden Kapitel methodisch adressiert.

# 4 Methode zur Gestaltung zukunftsrobuster modularer Produktstrukturen aus Markt- und Produktionssicht

In diesem Kapitel werden die eingangs gestellten Forschungsfragen beantwortet und der abgeleitete Forschungsbedarf adressiert. Hierzu wird im Folgenden ein neuer methodischer Ansatz zur Gestaltung zukunftsrobuster modularer Produktstrukturen aus Markt- und Produktionssicht eingeführt. Im Zuge der Vorstellung wird zunächst der Anwendungsbereich der Methode festgelegt und das übergeordnete Vorgehen der entwickelnden Unterstützung dargelegt. Anschließend erfolgt eine detaillierte Erläuterung der einzelnen Methodenschritte an einem vereinfachten Beispiel einer Produktfamilie von Druckregelventilen.

## 4.1 Anwendungsbereich der Methode

Für eine gezielte Anwendung der Methode werden zunächst wesentliche Voraussetzungen und Randbedingungen vorgegeben. Hierbei wird der Fokus vor allem auf die *benötigten Informationen*, die *vorhandene Organisations- und Prozessstruktur* sowie die *Einordnung in den Produktentstehungsprozess* gelegt.

Eine Grundvoraussetzung für die Anwendung der Methode ist, dass bereits eine **vorhandene Generation einer Produktfamilie** vorliegen muss. Das ist wichtig, da die entwickelte Methode auf bereits existierendes Wissen aufsetzt und sich somit von dem Forschungsbereich der methodischen Neuentwicklung von Produktfamilien (z.B. in [Küc20]) abgrenzt. Die entwickelte Unterstützung dient dabei der Planung und Gestaltung zukünftiger Produktgenerationen, deren Ausgangs-Produktstruktur bereits modulare Eigenschaften aufweisen kann, aber nicht muss.

Darüber hinaus sollten für einen Vorher-Nachher-Vergleich bei der Betrachtung zukünftiger Entwicklungen immer kontextbezogene Ist-Daten vorliegen. Dies wiederum erfordert das Vorhandensein von **Organisationsstrukturen und Prozessen** der Entwicklung,


E. Greve, *Methode zur Gestaltung zukunftsrobuster modularer Produktstrukturen aus Markt- und Produktionssicht*, Produktentwicklung und Konstruktionstechnik 24,
https://doi.org/10.1007/978-3-662-68240-1_4

des Produktmanagements, der Beschaffung, der Produktion und des Vertriebs. In diesen organisatorischen Einheiten müssen notwendige Daten und Informationen zu der Ausgangs-Produktfamilie verfügbar sein oder generiert werden können. Hier sind vor allem *Stücklisten*, *Lebenszyklen*, *Absatzzahlen*, *Beschaffungskonditionen* und *Prozessabläufe* von besonderem Interesse.

Die Gestaltung zukunftsrobuster modularer Produktstrukturen aus Markt- und Produktionssicht stellt darüber hinaus primär eine Entwicklungsaufgabe dar und ist demnach als **Werkzeug für die frühe Produktentwicklungsphase** zu verstehen. Hier ist insbesondere die Konzeptionsphase einer Produktfamilie im Fokus - eine produktprogrammweite Unterstützung durch die Methode ist nicht vorgesehen.

## 4.2 Aufbau der Methode

Die entwickelte Methode zur Gestaltung zukunftsrobuster modularer Produktstrukturen aus Markt- und Produktionssicht besteht aus fünf übergeordneten Schritten, welche je nach Umfang in weitere Teilschritte untergliedert sind und sich unterschiedlicher Werkzeuge bedienen (Bild 4-1).

Im ersten Schritt werden die wirtschaftlichen Ziele der Produktstrukturgestaltung definiert. Hierzu wird das *Wirkmodell modularer Produktstrukturen* (siehe Kap. 3.1.4) angepasst und erweitert. Die Aufnahme und Analyse der existierenden Variantenvielfalt im Unternehmen erfolgt im zweiten Schritt durch die bereits etablierten Visualisierungswerkzeuge des *Tree of External Variety* (TeV) zur Beschreibung der Vielfalt aus Kundensicht sowie durch den *Module Interface Graph* (MIG) zur Darstellung der Komponentenvarianz innerhalb der betrachteten Produktfamilie. Im dritten Schritt wird die änderungsinduzierte Vielfalt aufgenommen und visualisiert. Hierzu werden zunächst die wesentlichen Anforderungsänderungen aus Markt- und Produktionssicht mit Hilfe geeigneter Vorausschaumethoden identifiziert und deren Änderungsauswirkungen auf die Produktstruktur aufgezeigt. Die Visualisierung dieser Änderungsabhängigkeiten erfolgt mit Hilfe des neu entwickelten *Change Allocation Models* (CAM). Dieses Modell stellt das zentrale Werkzeug der Methode dar und ermöglicht die visuelle Repräsentation der Zukunftsrobustheit einer Produktstruktur aus der Perspektive von markt- und produktionsseitigen Änderungseinflüssen. Die eigentliche Umgestaltung erfolgt im vierten Schritt mit Hilfe des CAM unter Anwendung von Gestaltungsmaßnahmen zur Erhöhung der Zukunftsrobustheit. Die konzipierten Produktstrukturalternativen werden im abschließenden Schritt anhand von qualitativen Kennwerten der Zukunftsrobustheit sowie den eingangs definierten wirtschaftlichen Zielstellungen evaluiert und eine Unterstützung zur Auswahl der geeignetsten Alternative bereitgestellt.

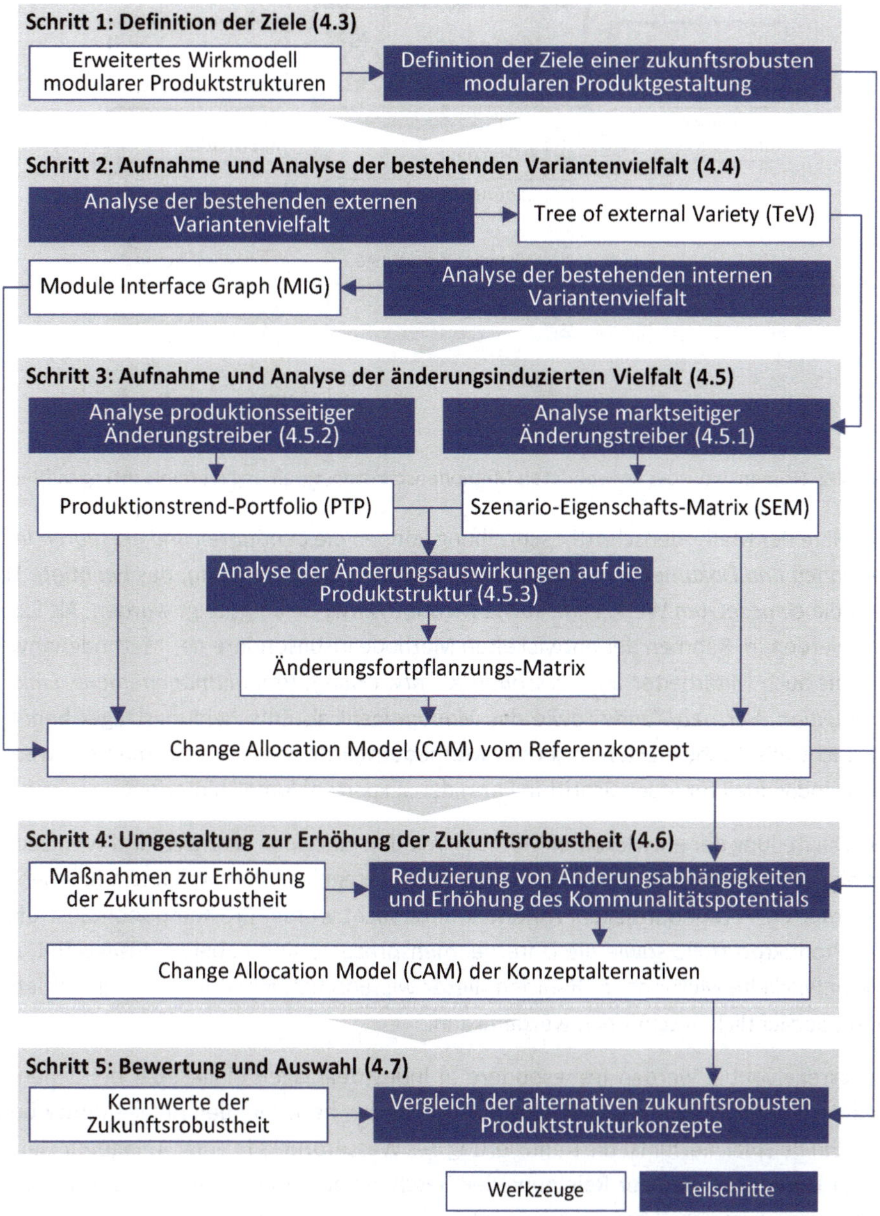


Bild 4-1: Vorgehen der Methode zur Gestaltung zukunftsrobuster modularer Produktstrukturen

Die einzelnen Schritte werden in den folgenden Unterkapiteln erläutert. Zur systematischen Beschreibung der Methodenschritte wird die *Prozessvisualisierung von Methoden zur Entwicklung von Produktfamilien* (MPV) nach Beckmann herangezogen und vereinfacht [Bec21] (Bild 4-2).

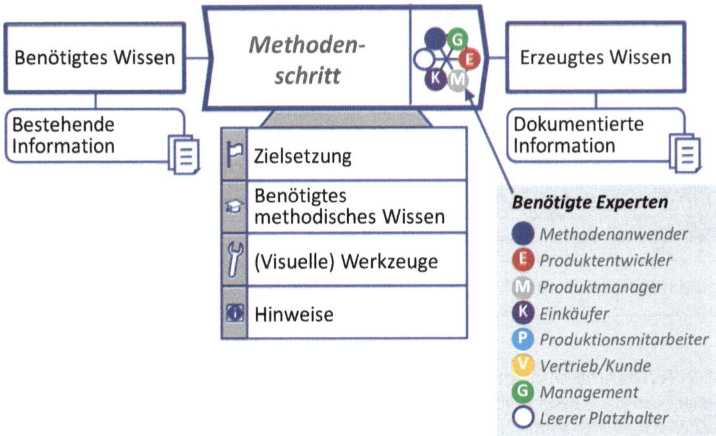


Bild 4-2: Nomenklatur der verwendeten Methodenschrittbeschreibung (vereinfacht) nach [Bec21]

Mit Hilfe der Methodenschrittbeschreibung können die *benötigten und erzeugten Informationen und Dokumente*, die *beteiligten Experten*, die *Zielsetzung*, das *benötigte Wissen*, die *eingesetzten Werkzeuge* sowie *wichtige Hinweise* aufgezeigt werden. Als Experten werden im Rahmen der entwickelten Methode insbesondere der Methodenanwender als auch Mitarbeiter aus *Forschung & Entwicklung*, *Produktmanagement*, *Einkauf*, *Produktion*, *Vertrieb/Kunde* sowie das *Management* als Entscheidungsträger benötigt. Da nicht alle Fachexperten in jedem Methodenschritt beteiligt sein müssen, werden diese individuell für jeden Schritt in Form der „Expertenblume" hinterlegt.

Die Darstellung der entwickelten Methode mit den einzelnen Schritten und Werkzeugen erfolgt am Beispiel einer Produktfamilie von Druckregelventilen, welche im Rahmen des geförderten Verbundprojekts ProRobuSt untersucht wurde. Die Komponentenstruktur, das Produktportfolio sowie die Unternehmensprozesse sind dabei so ausgewählt, dass die entwickelte Methode im Rahmen dieser wissenschaftlichen Arbeit nachvollziehbar und übersichtlich beschrieben werden kann.

Druckregelventile werden insbesondere in Industrieanlagen eingesetzt, bei denen ein Teil der Verbraucher einen geringeren Druck als den herrschenden Anlagendruck benötigt. Ein Beispiel hierfür ist die Reduzierung des Wasserdrucks in einer Anlage zur Getränkeabfüllung. Hier wird zur Reinigung der Flaschen vor dem Befüllen mit Getränken der Wasserdruck von ca. 7 bar auf 1 bar reduziert. Vor dem Ventil herrscht ein Vordruck $p_1$, der auf einen konstanten Hinterdruck $p_2$ reduziert werden soll. Bei zunehmendem Hinterdruck wird die Feder zusammengedrückt, sodass sich der Querschnitt der Durchflussöffnung reduziert und der Druck $p_2$ abnimmt. Bild 4-3 zeigt den typischen Aufbau eines Druckregelventils.

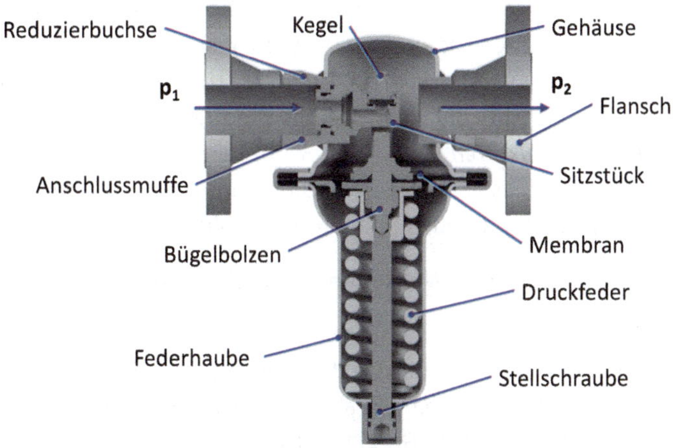


Bild 4-3: Aufbau eines Druckregelventils [eigene Darstellung]

Die Produktvarianten in der betrachteten Produktfamilie unterscheiden sich aufgrund unterschiedlicher Einsatzbedingungen hinsichtlich der *Nennweite*, des *Nenndrucks*, der *Baulänge*, des zu regelnden *Mediums*, des *Einstellbereichs* sowie der *Art des Anschlusses.* Das Produktionssystem kann als klassische Werkstattfertigung mit hoher Fertigungstiefe beschrieben werden. Das derzeitige Blechumformverfahren zur Herstellung des Gehäuses ist das Tiefziehverfahren und die Montage sowie die Endprüfung erfolgt vor Ort.

## 4.3 Definition der Ziele einer zukunftsrobusten modularen Produktgestaltung

Im ersten Schritt des entwickelten Vorgehens werden die fallspezifischen Ziele einer zukunftsrobusten modularen Produktgestaltung aufgenommen und dokumentiert (Bild 4-4).

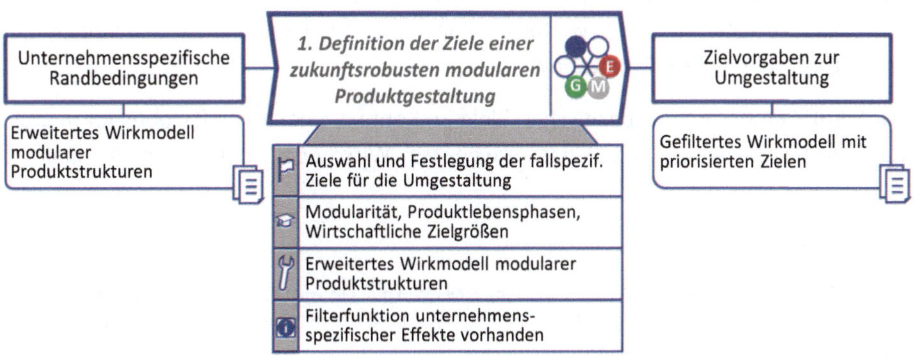


Bild 4-4: Schritt 1 zur Definition der Ziele einer zukunftsrobusten modularen Produktgestaltung

Dieser erste Schritt ist obligatorisch, da unterschiedliche Zielsetzungen durch verschiedene Lösungskonzepte bei der späteren Umgestaltung adressiert und diesen in unterschiedlichem Maße gerecht werden können. Zur dedizierten Unterstützung einer vereinfachten Identifikation und Auswahl von fallspezifischen Zielvorgaben wird das *Wirkmodell modularer Produktstrukturen* (siehe Kap. 3.1.4) herangezogen und im Zuge eines Transferprojekts[3] sowie eines Grundlagenforschungsprojekts[4] unter Mitarbeit des Autors um folgende Aspekte für die zukunftsrobuste Gestaltung erweitert:

- Ergänzung zusätzlicher Wirkketten auf Basis weiterer empirischer Studien [Gre20c],
- ursachenorientierte Rückführung der Effekte auf die Eigenschaften der *Kommunalität* und *Kombinierbarkeit* als wesentliche Hebel der Modularität einer Produktstruktur [Gre20c], [Gre22], [Sch22],
- eindeutige Zuordnung einzelner Wirkketten durch die Vergabe von *Identifikationsnummern* [Gre22], [Sch22],
- Austausch der Zielgröße des *Risikos* durch die Zielgröße der *Flexibilität* [Sch20], [Gre20c] sowie
- Integration einer *zeitlichen Einteilung* der Wirkketten auf Ebene der Zielgrößen [Gre20c].

Zur konsistenten Modellierung und Handhabung wird das erweiterte Wirkmodell zusätzlich in eine SysML-Umgebung implementiert und eine anwenderfreundliche MS EXCEL-Schnittstelle zur fallspezifischen Exportierung von Effekten entwickelt [Gre22]. Somit können Anwender unter Angabe von unternehmens-, projekt- und produktspezifischen Randbedingungen die erwartbaren Effekte aus dem Modell ausleiten. Aber auch der systematische Import neuer empirischer Daten ist so möglich, um das Modell sukzessive zu befüllen und langfristig eine valide Datenbasis zu den Wirkketten modularer Produktstrukturen zu schaffen. Das erweiterte Wirkmodell mit allen 68 empirisch belegten Effektketten ist in Anhang 2 hinterlegt.

Zur Identifikation der fallspezifischen Ziele im Kontext einer zukunftsrobusten modularen Produktgestaltung wird das erweiterte Wirkmodell herangezogen und die

[3] WiMo-Trans - Validierung und Weiterentwicklung eines Wirkmodells zur Beschreibung der Effekte modularer Produktstrukturen in der industriellen Praxis, gefördert durch die DFG in Zusammenarbeit mit Siemens Advanta (KR 3478/13-1), 2019-2022.

[4] WiMo2 - Entwicklung eines Wirkmodells der Eigenschaften modularer Produktstrukturen zur Bewertung methodischer Ansätze, gefördert durch die DFG (KR 3478/7-2), 2019-2021.

wichtigsten Wirkketten fallspezifisch herausgefiltert. Bild 4-5 zeigt das erweiterte Wirkmodell mit den relevanten Wirkketten beim Druckregelventilhersteller.

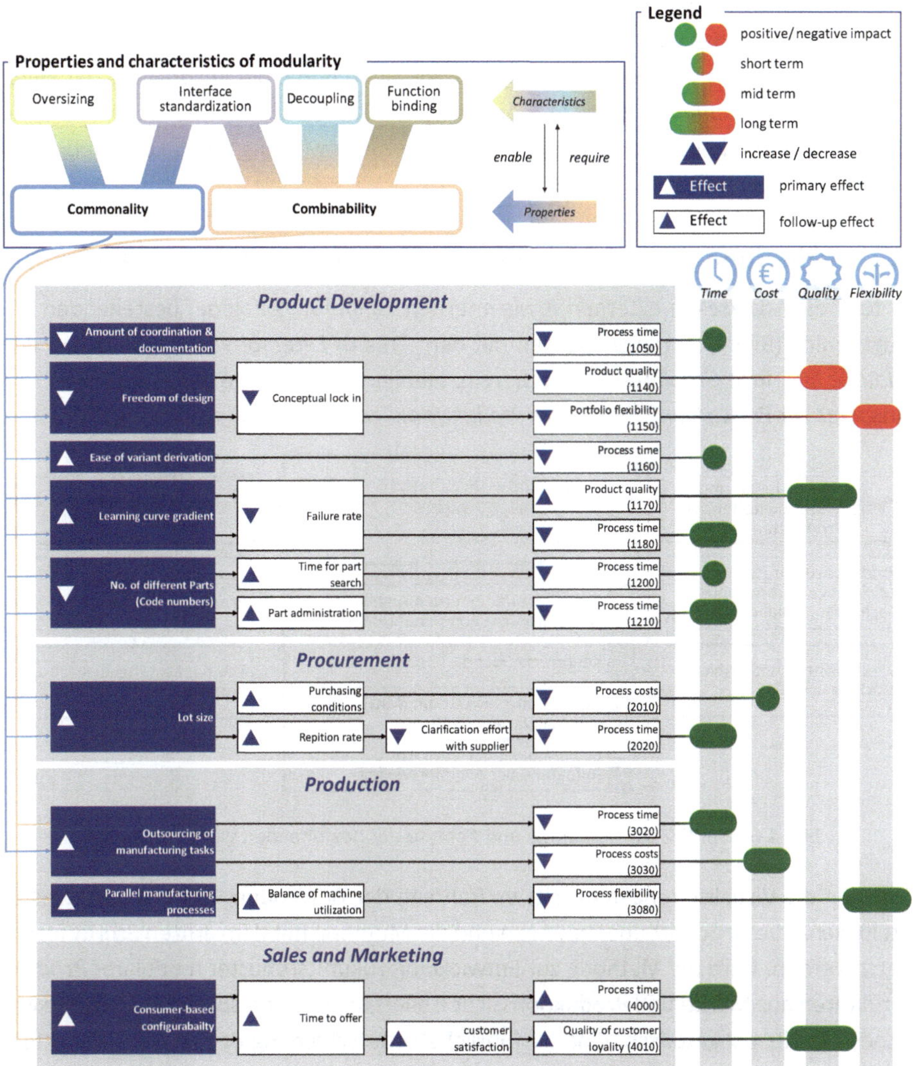


Bild 4-5: Relevante Wirkketten im erweiterten Wirkmodell modularer Produktstrukturen für das Anwendungsbeispiel

Für den Hersteller werden durch eine modulare Produktstrukturgestaltung insbesondere wirtschaftliche Auswirkungen in den Lebensphasen der *Entwicklung, Beschaffung, Produktion* und des *Vertriebs* erwartet. Neben den beiden negativen Effekten einer sinkenden Produktqualität (ID-Nr. 1140) und Prozessflexibilität (ID-Nr. 1150) werden dabei ausschließlich positive Auswirkungen im Unternehmen aus dem Modell abgeleitet. Vor allem in den späteren Lebensphasen der Produktion und des Vertriebs prägen sich die Effekte eher mittel- bis langfristig aus, wohingegen in der Entwicklung und Beschaffung die vier wirtschaftlichen Zielgrößen eher kurz- bis mittelfristig beeinflusst werden können. Ein Großteil der möglichen Vorteile kann dabei durch die *Reduzierung von Prozesszeiten bzw. -kosten* adressiert werden, was vor allem durch die Ausprägung der Eigenschaft der *Kommunalität* erreicht werden kann. Eine abschließende Gewichtung der Wirkketten kann bei der späteren Umgestaltung zur Bewertung der Zukunftsrobustheit unterstützen.

## 4.4 Aufnahme und Analyse der bestehenden Variantenvielfalt

Es folgt die Analyse der externen sowie internen Variantenvielfalt der bestehenden Produktfamilie (Bild 4-6). Hierzu werden mit dem *Tree of External Variety* (TeV) und dem *Module Interface Graph* (MIG) zwei bereits etablierte Werkzeuge des *Integrierten PKT-Ansatzes zur Entwicklung modularer Produktfamilien* verwendet (vgl. Kap. 3.1.4).

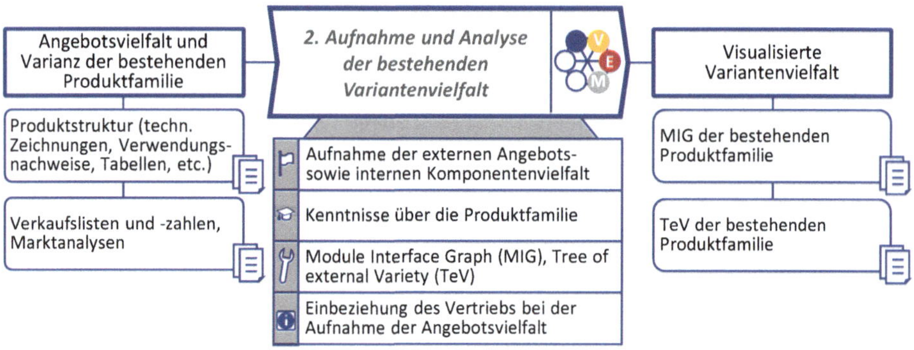


Bild 4-6: Schritt 2 zur Aufnahme und Analyse der bestehenden Variantenvielfalt

Wurden die Visualisierungen bereits im Rahmen der Anwendung des PKT-Ansatzes erstellt, kann dieser Schritt übersprungen und die Methode mit dem dritten Schritt fortgesetzt werden. Wird die Methode zur Entwicklung zukunftsrobuster modularer Produktstrukturen aus Markt- und Produktionssicht isoliert angewandt, so ist dieser zweite Methodenschritt obligatorisch. Eine ausführliche Unterscheidung der beiden Fälle erfolgt u.a. in Kap. 4.8.

Für das Verständnis der Methode sowie der folgenden Methodenschritte wird im Rahmen des Anwendungsbeispiels eine isolierte Durchführung angenommen und die beiden Visualisierungswerkzeuge im Folgenden erstellt. Bild 4-7 zeigt den TeV für das Anwendungsbeispiel der Druckregelventile.

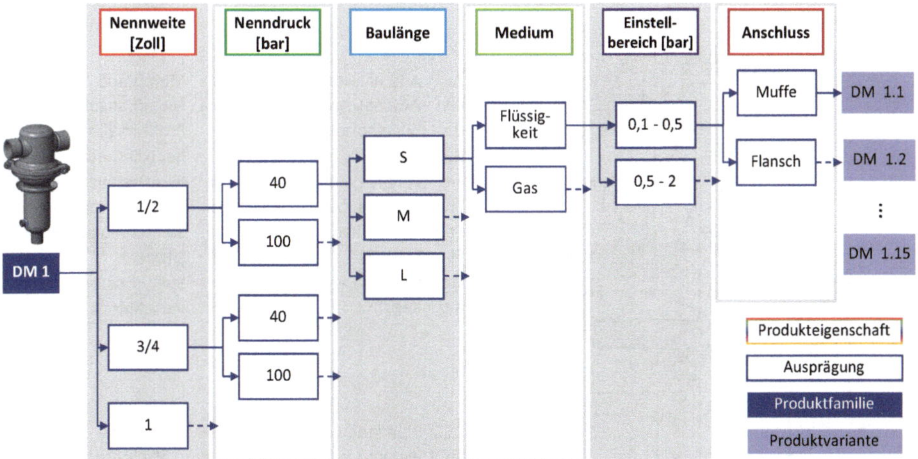


Bild 4-7: Tree of External Variety (TeV) der bestehenden Produktfamilie der Druckregelventile (in Anlehnung an [Gre18a])

Die Angebotsvielfalt der Produktfamilie der Druckregelventile umfasst insgesamt 15 Produktvarianten, die sich aus der Kombination von insgesamt sechs kundenrelevanten Produkteigenschaften mit mindestens zwei unterschiedlichen Ausprägungen ergeben. Die Anordnung von links nach rechts entspricht dabei der Priorisierung der Kundenrelevanz. Die Priorisierung kann mit Hilfe einschlägiger Methoden im Bereich der Marktanalyse, wie z.B. dem *Kano-Modell* oder der *Conjoint-Analyse*, unterstützt werden [Gre91], [Mat09].

Die interne Varianz auf Ebene der Produktstruktur ist in Bild 4-8 dargestellt. Es wird deutlich, dass vor allem die größeren Komponenten, wie z.B. das *Gehäuse* oder die *Federhaube*, als Standardkomponenten vorliegen, wohingegen viele kleinere und innenliegende Komponenten variant sind.

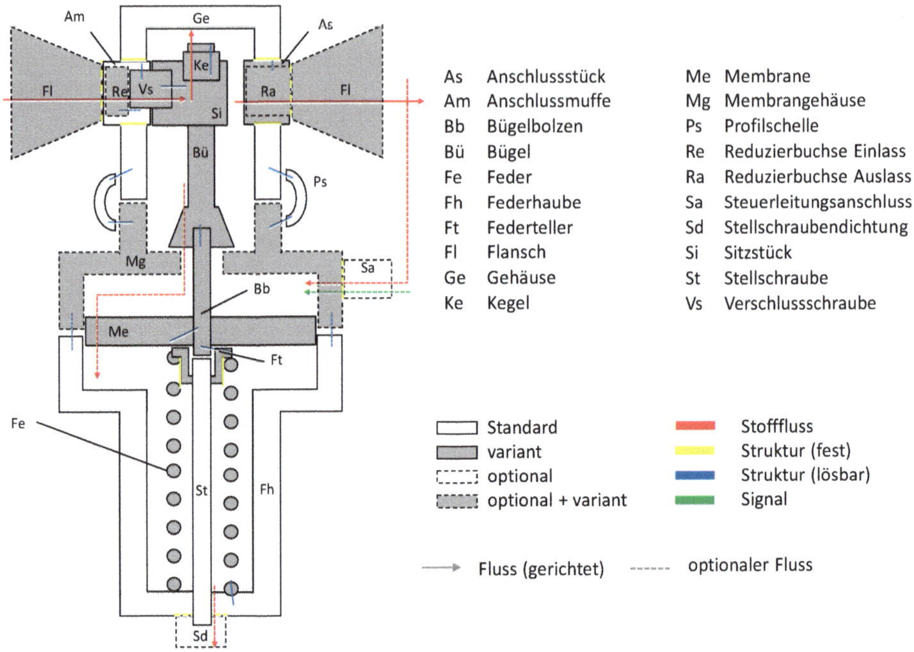


Bild 4-8: Module Interface Graph (MIG) der bestehenden Produktfamilie der Druckregelventile

Als Besonderheit wird eine Anpassung im MIG vorgenommen. In der üblichen Darstellung des MIG wird nur zwischen den drei Kategorien *Stofffluss*, *Struktur* und *Signal* unterschieden (siehe Kap. 3.1.4). Durch die zusätzliche Differenzierung in *feste* und *lösbare Strukturverbindungen* kann dem MIG zudem entnommen werden, welche Komponenten beispielsweise im Montageprozess miteinander verschweißt und welche verschraubt werden. Diese Information ist unter anderem bei der späteren Lösungsfindung wichtig, da hier auch produktionsrelevante Einflussgrößen berücksichtigt werden sollen.

## 4.5 Aufnahme und Analyse der änderungsinduzierten Variantenvielfalt

In diesem Schritt werden die zukünftigen und nachträglichen Änderungen aus Markt- und Produktionssicht aufgenommen und deren Auswirkungen auf die bestehende Produktstruktur untersucht. Somit können die wesentlichen Änderungsabhängigkeiten aufgezeigt und potentielle Handlungsschwerpunkte zur Erhöhung der Zukunftsrobustheit identifiziert werden. Als neue, zentrale Darstellung wird zu diesem Zweck das *Change Allocation Model* (CAM) eingeführt (Bild 4-9).

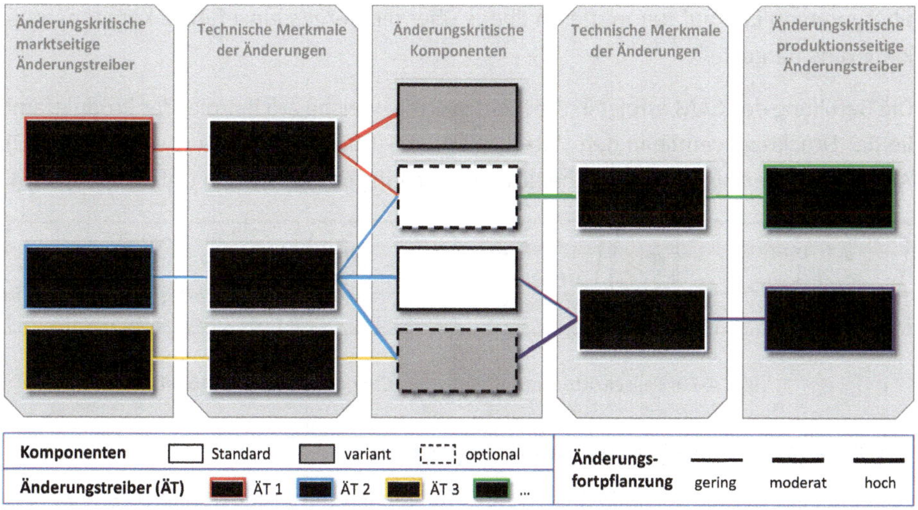


Bild 4-9: Schematische Darstellung des Change Allocation Models (CAM) in Anlehnung an [Gre21]

Das neue Visualisierungswerkzeug bildet die Änderungsabhängigkeiten zwischen den relevanten Änderungstreibern aus Markt- (links) sowie Produktionssicht (rechts) und der aktuellen Komponentenvielfalt (Mitte) ab. Somit kann die zukünftig änderungsinduzierte Vielfalt aufgezeigt und die Zukunftsrobustheit der Produktstruktur gezielt erhöht werden [Gre21]. Auf der linken und rechten Seite werden dabei nur die Treiber erfasst, welche eine hohe Änderungswahrscheinlichkeit aufweisen und Änderungsauswirkungen auf Ebene der Produktstruktur nach sich ziehen. Diese Art von Änderungstreibern wird im Folgenden als **änderungskritisch** bezeichnet und in den nachfolgenden Teilschritten systematisch hergeleitet.

Die Übertragung der Änderungsauswirkungen auf die Produktstruktur erfolgt mittels technischer Merkmale. Diese beschreiben die Änderungen der äußeren Ebenen aus Produktsicht und können vom Entwicklungsingenieur direkt beeinflusst werden. Unter den änderungskritischen Komponenten werden nur die Elemente verstanden, welche direkt von einer zukünftigen Änderung betroffen sein können. Dies reduziert den Erstellungsaufwand und ermöglicht den Fokus auf die wesentlichen Handlungsschwerpunkte.

Ein Ziel bei der zukunftsrobusten Gestaltung ist es, die produktvariantenübergreifende Änderungsausbreitung zu reduzieren und die kommunale Verwendung von Komponenten langfristig zu ermöglichen. Zur Darstellung und Adressierung dieser Kriterien werden sowohl die Änderungsfortpflanzung als auch die Komponentenvielfalt mit in das Modell integriert. Der Grad der Änderungsfortpflanzung wird dabei über die indirekt beeinflussten Komponenten durch eine Änderung an einer änderungskritischen Komponente bestimmt und über die Strichstärke zwischen Merkmals- und Komponentenebene visualisiert. Die interne Vielfalt der bestehenden Produktfamilie wird aus dem MIG übernommen und auf der mittleren Ebene über die bereits eingeführte Komponentenkodierung dargestellt.

Die Befüllung des CAM erfolgt in drei Teilschritten, welche am Beispiel der Produktfamilie der Druckregelventile in den Unterkapiteln 4.5.1 bis 4.5.3 erläutert wird (Bild 4-10). Abschließend erfolgt die gesamtheitliche Darstellung des Modells in Unterkapitel 4.5.4.

Bild 4-10: Teilschritte zur Befüllung des Change Allocation Models

### 4.5.1 Analyse marktseitiger Änderungstreiber

Als einer der beiden wesentlichen Treiber für technische Produktänderungen werden zunächst aus Marktsicht die zukünftigen Entwicklungen von kundenrelevanten Produkteigenschaften analysiert. Dabei gilt es insbesondere die Produkteigenschaften zu identifizieren, welche im festgelegten Betrachtungszeitraum als zukünftig änderungskritisch anzusehen sind (Bild 4-11).

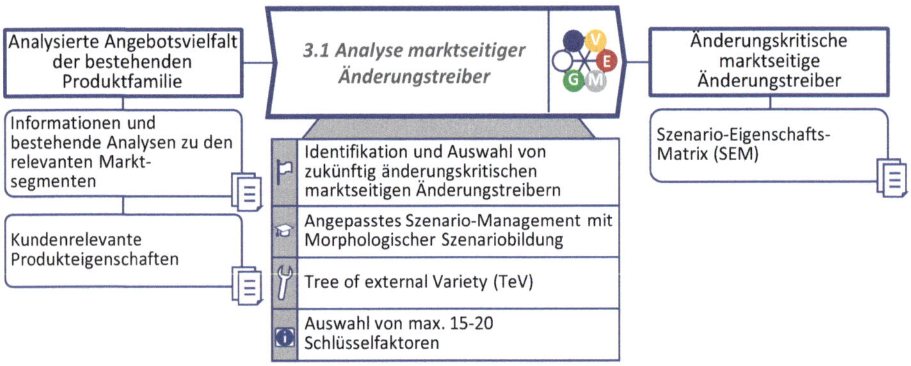


Bild 4-11: Teilschritt 3.1 zur Analyse marktseitiger Änderungstreiber

Als Eingangsdaten werden in diesem Schritt die bestehenden kundenrelevanten Produkteigenschaften aus dem TeV sowie Informationen zu den zu adressierenden Marktsegmenten und Abnehmerbranchen der betrachteten Produktfamilie benötigt. Bereits vorhandene Analysen mit Zukunftsbezug können dabei unterstützen, sind aber nicht zwingend erforderlich. Aus Gründen einer möglichst verständlichen Methodenbeschreibung wird an dieser Stelle nur ein einziges zu adressierendes Marktsegment festgelegt. Ein detailliertes Vorgehen zur Bestimmung änderungskritischer kundenrelevanter Produkteigenschaften auf Basis mehrerer Marktsegmente findet sich u.a. in [Gre19b].

Für das Erklärungsbeispiel wird die *Lebensmittelindustrie* als Marktsegment festgelegt und insbesondere das Produktionsumfeld als Einsatzgebiet der Druckregelventile betrachtet. Dieses Umfeld ist dadurch charakterisiert, dass es *strengen Qualitäts- und Hygienevorschriften* unterliegt und *hohe Ansprüche an die Prozesssicherheit* stellt.

Die methodische Vorausschau erfolgt in diesem Teilschritt mit Hilfe des *angepassten Szenario-Managements* mit *Morphologischer Szenariobildung* (siehe Kap. 3.2.2). Dabei wird das grundsätzliche Vorgehen der deduktiven Vorausschaumethode mit den drei Phasen nicht verändert, sondern lediglich zwei Anpassungen innerhalb der Methodenschritte vorgenommen (Bild 4-12). Die Anpassungen zielen vor allem auf eine Einflussgrößen-orientierte Projektionsentwicklung (Anpassung 1) sowie die Übertragung der Auswirkungen auf die kundenrelevanten Produkteigenschaften ab (Anpassung 2).

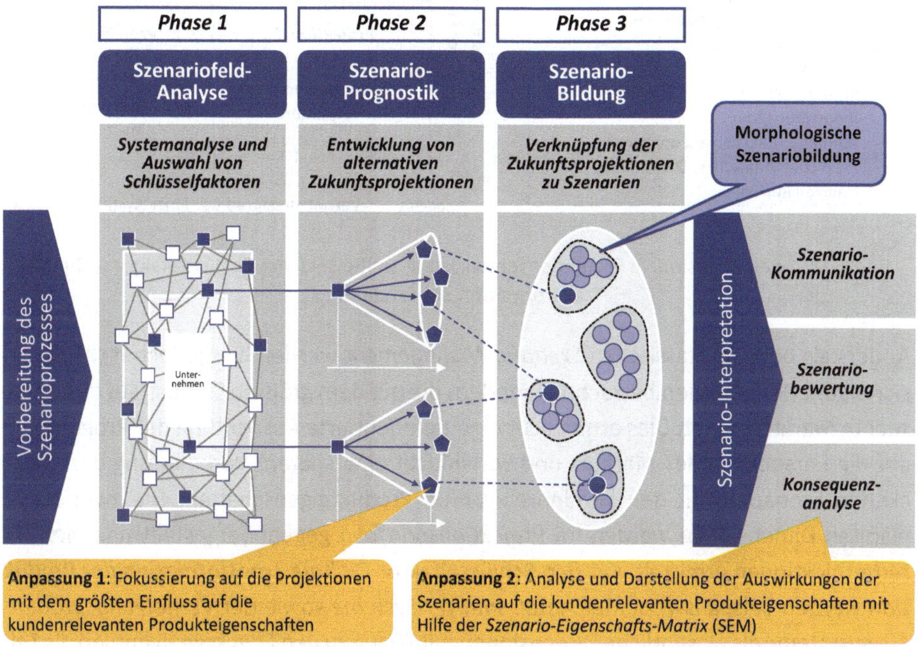


Bild 4-12: Angepasstes Szenario-Management mit Morphologischer Szenariobildung

Zu Beginn der Szenarioentwicklung wird zunächst das Szenariofeld des betrachteten Marktsegments analysiert und die wesentlichen Einflussfaktoren ermittelt (Phase 1). Hierzu werden u.a. die *PESTEL-Methode*, der *Gartner-Hype-Cycle* oder die *Megatrend-Map* als unterstützende Hilfsmittel für die Identifikation der Einflussgrößen genutzt (siehe Kap. 3.2.2). Im vorliegenden Fallbeispiel sind insbesondere die politischen, wirtschaftlichen und technologischen Einflussfaktoren von Bedeutung, aber auch ökologisch-geographische und rechtliche Randbedingungen können das untersuchte Marktsegment der Lebensmittelindustrie zukünftig beeinflussen. Anschließend werden aus den gesammelten Einflussfaktoren die relevanten Schlüsselfaktoren ausgewählt. Unterstützt wird dieser Schritt durch das *Vernetzung-Relevanz-Grid,* mit dem die Einflussfaktoren in Bezug auf ihren Vernetzungsgrad sowie auf den Einfluss auf das untersuchte Szenariofeld priorisiert werden können (siehe Kap. 3.2.2). Im Sinne der zweidimensionalen Projektionsermittlung werden für die Schlüsselfaktoren anschließend die relevanten Dimensionen für das *Projektionsportfolio* ausgewählt (Bild 4-13).

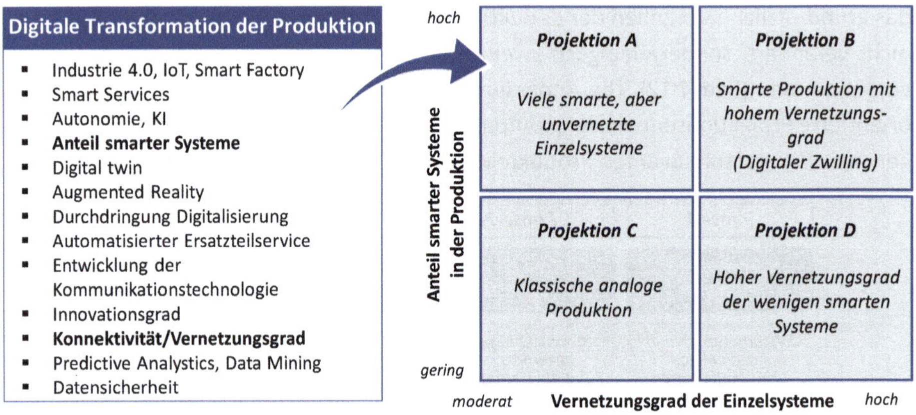


Bild 4-13: Zweidimensionale Projektionsentwicklung am Beispiel des Schlüsselfaktors „Digitale Transformation der Produktion"

Anders als bei dem klassischen *Szenario-Management* werden hier jedoch nicht die unsichersten Dimensionen betrachtet, sondern die mit dem größten Einfluss auf das untersuchte Marktsegment. Dies ermöglicht eine zielorientierte Ausrichtung der Projektionen auf die Perspektive des Marktes und vereinfacht eine spätere Verknüpfung der entwickelten Szenarien mit den kundenrelevanten Produkteigenschaften. Die zwei ausgewählten Dimensionen werden im *Projektionsportfolio* gegenübergestellt und vier Extremprojektionen ermittelt. Für den Schlüsselfaktor *Digitale Transformation der Produktion* werden beispielsweise der *Anteil smarter Systeme* sowie der *Vernetzungsgrad der Einzelsysteme* als wesentliche Dimensionen mit Bezug zu den Druckregelventilen als Teilsysteme der Produktion ausgewählt und vier alternative Projektionen entwickelt (Bild 4-13).

Eine Übersicht mit den zehn ausgewählten Schlüsselfaktoren für das untersuchte Szenariofeld des Erklärungsbeispiels mit den jeweiligen Dimensionen ist in Tabelle 4-1 dargestellt.

Tabelle 4-1: Ausgewählte Schlüsselfaktoren für das untersuchte Szenariofeld der Lebensmittelindustrie

| Schlüsselfaktor | Dimensionen für die Projektionsermittlung |
|---|---|
| ***Entwicklung der Wirtschaftspolitik*** | - Umwelt- und Gesundheitsstandards<br>- Auswirkungen auf Großindustrie und Kraftwerke |
| ***Neue Applikationen*** | - Neuartigkeit der Applikation<br>- Anforderungen an Druckminderung/Druckausgleich |
| ***Wandel von Prozessanforderungen*** | - Bedeutung der Prozessflexibilität<br>- Bedeutung der Prozessgenauigkeit |
| ***Digitale Transformation der Produktion*** | - Anteil smarter Systeme in der Produktion<br>- Vernetzungsgrad der Einzelsysteme |
| ***Aufstieg neuer Geschäftsmodelle*** | - Relevanz von Produkt-Service-Leistungen<br>- Innovationsbereitschaft |
| ***Restriktionen durch Normen/Standards/Richtlinien*** | - Intensität der Restriktion<br>- Häufigkeit der Restriktion |
| ***Energie- und Ressourceneffizienz*** | - Subventionen/Förderungen<br>- Entwicklung der Energiekosten |
| ***Entwicklung der Hygieneanforderungen*** | - Forderung nach hoher Prozesssicherheit<br>- Neuartigkeit des zu regelnden Mediums |
| ***Komplexität der Produktionssysteme*** | - Diversität der Standorte<br>- Größe der Fabriken |
| ***Nachhaltigkeit in der industriellen Fertigung*** | - Anteil recyclebarer Materialien<br>- Bedeutung des Klimaschutzes für die Branche |

Für die zehn Schlüsselfaktoren werden anhand der ausgewählten Dimensionen im Projektionsportfolio anschließend die jeweiligen Projektionen ermittelt. Die anschließende Bildung der Szenarien auf Basis der Projektionen erfolgt mittels des Top-down-Ansatzes einer *Morphologischen Szenariobildung* (Phase 3). Hier werden inhaltliche Themen für mögliche Szenarien auf Basis markanter Projektionen festgelegt und diesen dann konsistente Zukunftsprojektionen zugeteilt. Die Vorgehensweise dieser deduktiven Bildung der Szenarien ist exemplarisch am Szenario *Die ökologische Revolution* dargestellt (Bild 4-14).

| Szenario: Die ökologische Revolution | | | | |
|---|---|---|---|---|
| **Schlüsselfaktor** | **Projektion A** | **Projektion B** | **Projektion C** | **Projektion D** |
| ***Entwicklung der Wirtschaftspolitik*** | Wirtschaftspolitik fokussiert auf ökologische Ziele (Wir retten jeden Frosch) | Wirtschaftspolitik zielt auf nachhaltiges Wachstum (Förderung umweltverträglicher Großindustrie) | Restriktive Wirtschafts-politik bei geringen Umweltstandards (z.B. Ausschöpfung durch hohen Finanzbedarf) | Wirtschaftspolitik fokussiert auf ökonomische Ziele (Wir retten jeden Job) |
| ***Neue Applikationen*** | Bei gleichbleibenden Standard-Applikationen werden innovative Einsatzbereiche nachgefragt | Neue Applikationen und Einsatzbereiche werden intensiv nachgefragt | Wenig Nachfrage nach innovativen Applikationen und Einsatzbereichen | Bei wenig Interesse an innovativen Einsatz-bereichen steigen die Kundenanforderungen an Standard-Applikationen |
| ***Wandel von Prozess-anforderungen*** | Hohe erforderliche Prozessflexibilität bei moderater Prozessgenauigkeit | Hohe Prozessflexibilität und genauigkeit | Moderate Prozessgenauigkeit bei eher geringer Prozessflexibilität | Hohe Prozessgenauigkeit bei eher geringer Prozessflexibilität |
| ***Digitale Transformation der Produktion*** | Viele smarte, aber unvernetzte Systeme | Smarte Produktion mit hohem Vernetzungsgrad (Digitaler Zwilling) | Klassische analoge Produktion | Hoher Vernetzungsgrad der wenigen smarten Systemen |
| ***Aufstieg neuer Geschäftsmodelle*** | Zunehmende Relevanz von Produkt-Service-Leistungen bei eher geringer Innovationsbereitschaft | Zunehmende Relevanz von System-Leistungen bei hoher Innovationsbereitschaft (Pay per use) | Eher geringe Innovationsbereitschaft bei geringer Relevanz von Produkt-Service-Leistungen | Hohe Innovationsbereitschaft bei geringer Relevanz von Produkt-Service-Leistungen |
| ***Restriktionen durch Normen/Standards/ Richtlinien*** | Wenig Restriktionen mit drastischem Einfluss auf bestehende Anforderungen | Viele und schwerwiegende Restriktionen erfordern neue Lösungen | Wenig Restriktionen mit geringem Einfluss auf bestehende Anforderungen | Viele Restriktionen mit geringem Einfluss auf bestehende Anforderungen |
| ***Energie- und Ressourceneffizienz*** | Hoher politischer Druck bei moderatem Anstieg der Energiekosten | Hoher politischer Druck bei starkem Anstieg der Energiekosten (Kreislaufwirtschaft als Selbstzweck) | Moderater Anstieg der Energiekosten und geringer politischer Druck | Starker Anstieg der Energiekosten bei geringem politischen Druck |
| ***Entwicklung der Hygiene-anforderungen*** | Forderung hoher Prozesssicherheit bei konservativ zu regelnden Medien | Forderung hoher Prozesssicherheit bei der Druckregelung neuartiger Medien | Konservativ zu regelnde Medien bei geringer Forderung hoher Prozesssicherheit | Neuartig zu regelnde Medien bei geringer Forderung hoher Prozesssicherheit |
| ***Komplexität der Produktionssysteme*** | Kleine Fabriken an diversen Standorten (micro-production) | Riesige Fabriken an unterschiedlichen Standorten | Kleine Fabriken an einzelnen Standorten | Riesige Fabriken an einem Standort (central-production) |
| ***Nachhaltigkeit in der industriellen Fertigung*** | Viele recyclebare Materialien bei geringer Bedeutung des Klimaschutzes für die Industrie | Viele recyclebare Materialien bei großer Bedeutung des Klimaschutzes für die Industrie | Eher geringe Bedeutung des Klimaschutzes für die Industrie bei wenig recyclebaren Materialen | Große Bedeutung des Klimaschutzes für die Industrie bei eher wenig recyclebaren Materialen |

○ Projektion für die Definition des übergeordneten Themas eines Szenarios ● Konsistente Projektion in dem Szenario

Bild 4-14: Morphologische Szenariobildung am Beispiel des Szenarios „Die ökologische Revolution"

Das übergeordnete Thema dieses Szenarios wird hier aus einer steigenden Relevanz der *Energie- und Ressourceneffizienz* sowie der *Nachhaltigkeit in der industriellen Fertigung* abgeleitet (gelbe Punkte, Bild 4-14). Anschließend werden dem Thema möglichst konsistente Projektionen der anderen Schlüsselfaktoren zugeordnet (blaue Punkte, Bild 4-14) und ein einprägsamer Titel für das gebildete Szenario vergeben. Dieser sollte möglichst einfach und eindeutig sein.

Unter Anwendung dieser Vorgehensweise werden für das Produktionsumfeld der Lebensmittelindustrie vier weitere, alternative Zukunftsszenarien mit unterschiedlichen Themenschwerpunkten entwickelt. Mit *Smart Control* wird zudem eine neue optionale kundenrelevante Produkteigenschaft identifiziert, welche basierend auf mehreren Szenarien zukünftiges Potential offenlegt. Neue kundenrelevante Produkteigenschaften werden zunächst lösungsneutral aufgenommen und später bei Bedarf im Rahmen der Umgestaltung zur Erhöhung der Zukunftsrobustheit in technische Leistungsmerkmale übersetzt.

Zur Identifikation der **änderungskritischen marktseitigen Änderungstreiber** werden die entwickelten Szenarien abschließend mit den bestehenden und neu ermittelten kundenrelevanten Produkteigenschaften im Rahmen einer angepassten Konsequenzanalyse in Beziehung gesetzt. Zur Visualisierung der Bewertung wird die neu entwickelte *Szenario-Eigenschafts-Matrix (SEM)* verwendet (Bild 4-15).

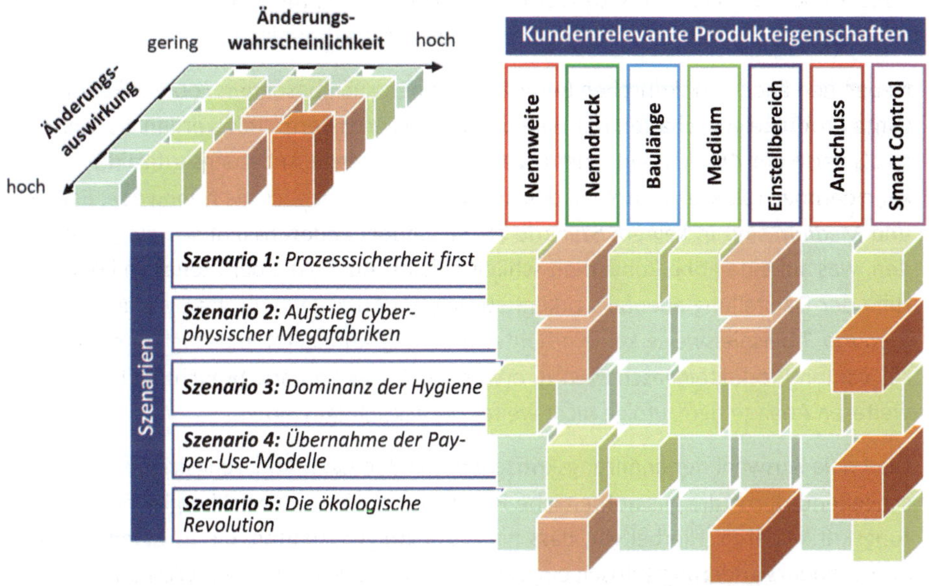


Bild 4-15: Szenario-Eigenschafts-Matrix (SEM) zur Bestimmung von änderungskritischen marktseitigen Änderungstreibern

Die Bestimmung der Änderungskritikalität einer kundenrelevanten Produkteigenschaft erfolgt dabei über die qualitative Abschätzung der erwarteten *Änderungswahrscheinlichkeit* und der erwarteten *Änderungsauswirkung* in Bezug auf die jeweilige kundenrelevante Produkteigenschaft in den Szenarien. Hierzu wird eine Bewertungsskala (gering, eher gering, eher hoch, hoch) verwendet und in einem Farbschema visualisiert. Fällt die Bewertung auf Gesamtsystemebene eines Szenarios schwer, kann die Evaluation auch auf Teilsystemebene der zugehörigen Projektionen mit den jeweiligen Ausprägungen einer kundenrelevanten Produkteigenschaft erfolgen. Eine quantitative Berechnung durch konkrete Kennzahlen wird aufgrund der zukunftsbezogenen Unsicherheit und der Subjektivität der Bewertung an dieser Stelle als nicht zielführend angesehen, da so eine zu hohe Genauigkeit in dieser frühen Entwicklungsphase suggeriert werden könnte.

Wie in Bild 4-15 zu erkennen ist, werden mehrere kundenrelevante Produkteigenschaften in unterschiedlichen Szenarien mit einer erhöhten Änderungskritikalität bewertet. So weist beispielsweise die neue Produkteigenschaft *Smart Control* insbesondere in *Szenario 2* und *4* eine sehr hohe Änderungskritikalität auf, da hier die Notwendigkeit einer digitalen Anbindung und Steuerung mit einer hohen Wahrscheinlichkeit und mit hohen Änderungsauswirkungen einhergeht. Im *Szenario 5* wird insbesondere der *Einstellbereich* als besonders änderungskritische kundenrelevante Produkteigenschaft eingestuft, da hier durch die zunehmende Wichtigkeit der Kreislaufwirtschaft deutlich größere Einstellbereiche zur flexibleren Druckminderung notwendig erscheinen. Aber auch in *Szenario 1* und *2* wird erwartet, dass sich der *Einstellbereich* mit einer relativ hohen Wahrscheinlichkeit und mit erhöhten Auswirkungen auf die Produktstruktur ändert.

Neben den änderungskritischen Bereichen können auch besonders robuste kundenrelevante Produkteigenschaften mit Hilfe der Visualisierung ermittelt werden. So weist beispielsweise der *Anschluss* in jedem Szenario eine geringe Änderungskritikalität auf und kann demnach als szenariorobust deklariert werden. Aber auch die *Nennweite*, *Baulänge* und *Medium* sind in keinem Szenario als besonders änderungskritisch eingestuft worden, was auf eine hohe Robustheit schließen lässt. Auf Ebene der Szenarien können mit Hilfe der Darstellung ebenfalls zukunftsbezogene Aussagen getroffen werden. So ist in *Szenario 3* beispielsweise keine erhöhte Änderungskritikalität in Bezug auf die kundenrelevanten Produkteigenschaften zu erwarten. Dieses Szenario braucht im Rahmen der weiteren Analyse demzufolge nicht weiter berücksichtigt werden.

Die finale Auswahl der änderungskritischen marktseitigen Änderungstreiber erfolgt abschließend durch die gesamtheitliche Betrachtung aller szenarioübergreifenden Änderungskritikalitäten. Hierbei gilt, dass die Produkteigenschaften, die in vielen Szenarien als besonders änderungskritisch eingestuft werden, auch mit in den CAM übernommen werden sollten. Die Entscheidung ist jedoch immer in Abhängigkeit vom jeweiligen Anwendungsfall sowie den zur Verfügung stehenden Ressourcen zu treffen, da mit jeder änderungskritischen Produkteigenschaft auch ein erhöhter Umgestaltungsaufwand einhergeht. Im Zweifel sollten aber zunächst eher mehr Kandidaten ausgewählt und dann im weiteren Verlauf der Methodenanwendung reduziert werden. Im vorliegenden Anwendungsbeispiel werden *Nenndruck*, *Einstellbereich* und *Smart Control* aufgrund der hohen Änderungskritikalitäten in mehreren Szenarien als zukünftig änderungskritische marktseitige Änderungstreiber festgelegt. Die möglichen Entwicklungsrichtungen werden für die Aufnahme und Analyse der technischen Merkmale dokumentiert und die ausgewählten änderungskritischen Treiber als Karten auf die linke Ebene des CAM überführt (Bild 4-16).

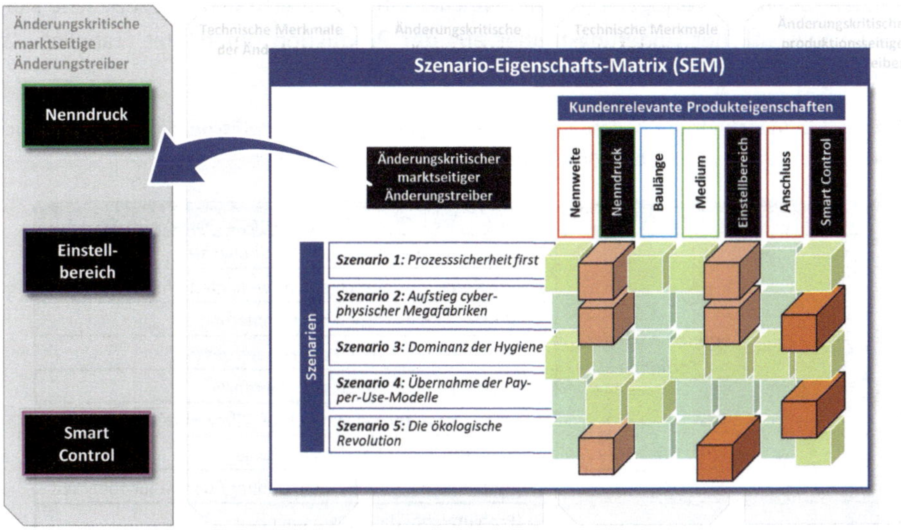


Bild 4-16: Überführung der änderungskritischen marktseitigen Änderungstreiber aus der SEM in den CAM

## 4.5.2 Analyse produktionsseitiger Änderungstreiber

Für die Identifikation und Auswahl der änderungskritischen produktionsseitigen Änderungstreiber werden keine offenen Zukunftsräume in Form von Szenarien aufgespannt, sondern konkrete Entwicklungsrichtungen wesentlicher Einflussgrößen im Rahmen einer *produktionsspezifischen Trendanalyse- und bewertung* ermittelt und evaluiert (Bild 4-17).

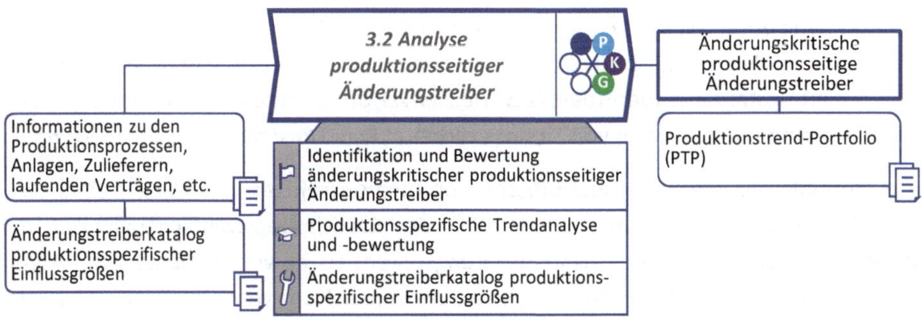


Bild 4-17: Teilschritt 3.2 zur Analyse produktionsseitiger Änderungstreiber

Aufbauend auf den Ergebnissen der empirischen Studie zu den produktionsspezifischen Ursachen nachträglicher Produktänderungen (siehe Kap. 2.2.1) wird ein Katalog mit 105 Einflussgrößen zur Verfügung gestellt, welcher eine dedizierte und fallspezifische Aufnahme wesentlicher Änderungstreiber aus der Produktion unterstützt (Tabelle 4-2) [Gre20b].

Tabelle 4-2: Ausschnitt des Änderungstreiberkatalogs produktionsspezifischer Einflussgrößen zur Auswahl fallspezifischer Änderungsursachen

| Änderungstreiberausprägungen | | | # | Einflussgrößen |
|---|---|---|---|---|
| Produktionsprozessanpassungen | Probleme bei der Herstellung | Probleme bei der Fertigung | 1 | Probleme hinsichtlich der Fertigungsart |
| | | | 2 | Probleme hinsichtlich der verwendeten Werkstoffe |
| | | | 3 | Probleme hinsichtlich der Geometrien |
| | | | 4 | Probleme hinsichtlich der Fügeprozesse |
| | | | 5 | Probleme hinsichtlich der Toleranzen |
| | | | 6 | Probleme aufgrund von Ablauf-/ Prozessfehlern |
| | | | 7 | Sonstige Fehler bei der Fertigung |
| | | Probleme bei der Montage | 8 | Probleme bei dem Bauteilhandling/ der Handhabbarkeit |
| | | | 9 | Probleme bei dem Zusammenbau |
| | | | 10 | Probleme hinsichtlich der Zugänglichkeit |
| | | | 11 | Probleme aufgrund |

Die Einflussgrößen sind dabei den identifizierten Kategorien der empirischen Studie zugeordnet (z.B. *Produktionsprozessanpassungen*) und durchnummeriert, um so eine übersichtliche und nachvollziehbare Zuteilung zu ermöglichen. Der vollständige Katalog mit allen Einflussgrößen ist in Anhang 3 hinterlegt.

Der Katalog wird zu Beginn dieses Teilschrittes durchlaufen und potentielle Einflussgrößen für zukünftige Produktänderungen durch produktionsseitige Anforderungsänderungen für den festgelegten Betrachtungszeitraum ausgewählt. Da die Einflussgrößen in dem Katalog zum Teil generisch formuliert sind (z.B. *Probleme hinsichtlich der Fertigungsart*) werden sie für den jeweiligen Anwendungsfall in Form von produktionsseitigen Änderungstreibern spezifiziert (z.B. *Tiefziehverfahren*) und eine oder mehrere Entwicklungsrichtungen in Form von Trends erarbeitet (z.B. *Umstellung auf Gussverfahren*).

Zur Identifikation der änderungskritischen produktionsseitigen Änderungstreiber werden die Entwicklungsrichtungen hinsichtlich der Realisierungswahrscheinlichkeit, der Änderungsauswirkungen und des Einsparungspotentials bewertet. Da es sich im Vergleich zu den marktseitigen Änderungstreibern zumeist um vom Unternehmen beeinflussbare Änderungsursachen handelt, wird bei der Evaluation der Realisierungswahrscheinlichkeit eine genauere Bewertungsskala in Form von Bandbreiten in Prozenten verwendet. Die qualitative Bewertung der Änderungsauswirkungen erfolgt analog zu den marktseitigen Änderungstreibern. Zusätzlich zu den beiden Kriterien wird zudem das

Einsparungspotential hinsichtlich der zu erwartenden wirtschaftlichen Vorteile für das Unternehmen abgeschätzt.

Für den vorliegenden Anwendungsfall der Druckregelventile werden neun Einflussgrößen aus dem Änderungstreiberkatalog ausgewählt, spezifiziert und hinsichtlich der vorgestellten Kriterien bewertet (Tabelle 4-3).

Tabelle 4-3: Auswahl und Bewertung der produktionsseitigen Änderungstreiber

| # | Einflussgrößen | Kurzbeschreibung | Produktionsseitige Änderungstreiber | Entwicklungs-richtung | RW | ÄA | EP |
|---|---|---|---|---|---|---|---|
| *1* | *Probleme hinsichtlich der Fertigungsart* | Tiefziehverfahren verursacht sehr viel Ausschuss und soll substituiert werden | **Tiefziehverfahren** | Umstellung auf Gussverfahren | 80%-90% | +++ | +++ |
| *4* | *Probleme hinsichtlich der Fügeprozesse* | Manuelles Schweißen führt zu nachträglichem Verziehen der Komponenten | **Manuelles Schweißen** | Automatisches Laserschweißen | 70%-80% | + | ++ |
| *28* | *geplante Änderungen der Fertigungs-technologien/-anlagen* | CNC-Bearbeitung, Substitution des Tiefziehverfahrens | **Tiefziehverfahren** | Umstellung auf Gussverfahren | 80%-90% | +++ | +++ |
| *28* | *geplante Änderungen der Fertigungs-technologien/-anlagen* | Aus dem Vollen Fräsen ist zu kostenintensiv und qualitativ nicht hochwertig genug | **Aus dem Vollen Fräsen** | 3D-Druck | 70%-80% | ++ | ++ |
| *35* | *zu lange Lieferzeiten für Zukaufteile/Halbzeuge* | Membran-Halbzeuge sind häufig Langläufer | **Zukauf Membran-Halbzeuge** | Lieferantenwechsel der Membran-Halbzeuge | 30%-40% | o | ++ |
| *49* | *Abkündigungen von Komponenten/ Auslaufende Verträge* | Vertrag mit Feder-Zulieferer läuft aus | **Zukauf Feder** | Eigenproduktion | 60%-70% | + | ++ |
| *52* | *Geplante Erhöhung/Reduzierung der Fertigungstiefe* | Kegelsitze sind deutlich günstiger im Einkauf | **Eigenproduktion Kegelsitzes** | Zukauf Kegelsitz | 70%-80% | o | o |
| *53* | *Geplante Änderungen bzgl. des Outsourcings* | Membran-Zuschnitt soll extern gefertigt werden | **Eigenproduktion Membran-Zuschnitte** | Zukauf Membran | 70%-80% | o | o |
| *133* | *Forschungsergebnisse aus Ful-Förderungen* | Geplantes Forschungsprojekt zur ressourceneffizienten Fertigung | **Ressourcen-effizientere Produktion** | Ressourcen-effizientere Produktion | 10%-20% | ++ | +++ |

***RW**: Realisierungswahrscheinlichkeit; **ÄA**: Änderungsauswirkungen; **EP**: Einsparungspotential*
***+++**: hoch; **++**: eher hoch; **+**: eher gering; **o**: gering*

Es können sich auch produktionsrelevante Produkteigenschaften wiederholen (z.B. *Tiefziehverfahren*), was aufgrund der inhaltlichen Überschneidung durch eine möglichst fallunabhängige Formulierung der Einflussgrößen nicht auszuschließen ist. Kommen produktionsrelevante Eigenschaften häufiger vor, kann dies ebenfalls einen Hinweis auf eine erhöhte Änderungskritikalität geben.

Zur finalen Auswahl änderungskritischer produktionsseitiger Änderungstreiber werden die bewerteten Kriterien im *Produktionstrend-Portfolio (PTP)* visualisiert (Bild 4-18). Diese Darstellung ist an das *Trendportfolio* (siehe Kap. 3.2.2) angelehnt, wobei im vorliegenden Fall nicht die Auswirkungen auf das gesamte Unternehmen sondern die

Änderungsauswirkungen auf die betrachtete Produktfamilie abgebildet werden. Das ermöglicht eine gezielte Auswahl der änderungskritischen produktionsseitigen Änderungstreiber, welche für eine zukunftsrobuste modulare Produktstrukturgestaltung berücksichtigt werden sollten. Diese befinden sich gemäß der Einteilung im Trendportfolio im oberen, rechten Bereich der Darstellung und sollten proaktiv aufgegriffen werden. Je größer demnach die Änderungsauswirkungen und Realisierungswahrscheinlichkeit ist, desto höher ist auch die Änderungskritikalität des Produktionstrends.

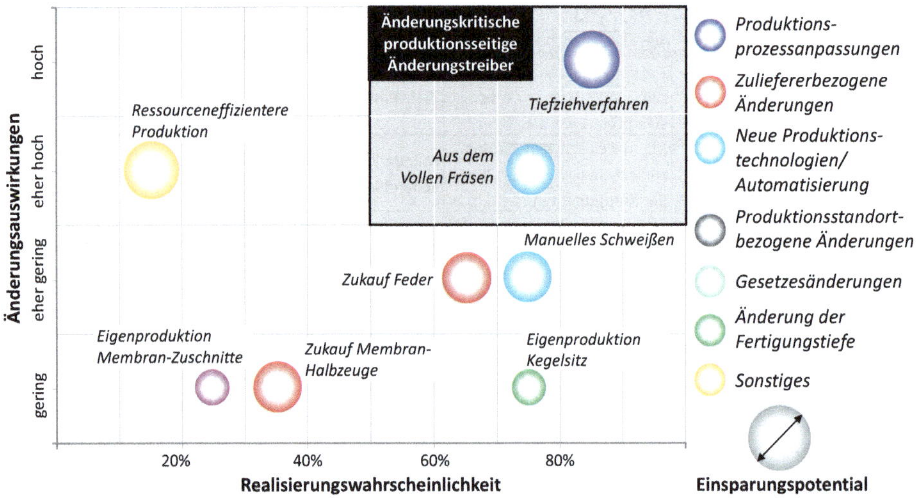


Bild 4-18: Produktionstrend-Portfolio (PTP) zur Bestimmung der änderungskritischen produktionsseitigen Änderungstreiber

Für den Druckregelventilhersteller werden das *Tiefziehverfahren* und *Aus dem Vollen Fräsen* als änderungskritische produktionsseitige Änderungstreiber ermittelt. Das Tiefziehverfahren ist dabei als besonders änderungskritisch eingestuft worden, da es zum einen nicht das wirtschaftlichste Fertigungsverfahren auf dem Markt ist, sondern zum anderen auch zu einem vermehrten Ausschuss und sogar zu einer verminderten Produktqualität führt. Grund hierfür ist, dass bei dem anschließenden Schweißprozess dem tiefgezogenen Material wieder Wärme zugeführt wird und es sich deshalb häufig verziehen kann. Die Substitution des Tiefziehverfahrens bietet hier demnach großes Einsparungspotential.

Die änderungskritischen produktionsseitigen Änderungstreiber werden für die anschließende Analyse der technischen Merkmale als Karten auf die rechte Ebene des CAM überführt (Bild 4-19).

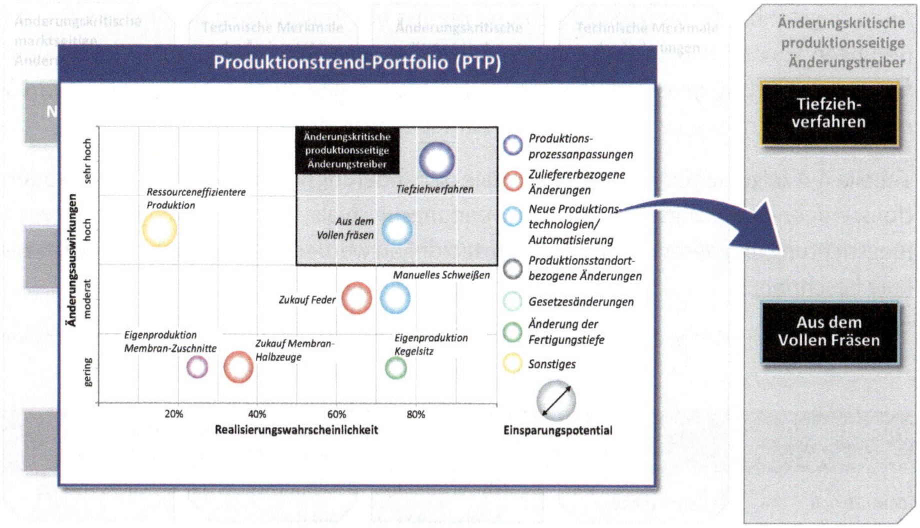


Bild 4-19: Überführung der änderungskritischen produktionsseitigen Änderungstreiber aus dem PTP in den CAM

### 4.5.3 Analyse der Änderungsauswirkungen auf die Produktstruktur

Die Übertragung der änderungskritischen Änderungstreiber aus Markt- und Produktionssicht auf die Produktstruktur erfolgt mit Hilfe von technischen Merkmalen über die beiden Zwischenebenen im CAM. Die technischen Merkmale der Änderungen werden in diesem Schritt bestimmt und hinsichtlich der möglichen Änderungsauswirkungen auf die Produktstruktur untersucht (Bild 4-20).

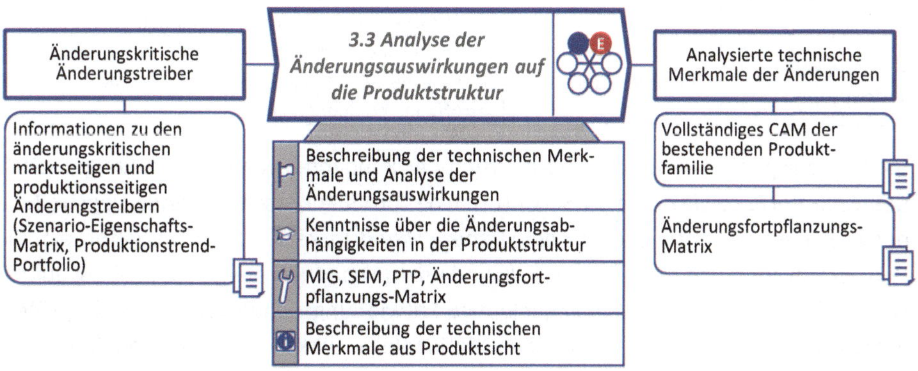


Bild 4-20: Teilschritt 3.3 zur Analyse der Änderungsauswirkungen auf die Produktstruktur

Wichtig bei der Formulierung der technischen Merkmale ist es, dass eindeutig die Änderungen aus Produktsicht wiedergeben werden und eine direkte Beeinflussung durch die Entwicklungsingenieure möglich ist. Dabei sind eventuelle Entwicklungsrichtungen der

Änderungstreiber zu berücksichtigen und die Art der Änderung zu bestimmen. Die Änderungen können dabei sowohl durch *technische Parameter*, wie z.B. Gewicht, Durchflussmenge, Druck, *geometrische Abmaße*, wie z.B. Länge, Durchmesser, Winkel, *farbliche Merkmale* oder auch *Materialien* beschrieben werden.

Tabelle 4-4 zeigt die technischen Merkmale der änderungskritischen markt- und produktionsseitigen Änderungstreiber des Anwendungsbeispiels. Zur Erläuterung der Entwicklungsrichtung und deren technischen Umsetzungen werden die Merkmale in der Tabelle kurz beschrieben.

Tabelle 4-4: Beschreibung der technischen Merkmale der Änderungen für die änderungskritischen Änderungstreiber aus Markt- und Produktionssicht

| Änderungskritische Änderungstreiber | Technische Merkmale der Änderungen | Beschreibung des technischen Merkmals |
|---|---|---|
| ***Nenndruck*** | Wandstärke | Die Erhöhung des Nenndrucks erfordert eine erhöhte Wandstärke des Gehäuses. |
| ***Einstellbereich*** | Durchmesser Gehäuseöffnung | Größere Einstellbereiche erfordern eine Anpassung des Durchflusskoeffizients $K_V$, welcher abhängig vom Gehäuseöffnungsdurchmesser ist. |
| | Federsteifigkeit | Die Erweiterung des Einstellbereichs wird durch eine Anpassung der Federsteifigkeit ermöglicht. |
| | Federdurchmesser | Bei einer Erweiterung des Einstellbereichs kann sich der Federdurchmesser vergrößern. |
| ***Smart Control*** | Anschluss Drucksensor | Zur digitalen Druckmessung soll in Zukunft ein Drucksensor im Inneren des Gehäuses am Sitzstück verbaut werden. |
| ***Tiefziehverfahren*** | Wandstärke | Die Umstellung auf ein Gussverfahren erfordert im Vergleich zu den umgeformten Blechen höhere Wandstärken mit gussgerechten Geometrien. |
| ***Aus dem Vollen Fräsen*** | 3D-Druckbarkeit | Die Umstellung auf ein additives Fertigungsverfahren erfordert die 3D-Druckgerechte Gestaltung der betroffenen Komponenten. |

So wird beispielsweise durch die Änderung der kundenrelevanten Produkteigenschaft des *Nenndrucks* sowie durch die Substitution des produktionsseitigen Änderungstreibers des *Tiefziehverfahrens* in Zukunft eine höhere *Wandstärke* des Gehäuses gefordert. Die Entwicklungsrichtung ist in diesem Fall eindeutig (*Nenndruck* steigt; Umstellung auf ein *Gussverfahren*). Treten jedoch gegenläufige Entwicklungsrichtungen auf, ist zu prüfen, inwiefern sich diese auf die technischen Merkmale auswirken und ob weitere Merkmale definiert werden müssen, um alle Änderungsrichtungen zu beschreiben.

Für neue kundenrelevante Produkteigenschaften, die in der bestehenden Produktfamilie bisher nicht umgesetzt wurden, gilt es ein Wirkprinzip als Referenz auszuwählen. Das ist insbesondere bei neuen Ausprägungen von kundenrelevanten Produkteigenschaften der Fall, die in Zukunft beispielsweise als Option hinzugefügt werden sollen. Hier kann das Beispiel des *Smart Control* angeführt werden, welches als neue Option im Rahmen der Szenariobewertung identifiziert wurde. Als Referenzprinzip wird hier die technische Umsetzung der Absolutdruckmessung mit Hilfe eines *Drucksensors* im Inneren des Ventils gewählt und mit *Anschluss Drucksensor* das technische Merkmal der optionalen Änderung beschrieben.

Im Anschluss werden die Auswirkungen der Änderungen auf die Komponenten untersucht. Hierzu wird die *Änderungsfortpflanzungs-Matrix* bereitgestellt, in der die Änderungsabhängigkeiten der technischen Merkmale zu den Komponenten der Produktfamilie bewertet und der Grad der jeweiligen Änderungsausbreitung bestimmt werden (Bild 4-21).

■ direkte Änderung
1 indirekte Änderung
0 keine Änderung

| Technische Merkmale der Änderungen | Anschlussstück (As) | Bügelbolzen (Bb) | Bügel (Bü) | Anschlussmuffe (Am) | Feder (Fe) | Federhaube (Fh) | Federteller (Ft) | Flansch (Fl) | Gehäuse (Ge) | Kegel (Ke) | Membrane (Me) | Membrangehäuse (Mg) | Profilschelle (Ps) | Reduzierbuchse Einlass (Re) | Reduzierbuchse Auslass (Ra) | Steuerleitungsanschluss (Sa) | Stellschraubendichtung (Sd) | Sitzstück (Si) | Stellschraube (St) | Verschlussschraube (Vs) | Sensor (S) | Absolute Anzahl der indirekt betroffenen Komponenten | Relativer Anteil bezogen auf die Gesamtkomponentenanzahl -1 |
|---|---|---|---|---|---|---|---|---|---|---|---|---|---|---|---|---|---|---|---|---|---|---|---|
| Wandstärke | 0 | 0 | 0 | 1 | 0 | 0 | 0 | 0 | ■ | 0 | 0 | 1 | 1 | 0 | 0 | 0 | 0 | 0 | 0 | 0 | 0 | 3 | 15% |
| Durchmesser Gehäuseöffnung | 0 | 0 | 0 | 0 | 0 | 0 | 0 | 1 | ■ | 1 | 0 | 0 | 0 | 1 | 0 | 0 | 0 | 1 | 0 | 1 | 0 | 5 | 25% |
| Durchmesser Gehäuseöffnung | 0 | 0 | 0 | ■ | 0 | 0 | 0 | 1 | 0 | 0 | 0 | 0 | 0 | 0 | 0 | 0 | 0 | 1 | 0 | 0 | 0 | 2 | 10% |
| Federsteifigkeit | 0 | 0 | 0 | 0 | ■ | 0 | 0 | 0 | 0 | 0 | 0 | 0 | 0 | 0 | 0 | 0 | 0 | 0 | 0 | 0 | 0 | 0 | 0% |
| Federdurchmesser | 0 | 0 | 0 | 0 | ■ | 0 | 1 | 0 | 0 | 0 | 0 | 0 | 0 | 0 | 0 | 0 | 0 | 0 | 0 | 0 | 0 | 1 | 5% |
| Federdurchmesser | 0 | 1 | 0 | 0 | 0 | ■ | 0 | 0 | 1 | 0 | 1 | 1 | 1 | 1 | 0 | 0 | 0 | 1 | 0 | 0 | 0 | 7 | 35% |
| Sensoranschluss Sitzstück | 0 | 0 | 1 | 0 | 1 | 0 | 0 | 0 | 0 | 1 | 0 | 0 | 0 | 0 | 0 | 0 | 0 | ■ | 0 | 1 | 0 | 4 | 20% |
| Sensoranschluss Sitzstück | 0 | 0 | 0 | 0 | 0 | 0 | 0 | 0 | ■ | 0 | 0 | 0 | 0 | 0 | 0 | 0 | 0 | 0 | 0 | 0 | 0 | 0 | 0% |
| Sensoranschluss Sitzstück | 0 | 0 | 0 | 0 | 0 | 0 | 0 | 0 | 0 | 0 | 0 | 0 | 0 | 0 | 0 | 0 | 0 | 0 | 0 | 0 | ■ | 0 | 0% |
| 3D-Druckbarkeit | 0 | 0 | 0 | ■ | 0 | 0 | 0 | 0 | 0 | 1 | 0 | 0 | 0 | 1 | 0 | 0 | 0 | 0 | 0 | 1 | 0 | 3 | 15% |
| 3D-Druckbarkeit | 0 | 0 | 0 | 0 | 0 | 0 | 0 | 0 | 0 | 1 | 0 | 0 | 0 | 0 | 0 | 0 | 0 | ■ | 0 | 1 | 0 | 2 | 10% |

(Spaltengruppe Anschlussstück (As) bis Sensor (S): Komponenten)

Bild 4-21: Änderungsfortpflanzungs-Matrix zur Bestimmung der Änderungsauswirkungen auf die Komponenten der Produktfamilie

Die Änderungsabhängigkeiten können dabei direkt (schwarz), indirekt (1) und nicht vorhanden (0) sein. Diese Unterteilung ist notwendig, um zwischen den daraus resultierenden Änderungsauswirkungen differenzieren zu können und die spätere Umgestaltung auf Ebene der technischen Merkmale der Änderungen sowie der Komponenten zur Erhöhung der Zukunftsrobustheit zu unterstützen.

Bei einer *direkten Änderungsabhängigkeit* werden unmittelbare Anpassungen an der betroffenen Komponente nötig. So hat beispielsweise eine Änderung der *Wandstärke* oder des *Durchmessers der Gehäuseöffnung* eine direkte Änderungsauswirkung auf das *Gehäuse*. Diese unmittelbar betroffenen Komponenten werden als **änderungskritisch** bezeichnet.

Die direkten Auswirkungen auf die Komponenten können aber auch Folgeänderungen innerhalb der Produktstruktur nach sich ziehen. Dies wird durch die *indirekte Änderungsabhängigkeit* indiziert. So müssen bei einer Erhöhung der *Wandstärke* und somit auch des Außendurchmessers des *Gehäuses* alle geometrisch abhängigen Komponenten ebenfalls angepasst werden - wie in diesem Fall die *Anschlussmuffe*, das *Membrangehäuse* und die *Profilschelle*. Somit pflanzt sich die direkte geometrische Änderung des *Gehäuses* auf insgesamt drei weitere Komponenten fort.

Da sich einzelne technische Merkmale der Änderungen auch auf mehrere Komponenten direkt auswirken, aber zu unterschiedlichen Folgeänderungen innerhalb der Produktstruktur führen können, werden in der Änderungsfortpflanzungs-Matrix alle direkten Änderungsabhängigkeiten durch ein technisches Merkmal einer Änderung separat erfasst. Bei einem größeren *Durchmesser der Gehäuseöffnung* wird beispielsweise neben dem *Gehäuse* auch eine direkte Änderung der *Anschlussmuffe* verursacht, was unterschiedliche indirekte Auswirkungen in der Produktstruktur nach sich ziehen kann. So pflanzt sich eine Änderung der *Anschlussmuffe* nur auf den *Flansch* und das *Sitzstück* fort, während eine Änderung des *Gehäuses* auf insgesamt fünf Komponenten abstrahlt und eine höhere Änderungsausbreitung nach sich zieht.

Um die Änderungsfortpflanzung ermitteln und später im CAM visualisieren zu können, werden die Absolut- sowie Relativwerte der indirekt zu ändernden Komponenten für jede direkte Änderung bestimmt. Der relative Anteil der zu ändernden Komponenten in Relation zur Gesamtanzahl der Komponenten (Bild 4-21, rechts) bildet dabei das qualitative Maß für die Änderungsfortpflanzung ab und wird zur vereinfachten Darstellung in eine drei-stufige Skala überführt. Hier kann zwischen einer geringen (0-10%), einer moderaten (11-20%) sowie einer hohen Änderungsausbreitung (ab 21%) unterschieden werden. Die Einordnung der Änderungsfortpflanzungsstärke kann jedoch auch fallspezifisch angepasst und mit dem unterschiedlichen Aufwand zur Änderung der betroffenen Komponenten kombiniert werden. Dabei wird anstatt einer einfachen Bewertung (1 oder 0) eine mehrstufige Skala zur Darstellung der Änderungsumfänge empfohlen, wie z.B. bei MARTIN & ISHII (siehe Kap. 3.3.2). In dem Anwendungsbeispiel weist eine mögliche Änderung der änderungskritischen *Federhaube* aufgrund eines veränderten *Federdurchmessers* die größte Änderungsfortpflanzung auf (35%). Hier müsste beim Eintreten der Änderung gut jede dritte Komponente der Produktfamilie ebenfalls angepasst werden.

Die Informationen der änderungskritischen Komponenten sowie die Stärke der Änderungsfortpflanzung werden in den CAM überführt und somit das Modell vervollständigt (Bild 4-21).

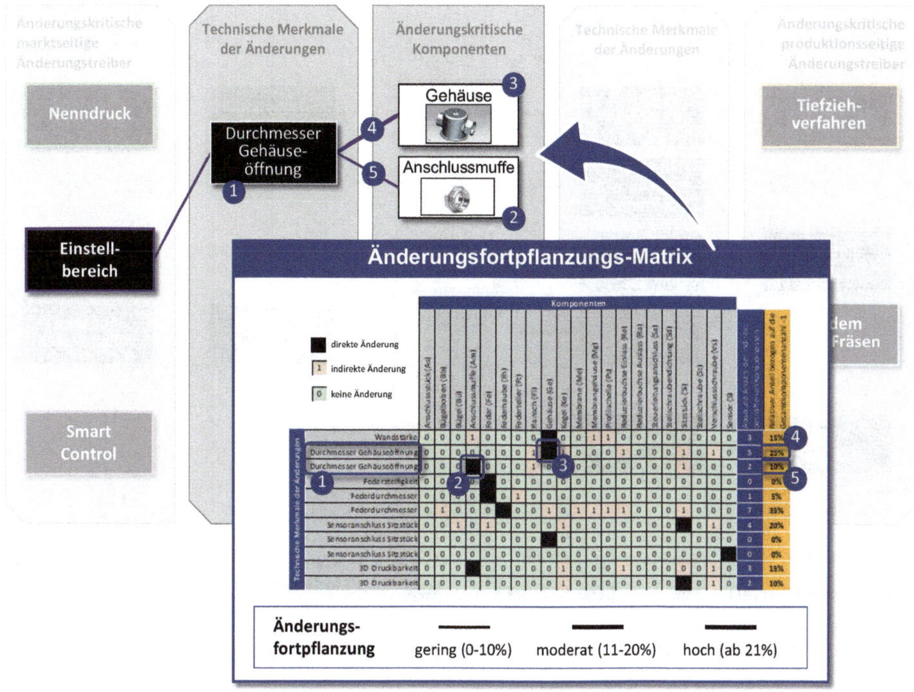


Bild 4-22: Überführung der änderungskritischen Komponenten und der Stärke der Änderungsfortpflanzung durch die technischen Merkmale der Änderungen in den CAM

## 4.5.4 Zusammenfassende Darstellung im Change Allocation Model

In Bild 4-23 ist das vollständige *Change Allocation Model* für das Anwendungsbeispiel abgebildet. Es beinhaltet die wesentlichen zukünftigen und nachträglichen Anforderungsänderungen aus Markt- und Produktionssicht und visualisiert deren direkte sowie indirekte Änderungsauswirkungen auf die bestehende Komponentenvielfalt der Produktfamilie.

Im Fall der Druckregelventile liegen insgesamt sechs Komponenten vor, welche durch drei änderungskritische marktseitige bzw. zwei produktionsseitige Änderungstreiber direkt beeinflusst werden. Besonders betroffen ist dabei das standardisierte *Gehäuse*, welches von vier unterschiedlichen änderungskritischen Änderungstreibern beeinflusst wird. Die *Wandstärke* ist dabei ein technisches Merkmal, welches sowohl bei einer zukünftigen Änderung des *Nenndrucks* sowie einer nachträglichen Änderung des *Tiefziehverfahrens* zu Anpassungen an dem *Gehäuse* führen kann. Die Fortpflanzung ist bei der Änderung der standardisierten *Federhaube* aufgrund des *Federdurchmessers* sowie bei der Änderung des *Gehäuses* aufgrund des *Durchmessers der Gehäuseöffnung* am größten, wohingegen bei den änderungskritischen Komponenten der *Anschlussmuffe*, der *Feder* sowie des *Sensors* keine oder nur geringe indirekte Auswirkungen zu erwarten sind.

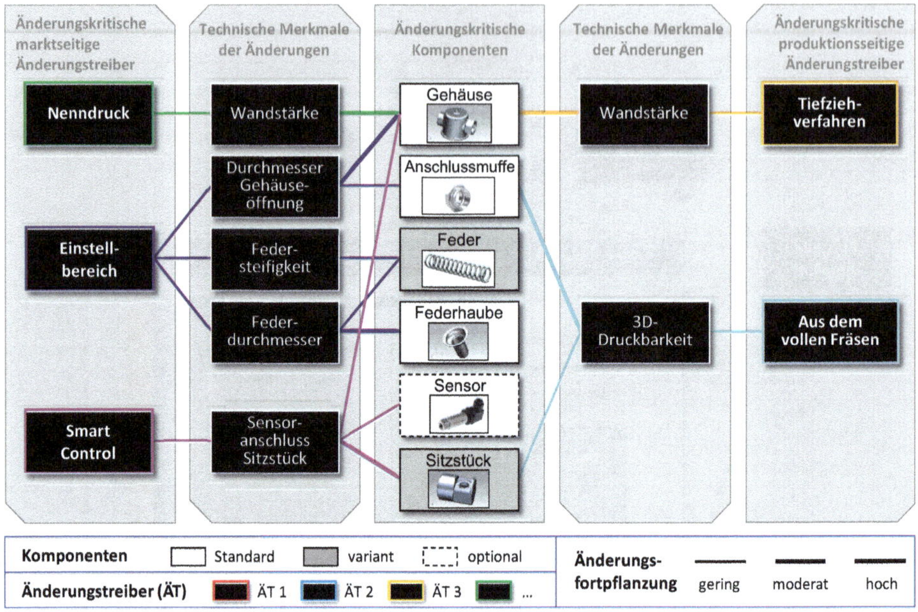


Bild 4-23: Darstellung der änderungsinduzierten Variantenvielfalt im CAM

Der CAM wird im vierten Schritt dazu genutzt, um die Handlungsschwerpunkte im Kontext der Zukunftsrobustheit zu identifizieren und diese durch den gezielten Einsatz von Gestaltungsmaßnahmen zu erhöhen.

## 4.6 Umgestaltung zur Erhöhung der Zukunftsrobustheit

In diesem Schritt werden auf Basis der visualisierten Änderungsabhängigkeiten im CAM die Produktstruktur umgestaltet und alternative Lösungskonzepte zur Erhöhung der Zukunftsrobustheit erarbeitet (Bild 4-24).

Bild 4-24: Schritt 4 der Umgestaltung zur Erhöhung der Zukunftsrobustheit

Zur Unterstützung der Lösungssuche werden zukunftsrobuste Gestaltungsmaßnahmen für die verschiedenen Ebenen im CAM bereitgestellt. Ziel bei der Umgestaltung ist es, die Änderungsabhängigkeiten zu möglichst vielen änderungskritischen Komponenten aufzulösen. So sollen die nachteiligen Änderungsauswirkungen reduziert und ein Anstieg der internen Variantenvielfalt vermieden werden. Der Zielzustand einer zukunftsrobusten Produktstruktur kann demzufolge mit einem CAM abgebildet werden, welches möglichst wenig Änderungsabhängigkeiten mit geringer Änderungsausbreitung sowie änderungskritischen Komponenten enthält (Bild 4-25).

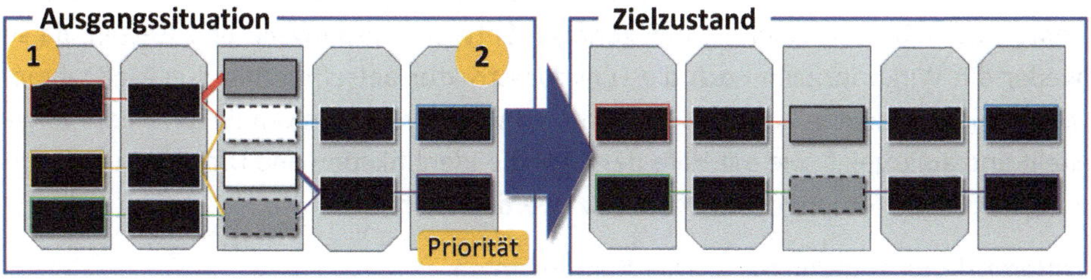


Bild 4-25: Schematischer Ausgangs- und Zielstand bei der Umgestaltung mit Hilfe des CAM

Sind die Auswirkungen der änderungskritischen Änderungstreiber gleichermaßen verteilt, wird eine priorisierte Vorgehensweise bei der Auswahl der zu reduzierenden Änderungsabhängigkeiten empfohlen. Hier sind die änderungskritischen marktseitigen Änderungstreiber den produktionsseitigen Änderungstreibern vorzuziehen, da deren Adressierung trotz einer höheren Unsicherheit einen umsatzfördernden Kundennutzen generieren kann.

Die Umgestaltung zur Erhöhung der Zukunftsrobustheit erfolgt auf unterschiedlichen Ebenen im CAM und somit auch auf unterschiedlichen Stufen der Produktentwicklung. Im Folgenden werden die Gestaltungsmaßnahmen vom Konkreten zum Abstrakten vorgestellt. Dabei wird für jede Ebene erläutert, wie die Handlungsschwerpunkte im CAM zu identifizieren sind und welche Maßnahmen zur Erhöhung der Zukunftsrobustheit genutzt werden können. Das Ergebnis der Umgestaltung stellen die erarbeiteten zukunftsrobusten Produktstrukturkonzeptalternativen dar.

### 4.6.1 Lösungssuche auf Ebene der änderungskritischen Komponenten

Die Lösungssuche auf der Ebene der änderungskritischen Komponenten schafft die Basis für ein zukunftsrobustes Konzept, welches vorrangig durch Anpassungskonstruktionen realisiert werden kann. Ziel ist es dabei, die änderungskritischen Komponenten so anzupassen, dass sie möglichst wenig Abhängigkeiten zu technischen Merkmalen mit einer hohen Änderungsausbreitung aufweisen. Hierbei sollten insbesondere die standardisierten Komponenten fokussiert werden, da deren Anpassung eine Änderung in allen

Produktvarianten nach sich ziehen könnte. Folgende drei Gestaltungsmaßnahmen werden auf Komponentenebene bereitgestellt:

- **Differenzieren änderungskritischer Komponenten,**
- **Integrieren änderungskritischer Komponenten,**
- **Überdimensionieren änderungskritischer Komponenten.**

Die iterative Umsetzung der drei Maßnahmen ermöglicht es, alternative zukunftsrobuste Lösungskonzepte für die betrachtete Produktfamilie abzuleiten. Die entstehenden Konzepte sind dabei mit einem relativ geringen Entwicklungsaufwand umzusetzen, da sie weder die Wirkprinzipien noch die Funktionsstruktur betreffen. Die drei Maßnahmen werden im Folgenden am Anwendungsbeispiel der Druckregelventile detailliert vorgestellt und aufgezeigt, wie mit Hilfe des CAM die Identifikation und Umgestaltung änderungskritischer Komponenten unterstützt werden kann.

**Differenzieren änderungskritischer Komponenten**

Das Ziel dieser Maßnahme ist es, mit Hilfe der *Differentialbauweise* die Abhängigkeiten von änderungskritischen Komponenten zu den zukünftigen und nachträglichen Änderungseinflüssen zu reduzieren. Hier sind insbesondere die Komponentenmerkmale zu berücksichtigen, welche durch die technischen Merkmale der Änderungen beeinflusst werden.

Im Beispiel der Produktfamilie der Druckregelventile stellen die Abhängigkeiten des standardisierten *Gehäuses* einen typischen Handlungsschwerpunkt dar, der mittels der Differentialbauweise adressiert werden kann. Hier bestehen mehrere Änderungsabhängigkeiten zu unterschiedlichen Änderungstreibern mit erhöhter Änderungsausbreitung (Bild 4-26, oben). Insbesondere die Änderung des *Durchmessers der Gehäuseöffnung* hat in dem Beispiel große Änderungsauswirkungen zur Folge, da hier viele innenliegende Komponenten des *Gehäuses* angepasst werden müssen. Diese Information geht nicht direkt aus dem CAM hervor, wird aber durch das Hinzuziehen des MIG (vgl. Bild 4-8) der betrachteten Produktfamilie ergänzt.

Um die Abhängigkeiten zu unterschiedlichen Änderungen der technischen Merkmale zu lösen, wird das *Gehäuse* in dem Beispiel aufgeteilt und die geometrischen Änderungen des *Gehäuseöffnungsdurchmessers* in Form eines *Adapters* ausgelagert. Diese Lösung sieht zwar die Entwicklung einer neuen Komponente vor, löst aber die Abhängigkeit des *Gehäuses* von den Änderungen des *Einstellbereichs*. Somit wird der Änderungseinfluss in Zukunft auf ein einfaches Bauteil begrenzt und die Änderungsausbreitung reduziert (Bild 4-26, unten).

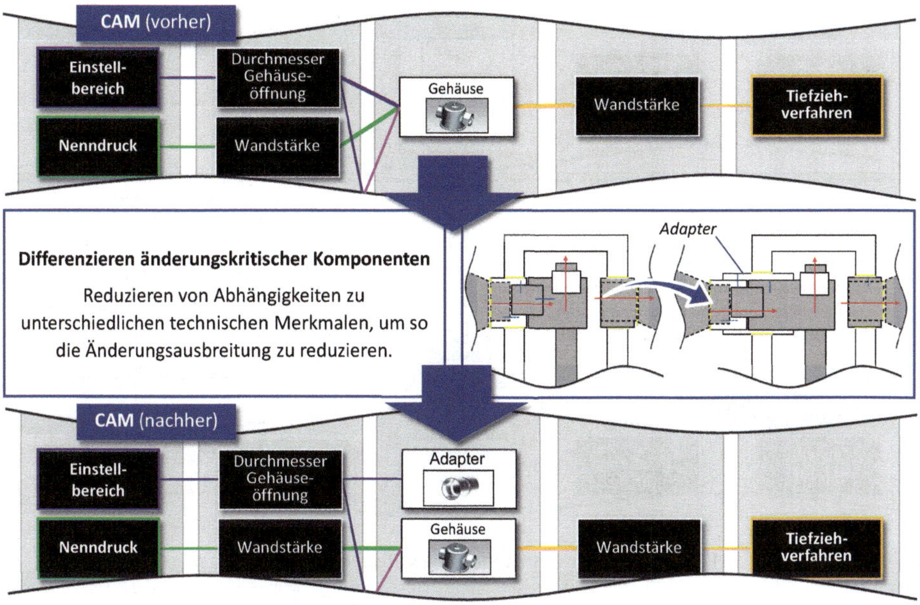


Bild 4-26: Differenzieren änderungskritischer Komponenten

## Integrieren änderungskritischer Komponenten

Diese Maßnahme hat zum Ziel, mehrere änderungskritische Komponenten mit Hilfe der *Integralbauweise* zu vereinen. Dies ist zu empfehlen, wenn mehrere änderungskritische Komponenten den gleichen Bezug zu einem technischen Merkmal einer Änderung haben und innerhalb der Produktstruktur räumlich verbunden sind. Somit können die Änderungsabhängigkeiten gebündelt und die Änderungsausbreitung minimiert werden.

Im Beispiel der Druckregelventile wird die Maßnahme für die neue Komponente des *Adapters* und der *Anschlussmuffe* durchgeführt. Beide variante Komponenten weisen die gleiche geometrische Änderungsabhängigkeit in Form des *Durchmessers der Gehäuseöffnung* auf und liegen räumlich nah beieinander (Bild 4-27).

Durch die Integration der *Anschlussmuffe* in den *Adapter* werden zukünftig sowohl die Anschlussmöglichkeiten durch den Außendurchmesser, als auch die Reduzierung des Durchflusses durch den Innendurchmesser der *Anschlussmuffe* realisiert. Diese technische Lösung ermöglicht es, die Änderungsabhängigkeiten zu reduzieren und gleichzeitig eine Komponente einzusparen.

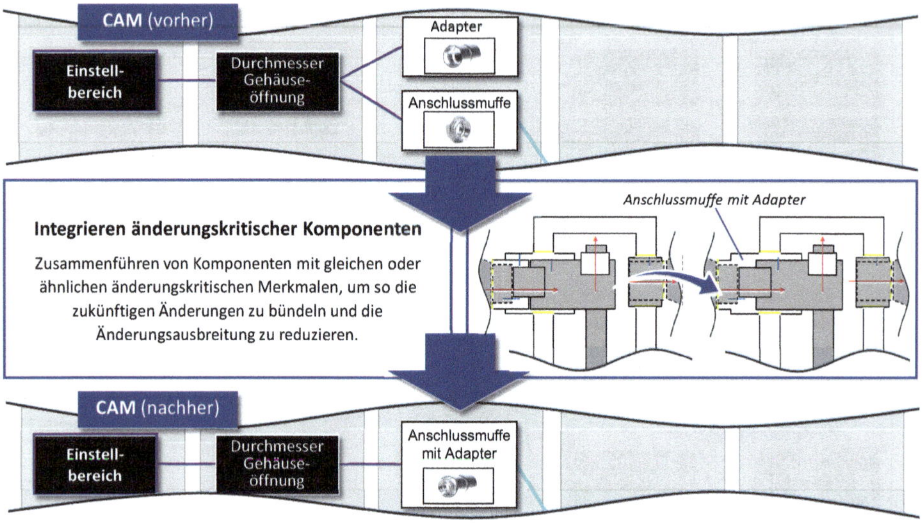


Bild 4-27: Integrieren änderungskritischer Komponenten

Die Maßnahme der Integration ist insbesondere bei Standardkomponenten zu empfehlen, da hier keine Beeinflussung von aktuell differenzierenden Produkteigenschaften zu erwarten ist. Bei der Integration von varianten Komponenten ist zu überprüfen, inwiefern dadurch die geforderte Angebotsvielfalt beeinflusst wird, z.B. mit dem *Variety Allocation Model* (siehe Kap. 3.1.4).

### Überdimensionieren änderungskritischer Komponenten

Diese Maßnahme wird zumeist angewandt, um zukünftige oder nachträgliche Änderungen bereits vorwegzunehmen und somit spätere Änderungsaufwände zu vermeiden bzw. einzugrenzen. Eine Überdimensionierung änderungskritischer Komponenten wird vor allem dann empfohlen, wenn die Änderungsausbreitung als besonders hoch eingestuft wird oder wenn gleiche technische Merkmale mehrmals auftreten und somit mehrere Änderungsabhängigkeiten mit nur einer Anpassung eliminiert werden können.

Im Anwendungsbeispiel ist Letzteres der Fall. Hier wurden durch die Maßnahme der *Differenzierung* die Abhängigkeiten zu änderungskritischen Komponenten soweit gelöst, dass das *Gehäuse* nur noch von den Änderungen des *Nenndrucks* sowie von dem änderungskritischen produktionsseitigen Änderungstreiber des *Tiefziehverfahrens* abhängt. Beide Änderungstreiber führen dabei zu den gleichen Änderungen auf Ebene der technischen Merkmale, sodass hier Synergien zur Überdimensionierung vorliegen (Bild 4-28, oben).

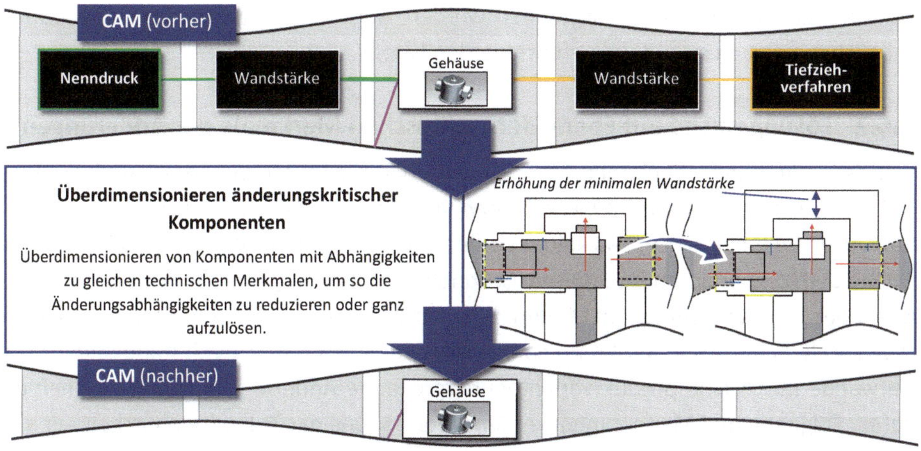


Bild 4-28: Überdimensionieren änderungskritischer Komponenten

Um die Änderungsabhängigkeiten auf beiden Seiten gleichzeitig zu eliminieren, wird die *minimale Wandstärke* des *Gehäuses* bei der Umgestaltung erhöht und somit die Komponente überdimensioniert. Diese Lösung hat zur Folge, dass die Änderungsabhängigkeiten des Standardbauteils des *Gehäuses* sowohl von den änderungskritischen marktseitigen als auch produktionsseitigen Änderungstreibern aufgelöst werden und diese aus dem CAM verschwinden (Bild 4-28, unten). Analog zur vorherigen Maßnahme gilt auch hier, dass die Anpassung nur vorgenommen werden sollte, wenn sie nicht vom Kunden wahrgenommen und die externe Variantenvielfalt dadurch nicht eingeschränkt wird. Das ist insbesondere bei den varianten Komponenten einer Produktfamilie zu beachten. Zudem führt eine Überdimensionierung von Komponenten oftmals zu einer Erhöhung der Herstellkosten, was bei der abschließenden Bewertung der entwickelten Produktstrukturalternativen berücksichtigt werden sollte.

Großes Potential bietet die Maßnahme der Überdimensionierung insbesondere bei der Erhöhung der *Upgradefähigkeit* einer Produktstruktur. So können beispielsweise Schnittstellen überdimensioniert werden, um nachträglich eine einfachere Integration von Komponenten zu ermöglichen. Dadurch wird das Entwicklungsrisiko maßgeblich reduziert, da die Änderungen nur vorgeplant und nicht direkt umgesetzt werden müssen. Zudem kann bei technologiegetriebenen Änderungen eine parallele Weiterentwicklung der Technologie erfolgen.

Im Anwendungsbeispiel der Druckregelventile stellt die neue kundenrelevante Produkteigenschaft des *Smart Control* eine mögliche Änderung dar, die bereits in der Produktfamilie vorgesehen, aber noch nicht umgesetzt werden könnte. Hier können bereits die Anbindungen und Schnittstellen der dafür benötigten *Sensoren* an den davon betroffenen Komponenten vorgesehen werden, damit eine nachträgliche Integration möglichst aufwandsarm durchgeführt werden kann.

### 4.6.2 Lösungssuche auf Ebene der technischen Merkmale der Änderungen

Auf der Ebene der technischen Merkmale werden Maßnahmen bereitgestellt, welche auf eine Umgestaltung von *Wirkelementen* und *-prinzipien* abzielen. Der Initialaufwand zur Umsetzung der hier entwickelten Lösungsansätze ist zumeist deutlich höher als auf Ebene der Komponenten. Aus diesem Grund sind die hier vorgestellten Maßnahmen insbesondere für die technischen Merkmale der Änderungen zu empfehlen, die vergleichsweise viele änderungskritische Komponenten beeinflussen und somit hohe Änderungsaufwände durch eine produktvariantenübergreifende Änderungsfortpflanzung hervorrufen. Folgende drei Maßnahmen werden zur Erhöhung der Zukunftsrobustheit auf dieser Ebene bereitgestellt:

- **Verwenden alternativer und zukunftsfähiger Wirkprinzipien,**
- **Auslagern physischer Änderungen in Software,**
- **räumliches Versetzen von innenliegenden Komponenten.**

Die Lösungssuche auf der Ebene der technischen Merkmale der Änderungen bietet einen großen Hebel zur Erhöhung der Zukunftsrobustheit und ermöglicht es, bereits frühzeitig mögliche technologische Entwicklungstrends zu adressieren und somit zusätzliche, potentielle Wettbewerbsvorteile zu generieren. Bei der Anwendung der Maßnahmen ist jedoch darauf zu achten, dass die entwickelten Lösungen den aktuellen Kundennutzen nicht nachteilig beeinflussen und die langfristigen Vorteile einer zukunftsrobusten Produktstruktur nicht zu Lasten aktueller Bedarfe gehen. Die drei Maßnahmen werden im Folgenden wieder am Beispiel der Produktfamilie der Druckregelventile vorgestellt.

**Verwenden alternativer und zukunftsfähiger Wirkprinzipien**

Diese Maßnahme ist anzuwenden, wenn durch eine zukünftige oder nachträgliche Änderung mehrere technische Merkmale eines vorhandenen Wirkprinzips betroffen sind und viele Änderungsauswirkungen innerhalb der Produktstruktur zu erwarten sind. In dem Anwendungsbeispiel ist dies bei dem Prinzip der Druckfeder zur Variation des *Einstellbereichs* der Fall. Hier müssen in Zukunft deutlich mehr und kleinere Bereiche abgedeckt werden, was dazu führt, dass sowohl die *Federsteifigkeit* als auch der *Federdurchmesser* zukünftig angepasst werden müssen. Dieser Umstand ist auf den ersten Blick nicht besonders kritisch, da die *Feder* als wesentliche betroffene Komponente in der aktuellen Produktfamilie ohnehin als variantes Bauteil vorliegt und für zukünftige Anpassungen des *Einstellbereichs* lediglich ausgetauscht werden müsste. Ab einem bestimmten *Federdurchmesser* muss jedoch auch die standardisierte *Federhaube* angepasst werden, was wiederum viele Änderungen an weiteren Komponenten und demzufolge sehr hohe Änderungsaufwände nach sich ziehen kann (Bild 4-29, oben).

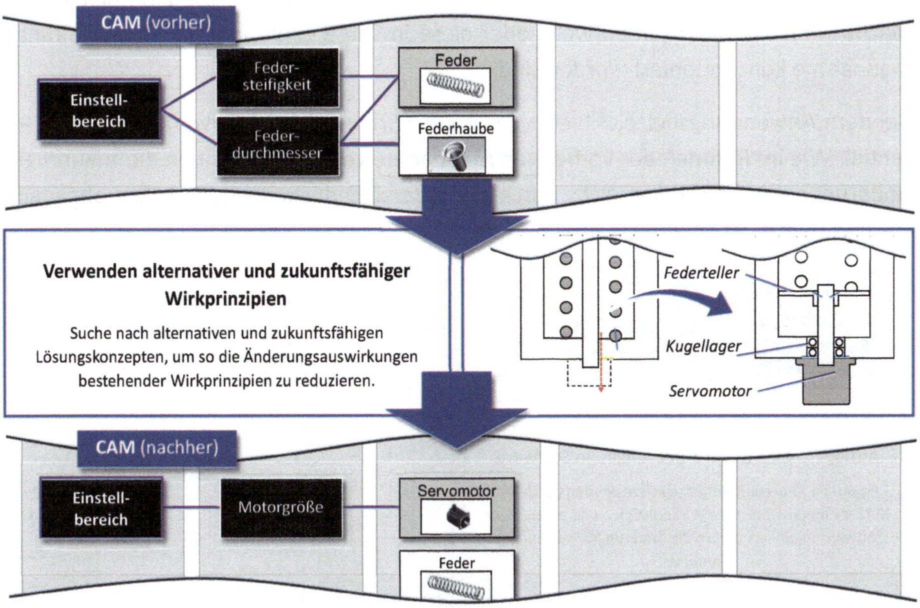


Bild 4-29: Verwenden alternativer und zukunftsfähiger Wirkprinzipien

Die verursachten Änderungsabhängigkeiten des *Einstellbereichs* werden durch die Verwendung des neuen Wirkprinzips eines *Servomotors* reduziert. Bei diesem Prinzip wird die *Feder* durch einen Motor vorgespannt und der Hinterdruck innerhalb des *Einstellbereichs* reguliert. Die Variation des *Einstellbereichs* wird hierbei nicht mehr über die *Federsteifigkeit*, sondern über die verschiedenen *Motorgrößen* und *-leistungen* realisiert. Diese Lösung eliminiert die kritische Änderungsabhängigkeit zu der standardisierten *Federhaube* und erlaubt zudem eine Standardisierung der *Feder* (Bild 4-29, unten). Mit dem *Federteller*, zwei *Kugellagern* und dem varianten *Servomotor* werden durch diese Maßnahme zwar drei neue Komponenten erzeugt, aber die Änderungsabhängigkeiten reduziert und somit die Zukunftsrobustheit der Produktstruktur erhöht. Zudem ermöglicht es das neue Wirkprinzip, den gewünschten Hinterdruck noch genauer und zuverlässiger einzustellen, was zu einer Erhöhung des Kundennutzens beitragen kann. Das Lösungskonzept ist darüber hinaus deutlich zukunftsfähiger und eröffnet auch die Möglichkeit einer digitalen Ansteuerung.

**Auslagern physischer Änderungen in Software**

Das Ziel dieser Maßnahme ist es, mechatronische Wirkprinzipien zu finden, mit denen zukünftige oder nachträgliche Änderungen in Softwareanteile ausgelagert und somit physische Änderungsauswirkungen reduziert werden können. Das erhöht die Zukunftsrobustheit der Produktstruktur, ohne die bestehende externe Vielfalt einzuschränken. Besonders geeignet ist diese Maßnahme, wenn die betrachtete Produktfamilie bereits mechatronische Lösungen aufweist oder diese im Zuge einer anderen Umgestaltungsmaßnahme konzeptioniert worden sind.

Bei dem Anwendungsbeispiel bietet das neue Wirkprinzip des *Servomotors* dieses Potential. Wie im Rahmen der vorherigen Maßnahme vorgestellt, können die zukünftigen Änderungen des *Einstellbereichs* durch die unterschiedlichen *Motorgrößen* abgedeckt werden (Bild 4-30, oben).

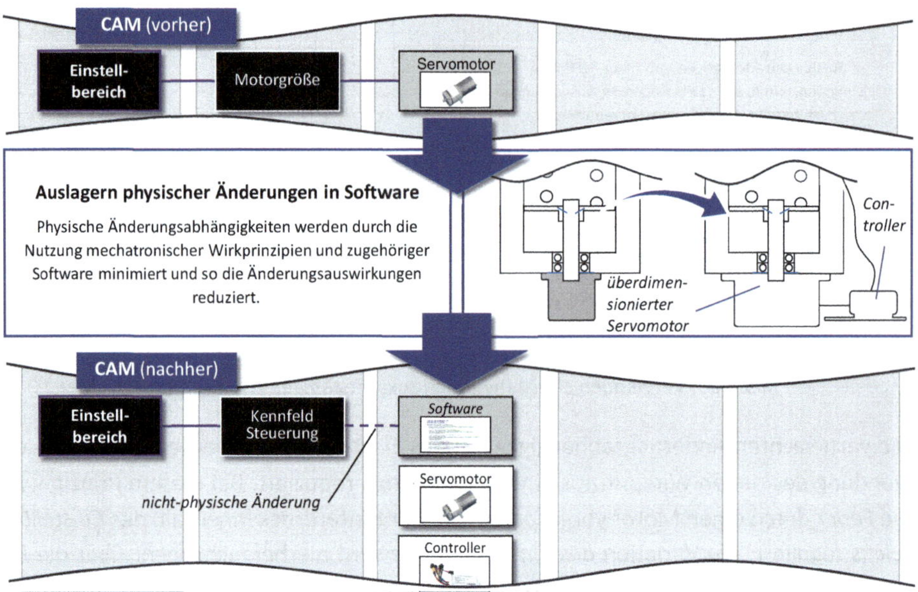


Bild 4-30: Auslagern physischer Änderungen in Software

Ein möglicher Ansatz zur Auslagerung von physischen Änderungen in Software-Anteile wird in dem Beispiel durch ein Steuergerät (*Controller*) realisiert, welches durch die unterschiedliche Programmierung der *Kennfelder* eine nachträgliche Variation der *Einstellbereiche* ermöglicht. Die physischen Auswirkungen werden somit eliminiert und die zukünftige Änderung komplett in die *Software* ausgelagert. Eine zusätzliche Möglichkeit im Rahmen dieser Maßnahme stellt die Überdimensionierung des *Servomotors* dar, um so nicht nur die Zukunftsrobustheit, sondern auch die aktuelle Variantengerechtheit zu erhöhen. Mit der größten *Motorgröße* können auch die kleinsten Bereiche mit einer sehr hohen Genauigkeit angesteuert werden. Das Resultat ist ein standardisierter *Servomotor*, welcher von keinem änderungskritischen Änderungstreiber mehr abhängt (Bild 4-30, unten).

Die gleichzeitige Adressierung der derzeitigen und änderungsinduzierten Vielfalt ist bei den Maßnahmen auf Ebene der technischen Merkmale der Änderungen häufig der Fall und sollte bei der Umgestaltung ausgenutzt werden. Die Auslagerung von physischen Änderungen in Software-Anteile ermöglicht zudem das Ausschöpfen von Digitalisierungs-Potentialen, was gegebenenfalls einen möglichen zusätzlichen Kundennutzen, wie z.B. eine digitale Messung von Drücken oder Leckagen, mit sich bringen kann.

**Räumliches Versetzen von innenliegenden Komponenten**

Diese Maßnahme zielt darauf ab, die Lage von änderungskritischen Komponenten so zu verändern, dass sich die indirekten Änderungen auf anderen Komponenten nicht so stark ausprägen. Handlungsschwerpunkte sind vor allem die Komponenten, welche sich im Inneren der betrachteten Produktvarianten befinden. Hier verursachen nachträgliche Änderungen zum Teil deutlich höhere Änderungsaufwände als bei außenliegenden Komponenten. Das kann bei geometrischen Änderungen durch einen begrenzten Bauraum der Fall sein, oder wenn nachträglich Optionen im Sinne des Upgradings hinzugefügt werden.

Für das Anwendungsbeispiel der Druckregelventile ist die neue kundenrelevante Produkteigenschaft des *Smart Controls* eine solche zukünftige Option. Hier soll zur Druckmessung im Inneren des *Gehäuses* in Zukunft ein *Sensor* am *Sitzstück* befestigt werden. Diese technische Lösung hat zur Folge, dass das standardisierte *Gehäuse* geändert werden muss und eine Bohrung sowie Dichtung für das Kabel des *Sensors* benötigt wird. Zudem wird eine weitere Komponentenvariante des *Sitzstücks* mit einer Aufnahme für den *Sensor* sowie der *Sensor* an sich als neue optionale Komponente erzeugt (Bild 4-31, oben).

Durch die Anpassung des technischen Merkmals des *Sensoranschlusses* vom *Sitzstück* an den *Flansch*, kann die Änderungsabhängigkeit zum *Gehäuse* aufgelöst und eine änderungskritische Standardkomponente eliminiert werden. Mit dem *Flansch* wird zwar eine neue änderungskritische variante Komponente erzeugt – diese weist im Vergleich zum *Sitzstück* jedoch deutlich weniger Abhängigkeiten zu umliegenden Komponenten auf und verursacht geringere Änderungsauswirkungen (Bild 4-31, unten).

Wichtig bei dieser Maßnahme ist es, dass durch die durchgeführte Lageänderung keine Einschränkung der Funktionalität entsteht und es darüber hinaus zu keiner Beeinträchtigung der kundenrelevanten Produkteigenschaften kommt.

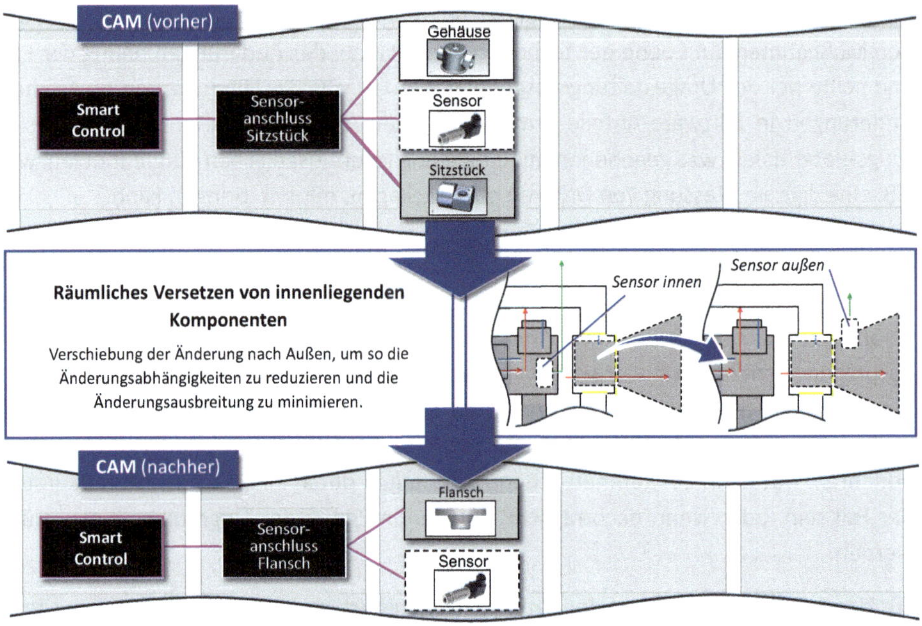


Bild 4-31: Räumliches Versetzen von innenliegenden Komponenten

### 4.6.3 Lösungssuche auf Ebene der markt- und produktionsseitigen Änderungstreiber

Die bereits vorgestellten Maßnahmen zielen auf eine produktstrukturseitige Lösungssuche basierend auf zukunftsrobusten Gestaltungsmaßnahmen zur Reduzierung der Änderungsabhängigkeiten von änderungskritischen Komponenten ab. Neben diesen konstruktiven Umgestaltungsmaßnahmen können auch strategische Handlungsalternativen im Umgang mit zukünftigen und nachträglichen Änderungen angewandt werden. Hier stehen vor allem Maßnahmen im Vordergrund, welche dazu führen, dass die änderungskritischen Änderungstreiber auf den äußeren Ebenen des CAMs eliminiert werden und gar nicht erst zu einer Änderung innerhalb der Produktstruktur führen. Dafür werden im Rahmen dieser Methode zwei Maßnahmen bereitgestellt:

- **Entscheiden über die Art der Änderungsberücksichtigung,**
- **Gestalten wandlungsfähiger Produktionssysteme.**

Die erste Maßnahme ist sowohl für markt- als auch produktionsseitige Anforderungsänderungen geeignet, wohingegen die zweite Maßnahme ausschließlich bei der Lösungssuche auf Ebene der produktionsrelevanten Änderungstreiber unterstützt.

**Entscheiden über die Art der Änderungsberücksichtigung**

Sind die Auswirkungen der änderungskritischen Änderungstreiber zu groß oder können keine geeigneten Lösungen auf Basis der bereits vorgestellten Umgestaltungsmaßnahmen gefunden werden, bieten sich auch alternative Vorgehensweisen im Umgang mit Änderungen an. Hier können im Kontext der Zielstellung drei Arten von Handlungsalternativen unterschieden werden (Bild 4-32).

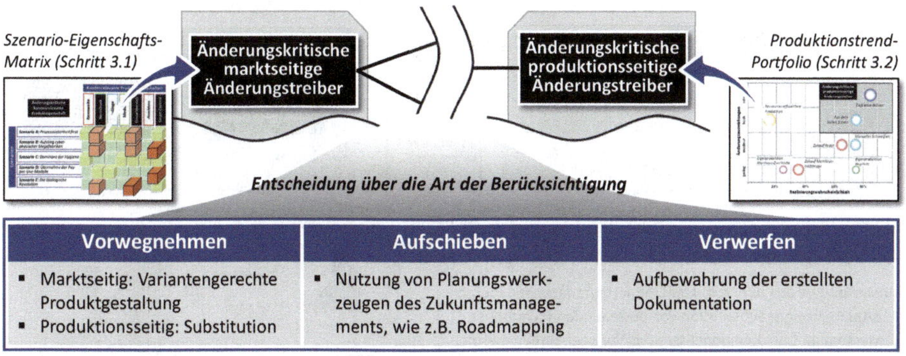


Bild 4-32: Handlungsalternativen zur Berücksichtigung von zukünftigen und nachträglichen Änderungen auf Ebene der änderungskritischen Änderungstreiber

Die Entscheidung über die zu verfolgende Handlungsalternative kann dabei durch die analysierten Entwicklungsrichtungen und Einsparungspotentiale von änderungskritischen Änderungstreibern in der *Szenario-Eigenschafts-Matrix (SEM)* sowie im *Produktionstrend-Portfolio (PTP)* unterstützt werden. Aufgrund des oftmals strategischen Charakters sollte die Entscheidung über die Art der Berücksichtigung idealerweise immer unter Einbeziehung des Managements erfolgen.

Die erste Möglichkeit zur Eliminierung von änderungskritischen markt- und produktionsseitigen Änderungstreibern stellt das **Vorwegnehmen** einer zukünftigen oder nachträglichen Änderung dar. Diese Entscheidung sollte für Änderungstreiber getroffen werden, deren Entwicklungsrichtung mit einer hohen Eintritts- bzw. Realisierungswahrscheinlichkeit behaftet ist, was aus der SEM bzw. dem PTP entnommen werden kann. Wird diese Handlungsalternative ausgewählt, wird der betroffene Änderungstreiber nicht mehr als Änderung behandelt, sondern muss als umzusetzende Produkteigenschaft in die jetzige Produktfamiliengeneration mit aufgenommen werden. Handelt es sich dabei um eine kundenrelevante Produkteigenschaft, so wird im Kontext des Variantenmanagements eine variantengerechte Gestaltung, z.B. nach KIPP, empfohlen (siehe Kap. 3.1.2). Bei produktionsseitigen Änderungstreibern wird diese Entscheidung vor allem bei substituierenden Änderungen empfohlen, da hier eine Vorwegnahme geplanter Änderungen nicht nur nachträgliche Änderungsaufwände reduziert, sondern gleichzeitig auch aktuelle Einsparungspotentiale freisetzen kann.

Als Beispiel für eine solche substituierende Änderung kann bei dem Druckregelventilhersteller die Umstellung des Urformverfahrens *Aus dem vollen Fräsen* auf ein *3D-Druck-Verfahren* herangezogen werden. Hier ist geplant, dass das *Sitzstück* sowie die *Anschlussmuffe mit Adapter* zukünftig in Eigenproduktion additiv gefertigt werden sollen, um so unabhängiger von Lieferengpässen und unzureichender Werkstückqualität zu sein. Zudem bietet sich das substituierende Fertigungsverfahren hier an, um die neue Geometrie der integrierten *Anschlussmuffe mit Adapter* umzusetzen (Bild 4-33, oben).

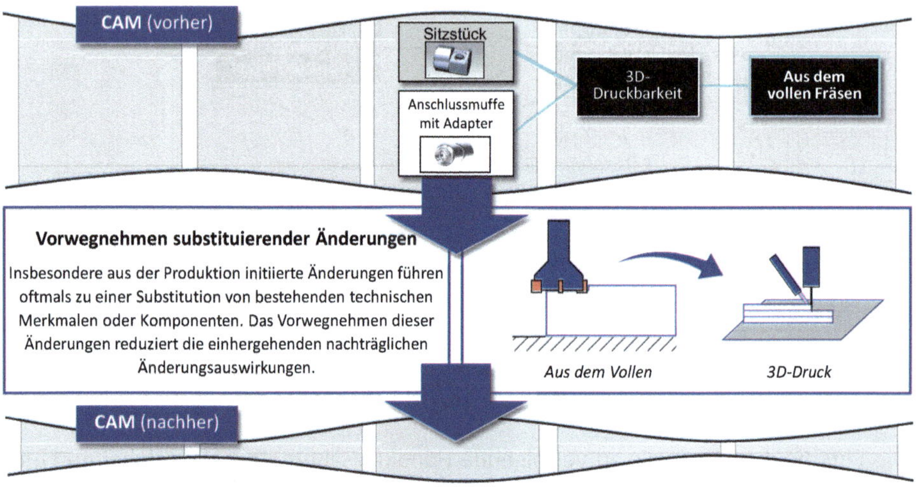


Bild 4-33: Vorwegnehmen substituierender Änderungen

Auch wenn die Änderung zum aktuellen Zeitpunkt nicht zwingend erforderlich ist, beugt die vorzeitige Substitution als Präventivmaßnahme späteren Änderungsauswirkungen vor. Da die Produktstruktur im Rahmen der Methodenanwendung ohnehin umgestaltet wird, halten sich die Mehraufwände für solche *Kann-Maßnahmen* zumeist in Grenzen. Voraussetzung bei dem Vorwegnehmen von produktionsseitigen Änderungen ist auch wieder hier, dass die Anpassung zu keiner Beeinträchtigung des Kundennutzens führt und die Änderung auch bereits zum aktuellen Zeitpunkt aus wirtschaftlichen Gesichtspunkten umgesetzt werden sollte. Hier sind neben den Herstellkosten vor allem auch die visualisierten Änderungsauswirkungen im CAM sowie die damit verbundenen zukünftigen Komplexitätskosten als Entscheidungskriterien heranzuziehen und mit den Verantwortlichen aus der Produktion abzustimmen. Durch das Vorwegnehmen von Änderungen verschwinden die Karten auf den jeweiligen Ebenen im CAM, da keine Änderungsabhängigkeiten mehr vorliegen (Bild 4-33, unten).

Eine zweite Handlungsmöglichkeit auf Ebene der Änderungstreiber stellt das **Aufschieben** einer Änderung dar. Bei dieser Entscheidung wird ein Änderungstreiber für die zukunftsrobuste Gestaltung nicht weiter verfolgt, dessen Berücksichtigung aber in einen zeitlichen Kontext gesetzt. Der Zeitpunkt der Wiedervorlage oder Implementierung kann sich dabei an eigenen strategischen Ausrichtungen, wie z.B. der Erschließung eines bestimmten Marktsegmentes, oder erwarteten Gesetzesänderungen orientieren. Hierfür eignet sich u.a. das *Roadmapping*, welches für die Vorausplanung von z.B. technologischen Neuerungen erfolgreich eingesetzt werden kann (vgl. Kap. 3.2.2).

Wird entschieden, dass eine Änderung **verworfen** wird, so werden die jeweiligen änderungskritischen markt- und produktionsseitigen Änderungstreiber und deren Abhängigkeiten aus dem CAM entfernt. Im Falle dieser Nicht-Berücksichtigung sind die analysierten Änderungen sowie der CAM aufzubewahren, um so bei einer späteren Berücksichtigung bereits relevante Informationen für diese Anforderungsänderung zur Hand zu haben. Diese Handlungsmaßnahme bietet sich z.B. für intern geplante Änderungen aus der Produktion an. Hier kann der CAM als Entscheidungsunterstützung hinzugezogen werden, um die einhergehenden Änderungsauswirkungen einer produktionsseitigen Änderung auf die Produktstruktur aufzuzeigen und diese somit abzuwenden.

**Gestalten wandlungsfähiger Produktionssysteme**

Anders als auf der Ebene der änderungskritischen kundenrelevanten Produkteigenschaften, sind die produktionsseitigen Änderungstreiber größtenteils vom Unternehmen direkt beeinflussbar und können durch eine gezielte Produktionssystemgestaltung eliminiert werden. Solche flexiblen und rekonfigurierbaren Systeme werden auch als *wandlungsfähige Produktionssysteme* bezeichnet. Sie zielen darauf ab, die nachträgliche Integration noch nicht vorhandener Funktionseinheiten zu ermöglichen und somit auf zukünftige Änderungen schnell und aufwandsarm reagieren zu können [Nyh08].

Der Kern dieser speziellen produktionsseitigen Gestaltungsstrategie ist die ganzheitliche Veränderbarkeit des Produktionssystems in seiner *Funktion*, *Struktur* und *Hierarchie* [Mor03]. Zu diesem Zweck werden in der Literatur fünf Eigenschaften der Wandlungsbefähigung definiert, welche in die Strukturen der Produktion integriert werden können, um deren Änderungsfähigkeit zu erhöhen (Bild 4-34) [Mor03], [Wie14].

Die Adressierung dieser sogenannten *Wandlungsbefähiger* führt zu einer erhöhten Systemeffizienz in einem dynamischen Umfeld und ermöglicht es der Produktion, auf externe Änderungen schneller und aufwandsärmer reagieren zu können. Insbesondere bei hoher Produktvielfalt bietet diese Art von Produktionssystemen großes Potential, da hier auch eine bessere Zuordnung von Produkt und Prozess ermöglicht wird [Wes09]. Die Grenzen von wandlungsfähigen Produktionssystemen liegen dabei vor allem in der zeitlichen Gebundenheit an Gebäuden, Anlagen oder Maschinen sowie in dem Zielkonflikt zwischen der Forderung nach kontinuierlicher Veränderung einerseits und dem Anspruch an eine gleichmäßige Auslastung andererseits [Wes09]. Für ausführliche

Erläuterungen zur Gestaltung wandlungsfähiger Produktionssysteme sei auf die einschlägige Literatur verwiesen (u.a. in [Mor03], [Wes09]).

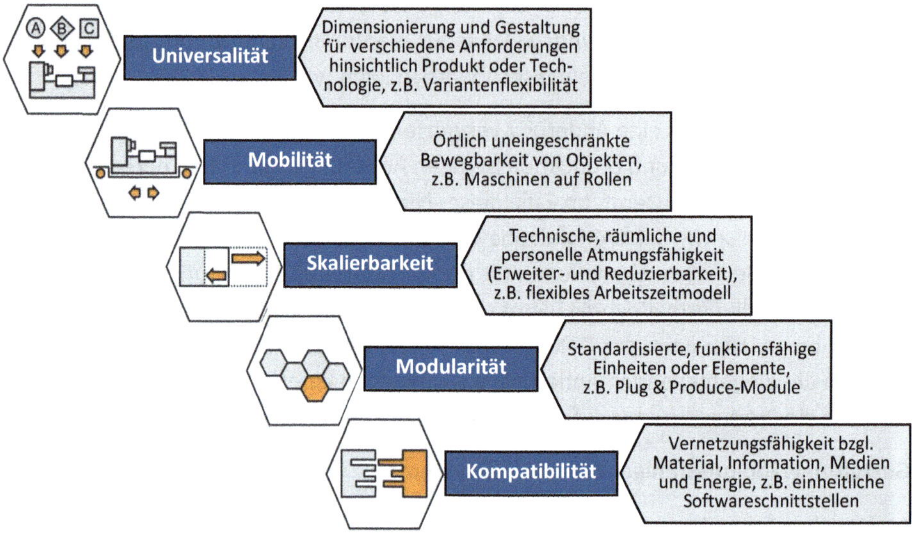


Bild 4-34: Eigenschaften der Wandlungsfähigkeit eines Produktionssystems [Wie14]

Bei dem Anwendungsbeispiel des Druckregelventilherstellers liegt mit der Werkstattfertigung ein Produktionssystem mit hoher Wertschöpfungstiefe vor. Ein solches System weist per se eine hohe Flexibilität auf und kann schnell an geänderte Rahmenbedingungen angepasst werden. Für die Änderung des Schweißprozesses (manuell/automatisch) könnte hier die Eigenschaft der *Universalität* ausgeprägt werden, damit das Verfahren für verschiedene Produktvarianten angewandt werden kann und keine nachträglichen Änderungen an der Produktstruktur verursacht.

Nachdem die verschiedenen Maßnahmen für die Lösungssuche auf unterschiedlichen Abstraktionsstufen der Produktentwicklung exemplarisch für das Anwendungsbeispiel der Druckregelventile vorgestellt wurden, werden aus den verschiedenen Lösungsideen alternative, zukunftsrobuste Produktstrukturkonzepte abgeleitet.

### 4.6.4 Zusammenfassende Darstellung der zukunftsrobusten Konzeptalternativen

Die Darstellung der entwickelten Konzeptalternativen erfolgt mit Hilfe der jeweiligen CAMs. Hier kann der Erfolg einer zukunftsrobusten Gestaltung sichtbar gemacht werden und ein relativer Vergleich im Hinblick auf die relevanten Kriterien erfolgen. Bild 4-35 zeigt die CAMs der beiden entwickelten Konzeptalternativen sowie das CAM des Referenzkonzepts.

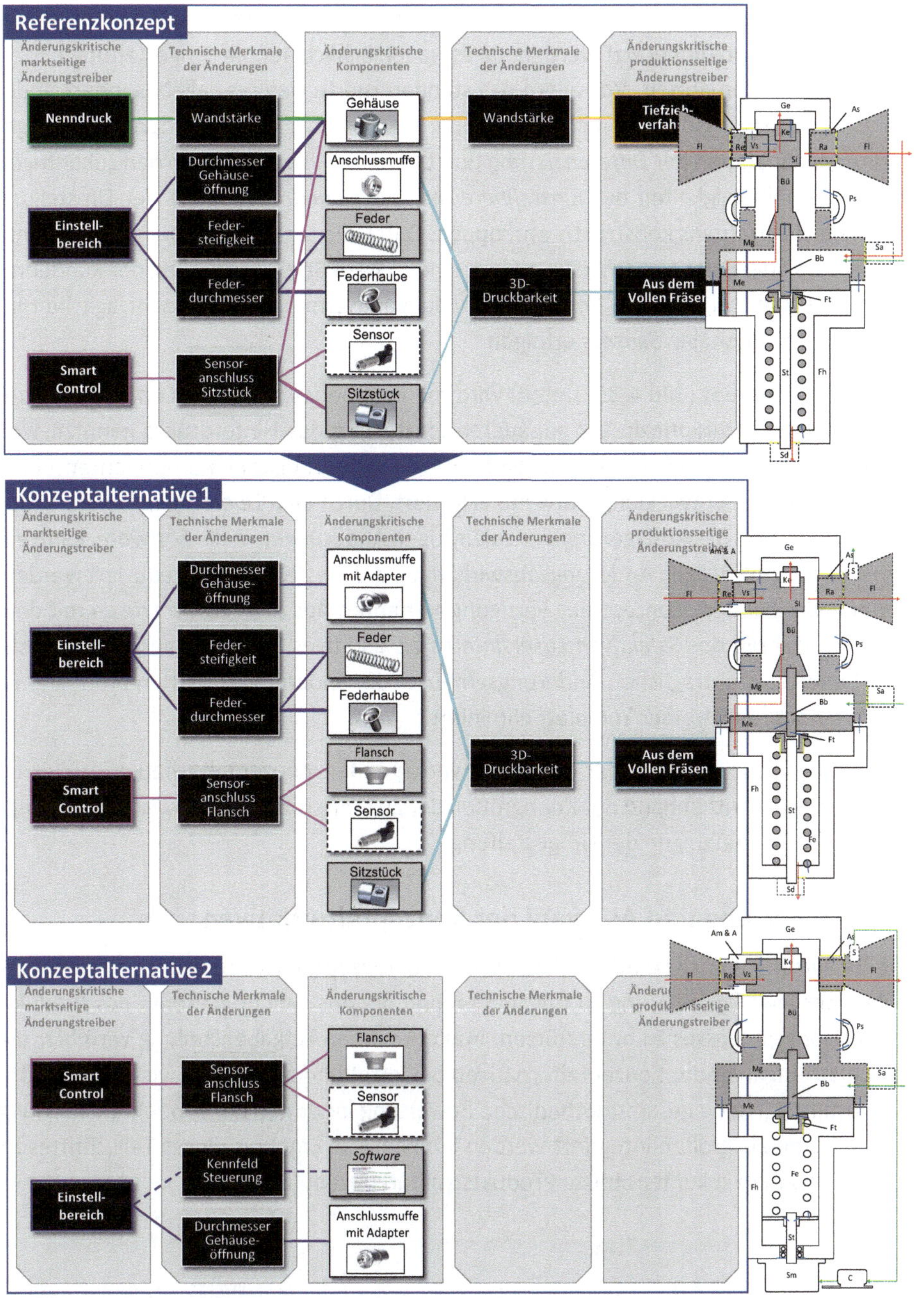


Bild 4-35: CAMs des Referenzkonzepts und der zwei zukunftsrobusten Konzeptalternativen

Das erste Konzept (Bild 4-35, Mitte) kann mit einem eher geringen Aufwand als Änderungskonstruktion umgesetzt werden, da es hauptsächlich auf die Umgestaltung einzelner Komponenten abzielt. Vor allem das standardisierte *Gehäuse* als besonders änderungskritische Komponente mit vielen Änderungsabhängigkeiten ist durch die vorgestellten Maßnahmen der *Differenzierung* und *Überdimensionierung* von den zukünftigen Änderungsabhängigkeiten des *Einstellbereichs*, des *Nenndrucks* sowie der Umstellung des *Tiefziehverfahrens* konstruktiv entkoppelt. Durch die Lageverschiebung des optionalen *Sensors* außen am *Flansch* kann zudem eine spätere Berücksichtigung der kundenrelevanten Produkteigenschaft *Smart Control* aufwandsarm durch das nachträgliche Hinzufügen des optionalen *Sensors* erfolgen.

Im zweiten Konzept (Bild 4-35, unten) wird mit dem *Servomotor* und *Controller* ein zukunftsfähigeres Wirkprinzip zur genaueren Einstellung des Hinterdrucks genutzt, welches durch die Neugestaltung und Einführung mechatronischer Komponenten einen deutlich höheren Entwicklungsaufwand erfordert. Durch eine *Überdimensionierung* des *Servomotors* und die Auslagerung der zukünftigen Änderungen in die *Software*, kann ein Großteil der zukünftigen Änderungsauswirkungen des *Einstellbereichs* reduziert werden. Zudem wird bei dem Konzept das Fertigungsverfahren *Aus dem Vollen Fräsen* mit dem neuen Verfahren des *Selektiven Lasersinterns* als additives Fertigungsverfahren substituiert und die nachträglichen Änderungseinflüsse der änderungskritischen produktionsseitigen Änderungstreiber komplett eliminiert.

Die methodische Auswahl der weiter zu verfolgenden Konzeptalternative erfolgt im nächsten Teilschritt anhand der Kenngrößen der Zukunftsrobustheit sowie den eingangs definierten Zielstellungen der Umgestaltung.

## 4.7 Bewertung und Auswahl der Konzeptalternativen

Die Bewertung von alternativen Produktstrukturkonzepten ist notwendig, um die Vorteile einer jeweiligen Lösung zu bestimmen und die Auswahl im Rahmen des Produktentwicklungsprozesses zu unterstützen. Im Kontext der Aufgabenstellung wird hier die Zukunftsrobustheit der Konzeptalternativen bewertet und aufgezeigt, wie die zugehörigen Kriterien in eine gesamtmethodische Bewertung innerhalb der Produktentwicklung mit weiteren Zielgrößen integriert werden können. Das Ergebnis dieses Teilschrittes ist das ausgewählte zukunftsrobuste Produktstrukturkonzept (Bild 4-36).

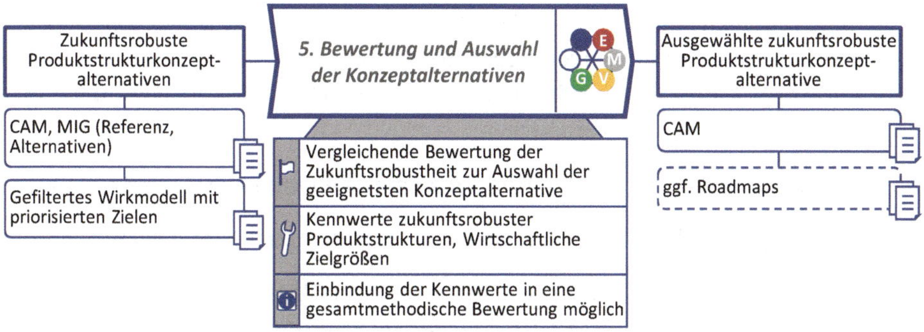


Bild 4-36: Teilschritt 5 zur Bewertung und Auswahl der Konzeptalternativen

Die Bewertung der Alternativen in Bezug auf die Zukunftsrobustheit erfolgt mit Hilfe von Kennzahlen, welche direkt aus der Darstellung des CAM abgeleitet werden. Um die Entscheidung möglichst objektiv herbeizuführen, werden dem angestrebten Zielzustand quantitative Größen in Form von zahlenmäßigen Kennwerten zugeordnet. Diese werden im Folgenden kurz erläutert und für die abschließende Konzeptbewertung der Druckregelventile ermittelt.

**Kennwerte zur Bestimmung der Änderungsauswirkungen**

Ein wesentliches Ziel zur Gestaltung zukunftsrobuster modularer Produktstrukturen stellt die Minimierung von zukünftigen und nachträglichen Änderungsaufwänden durch die Reduzierung von direkten und indirekten Änderungsauswirkungen dar.

*Direkte Änderungsauswirkungen* werden im CAM durch die Änderungsabhängigkeiten zwischen den technischen Merkmalen und den änderungskritischen Komponenten dargestellt. Je weniger Zuordnungen zwischen den zukünftigen Änderungen und den änderungskritischen Komponenten zu erwarten sind und je weniger Komponenten durch zukünftige oder nachträgliche Änderungen betroffen sind, desto zukunftsrobuster ist auch die Produktstruktur. Zur quantitativen Bestimmung der direkten Änderungsauswirkungen werden deshalb folgende zwei Kennwerte eingeführt:

- $\mathbf{n_{Abh}}$: Anzahl der **Änderungsabhängigkeiten** zwischen den technischen Merkmalen und änderungskritischen Komponenten
- $\mathbf{n_{Komp}}$: Anzahl **änderungskritischer Komponenten**

Die Werte für die Zuordnungen sowie die änderungskritischen Komponenten können direkt aus dem CAM abgelesen und bestimmt werden.

Für die Ermittlung der *indirekten Änderungsauswirkungen* wird die erwartete Änderungsfortpflanzung innerhalb der Produktstruktur herangezogen. Diese ergibt sich aus der Anzahl der indirekt beeinflussten Komponenten aufgrund einer Änderung an einer änderungskritischen Komponente und wird im CAM über die Strichstärke zwischen den technischen Merkmalen und änderungskritischen Komponenten visualisiert. Für die Bewertung werden insbesondere die Änderungen betrachtet, welche eine überdurchschnittlich hohe Ausbreitung verursachen:

- $n_{Fort,h}$: Anzahl von Änderungen mit einer **hohen Änderungsfortpflanzung**
- $n_{Fort,m}$: Anzahl von Änderungen mit einer **moderaten Änderungsfortpflanzung**

Neben der Analyse der Verbindungen in den jeweiligen CAMs kann zur detaillierten Bestimmung der beiden Kennwerte auch die *Änderungsfortpflanzungs-Matrix* (siehe Kap. 4.5.3) herangezogen werden.

**Kennwert zur Bestimmung langfristiger Kommunalitätspotentiale**

Ein weiteres wesentliches Ziel zukunftsrobuster modularer Produktstrukturen stellt das Ausschöpfen langfristiger Einsparungspotentiale durch kommunal verwendete Komponenten dar. Bereits vorhandene Standardkomponenten sollten im Sinne der Zukunftsrobustheit demnach von möglichst wenig zukünftigen Änderungen betroffen sein. Dies kann ebenfalls mit Hilfe des CAMs dargestellt und mit folgender Kennzahl objektiviert werden:

- $n_{Stand}$: Anzahl der **änderungskritischen Standardkomponenten**

Je geringer der Wert, desto größer sind die zu erwartenden langfristigen Einsparungspotentiale durch eine kommunale Verwendung der Komponenten. Standardkomponenten, welche nach der zukunftsrobusten Umgestaltung als änderungsunkritisch deklariert werden, müssen bei der anschließenden Modulbildung besonders fokussiert werden. Die jeweiligen Komponenten gilt es möglichst robust auszugestalten und je nach gewählter Produktstrukturierungsstrategie in eine zukunftsrobuste Plattform zu überführen. Diese Modulbildung wird im Zuge der Einbettung der neu eingeführten Methode in den *Integrierten PKT-Ansatz zur Entwicklung modularer Produktfamilien* im nächsten Teilkapitel vorgestellt und erläutert.

Bild 4-37 zeigt das Vorgehen zur Bestimmung der eingeführten Kennwerte zukunftsrobuster Produktstrukturen mit Hilfe des CAMs am Beispiel der zukunftsrobusten Konzeptalternative 1.

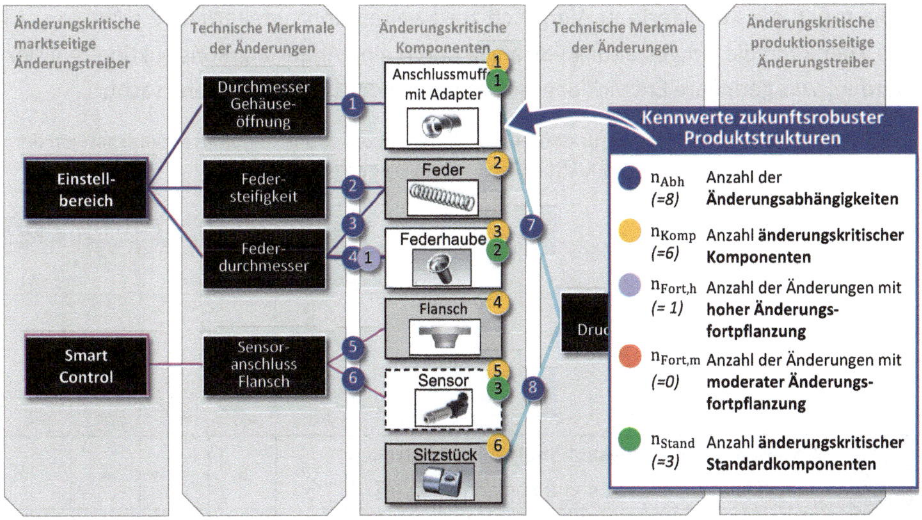


Bild 4-37: Ermittlung der Kennwerte zukunftsrobuster Produktstrukturen am Beispiel der zukunftsrobusten Konzeptalternative 1

Die jeweiligen Werte können direkt aus dem CAM abgelesen und aufsummiert werden. So liegen bei der Konzeptalternative 1 beispielsweise sechs änderungskritische Komponenten ($n_{Komp}$) mit insgesamt acht Änderungsabhängigkeiten ($n_{Abh}$) zu änderungskritischen markt- bzw. produktionsseitigen Änderungstreibern vor. Eine der Änderungsabhängigkeiten ist dabei mit einer hohen Änderungsfortpflanzung ($n_{Fort,h}$) verbunden, eine moderate Änderungsfortpflanzung ($n_{Fort,m}$) tritt in diesem Fall nicht auf. Zwei änderungskritische Komponenten sind zudem als Standardkomponenten ($n_{Stand}$) innerhalb der Produktfamilie verbaut, wobei mit dem *Sensor* eine optionale Komponente vorliegt.

**Zusammenfassende Bewertung und Auswahl**

Die eingeführten Kennwerte werden für die beiden Konzeptalternativen sowie für das Referenzkonzept bestimmt und zunächst tabellarisch erfasst. Dies ermöglicht einen objektiven Vergleich der Zukunftsrobustheit der entwickelten Produktstrukturkonzepte in Bezug auf die Ausgangssituation (siehe Tabelle 4-5).

Es wird deutlich, dass beide Konzeptalternativen zu einer Verbesserung der Zukunftsrobustheit beitragen. Insbesondere die angewandten Maßnahmen zur Erstellung der zweiten Konzeptalternative führen ausschließlich zu positiven Kennwerten. Hier ist insbesondere die Reduzierung der indirekten sowie direkten Änderungsauswirkungen hervorzuheben, welche zu einer signifikanten Minimierung der Änderungsabhängigkeiten sowie Änderungsausbreitungsstärke beitragen. Hierzu werden jedoch auch tiefgreifende Maßnahmen an der Produktstruktur und Neukonstruktionen aufgrund neuer Wirkprinzipien nötig. Bei dem ersten Konzept wird die Zukunftsrobustheit ebenfalls erhöht, jedoch prägen sich die Kennwerte im Vergleich zur zweiten Konzeptalternative nicht so stark aus. Hier kann die Umgestaltung vorrangig durch eine Änderungskonstruktion realisiert werden, was geringere Entwicklungsaufwände bei der Umsetzung verursacht.

Tabelle 4-5: Bewertungstabelle für den Vergleich der zukunftsrobusten Konzeptalternativen der Produktfamilie von Druckregelventilen

| | | Produktstrukturkonzepte | | | | |
|---|---|---|---|---|---|---|
| | | *Referenz* | *Alternative 1* | | *Alternative 2* | |
| | | *abs.* | *abs.* | *rel.* | *abs.* | *rel.* |
| Kennwerte zukunftsrobuster Produktstrukturen | **Anzahl der Änderungsabhängigkeiten** zwischen technischen Merkmalen und Komponenten ($n_{Abh}$) | 12 | 8 | -33% | 4 | -67% |
| | Anzahl **änderungskritischer Komponenten** ($n_{Komp}$) | 6 | 6 | 0% | 4 | -33% |
| | Anzahl von Änderungen mit einer **hohen Änderungsfortpflanzung** ($n_{Fort,h}$) | 2 | 1 | -50% | 0 | -100% |
| | Anzahl von Änderungen mit einer **moderaten Änderungsfortpflanzung** ($n_{Fort,m}$) | 2 | 0 | -100% | 0 | -100% |
| | Anzahl **änderungskritischer Standardkomponenten** ($n_{Stand}$) | 4 | 3 | -25% | 2 | -50% |

Die finale Auswahl einer zukunftsrobusten Produktstrukturalternative sollte neben den eingeführten Kennwerten der Zukunftsrobustheit immer auch unter Berücksichtigung weiterer wesentlicher Kriterien der Produktentwicklung erfolgen. Hierbei sind neben den initialen Entwicklungsaufwänden auch immer technisch-wirtschaftliche Kenngrößen hinzuzuziehen.

Die Bewertung der wirtschaftlichen Einsparungen modularer Produktstrukturkonzepte kann mit Hilfe des erweiterten Wirkmodells modularer Produktstrukturen unterstützt werden. Hierbei werden die eingangs festgelegten Zielgrößen für die einzelnen Konzeptalternativen mit Hilfe eines Zielgrößenkatalogs quantifiziert und vergleichend bewertet [Gre22]. Ripperda liefert mit seiner *Methode zur kostenbasierten Auswahl modularer Produktstrukturen* zudem eine Unterstützung, um vor allem die Vorteile der Konzeptalternativen in Bezug auf die entstehenden varianteninduzierten Komplexitätskosten herauszuarbeiten und zu quantifizieren [Rip19]. Eine Möglichkeit zur zwei-dimensionalen Skalierung der verschiedenen Bewertungskriterien im Kontext zukunftsrobuster modularer Produktstrukturen stellt die *MBSE-gestützte Simulation* nach Dambietz et al. dar [Dam21]. Hier werden diverse Zielgrößen in Form einer *Performance-Heatmap* abgebildet und für einen Vergleich herangezogen. WINDHEIM liefert mit seinem Dashboard darüber hinaus eine Möglichkeit, die entscheidungsrelevanten Daten für die Auswahl von modularen Produktstrukturen zusammenfassend abzubilden und im Kontext einer kooperativen Entscheidungsfindung als Entscheidungsunterstützung hinzuzuziehen [Win20].

Für eine zusammenfassende Bewertung werden alle relevanten Kennwerte in einem Netzdiagramm abgebildet. Das Produktstrukturkonzept, welches dabei die größte Fläche innerhalb des Diagramms abdeckt, stellt die geeignetste Alternative unter den ausgewählten Kriterien dar. Die Werte des Referenzkonzepts werden zur Vergleichbarkeit auf 0,5 normiert und die Kriterien so formuliert, dass eine ideal zukunftsrobuste Produktstruktur (alle Kennwerte =0) der bestehenden Produktfamilie dem Wert 1 entspricht. Zusätzlich zu den Kennwerten der Zukunftsrobustheit werden auch die wirtschaftlichen Zielgrößen aus dem erweiterten Wirkmodell modularer Produktstrukturen (vgl. Kap. 4.3) als vergleichende Bewertungskriterien herangezogen. Im Fall des Druckregelventilherstellers sind insbesondere die prozessseitigen Einsparungseffekte in Form von varianteninduzierten Komplexitätskosten sowie die Durchlaufzeit in der Produktion von Interesse. Diese werden unter Anwendung des methodischen Vorgehens nach RIPPERDA bestimmt und an dieser Stelle nicht explizit hergeleitet [Rip19]. Als dritte zusätzliche Kenngröße werden die Auswirkungen auf die Materialkosten abgeschätzt und für die Alternativen im Vergleich zum Referenzkonzept normiert. Die größte Reduktion der kostenbasierten Kennzahlen wird mit dem Wert 1 normiert und die übrigen Werte skaliert. Bild 4-38 zeigt die Visualisierung der ermittelten Kennwerte für das Anwendungsbeispiel. Alle Kriterien sind dabei gleich gewichtet.

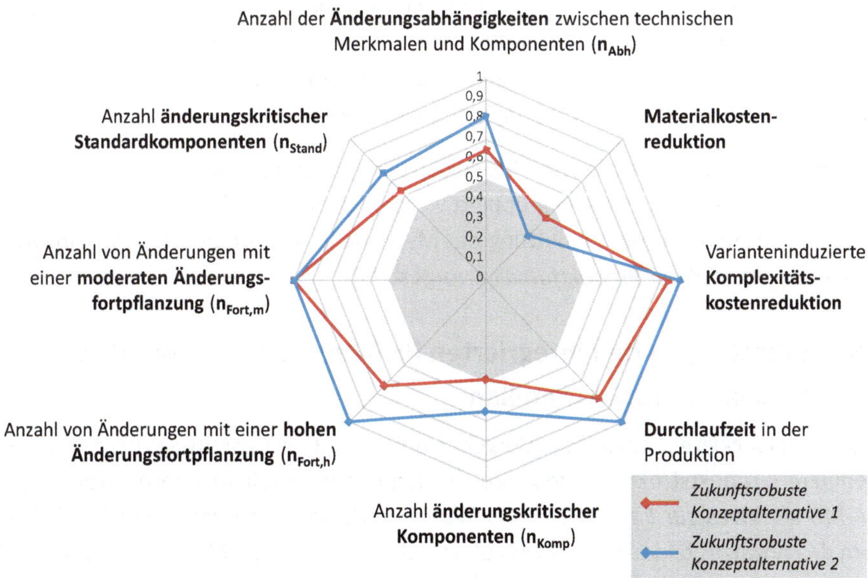


Bild 4-38: Zusammenfassende Bewertung der zukunftsrobusten Konzeptalternativen

Die wesentlichen Einsparungen in Bezug auf die varianteninduzierten Komplexitätskosten und die Durchlaufzeit können bei beiden Konzeptalternativen durch die Entkopplung des standardisierten *Gehäuses* realisiert werden. Hier können durch eine stark reduzierte Änderungsausbreitung die Aufwände für nachträgliche Anpassungskonstruktionen und somit Entwicklungszeiten reduziert werden. Das Ausschöpfen von langfristigen Kommunalitätspotentialen führt insbesondere in der Produktion zu wesentlichen Einsparungen. Hier kann durch eine zukunftsrobuste Gestaltung die Umstellung auf ein Gussverfahren realisiert werden, was zum einen dazu führt, dass das standardisierte und änderungsunkritische *Gehäuse* in hohen Stückzahlen günstig zugekauft werden kann. Zum anderen wird eine langfristig ausgerichtete Lagerhaltung der Komponente ermöglicht, was wiederum die Bereitstellungszeit deutlich verringert und somit direkt auf die Durchlaufzeit in der Fertigung einwirkt. Da bei beiden Konzeptalternativen bereits eine Lösung für eine digitale Schnittstelle in Form des *Drucksensors* mit in das Konzept integriert werden soll, kann darüber hinaus ein zukünftiger Kundennutzen adressiert und nachträglich aufwandsarm umgesetzt werden. Die Materialkosten sind bei beiden Alternativen zwar höher als beim Referenzkonzept, werden aber durch die Einsparungen der Komplexitätskosten sowie durch die verbesserte Zukunftsrobustheit deutlich kompensiert.

Basierend auf der abschließenden Bewertung wird die Auswahl der zukunftsrobusten Konzeptalternative 1 empfohlen, da diese den besten Kompromiss zwischen den eingesparten Änderungsaufwänden und den langfristig zu erwartenden Vorteilen hinsichtlich der zu Beginn definierten Ziele der Umgestaltung liefert. Das Konzept erzielt eine deutliche Verbesserung der Zukunftsrobustheit und ermöglicht langfristige Vorteile hinsichtlich der eingangs definierten Zielgrößen. Es ist zudem mit einem eher geringen Risiko umzusetzen, da die bestehenden Funktionen und Wirkprinzipien unverändert bleiben und lediglich Änderungskonstruktionen notwendig werden.

Ergebnis ist ein zukunftsrobustes Produktstrukturkonzept, dessen Komponenten abschließend in geeignete Module gruppiert werden. Diese Modulbildung wir im nächsten Teilkapitel im Rahmen der Einbettung der Methode in den *Integrierten PKT-Ansatz zur Entwicklung modularer Produktfamilien* vorgestellt.

## 4.8 Einbettung in den Integrierten PKT-Ansatz zur Entwicklung modularer Produktfamilien

Das neu entwickelte methodische Vorgehen unterstützt die Gestaltung zukunftsrobuster modularer Produktstrukturen und wird als Methodenbaustein im Kontext des *Integrierten PKT-Ansatzes zur Entwicklung modularer Produktfamilien* entwickelt [Kra18]. Den Kern des Ansatzes bilden die beiden aufeinander aufbauenden Methodenbausteine der *Variantengerechten Produktgestaltung* sowie der *Lebensphasen-Modularisierung* (vgl.

Kap. 3.1.2). Zur Einbettung der neu entwickelten Methode ergeben sich drei wesentliche Anknüpfungspunkte zu dem Ansatz, welche im Folgenden hinsichtlich der anzuwendenden Werkzeuge bzw. anzupassenden Methodenschritte kurz erläutert werden (Bild 4-39).

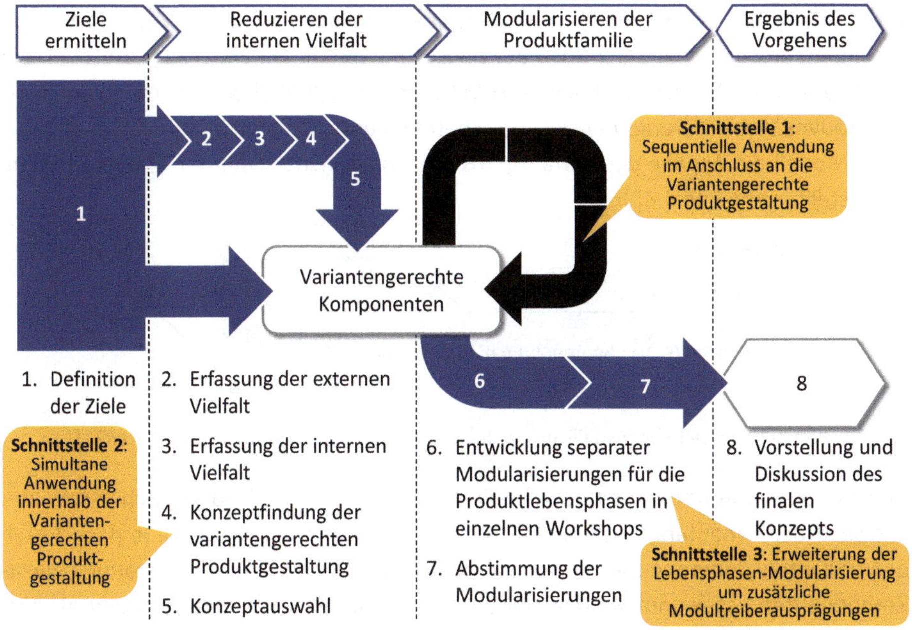


Bild 4-39: Schnittstellen zur Einbettung der entwickelten Methode in den Integrierten PKT-Ansatz zur Entwicklung modularer Produktfamilien aufbauend auf [Kip10]

### Schnittstelle 1: Anwendung im Anschluss an die *Variantengerechte Produktgestaltung*

Bei der ersten Integrationsmöglichkeit erfolgt die Methodenanwendung sequentiell im Anschluss an die *Variantengerechte Produktgestaltung* mit den bereits variantengerecht gestalteten Produktstrukturkonzepten. Die in dieser Arbeit neu eingeführte Methode kann dabei unverändert angewandt werden. Die einzige Besonderheit besteht darin, dass mit dem TeV sowie dem MIG des ausgewählten variantengerechten Konzepts bereits zwei Visualisierungen vorliegen. Somit reduziert sich insbesondere der Aufwand des zweiten Methodenschritts zur Datenaufnahme und der Analyse der bestehenden Variantenvielfalt (vgl. Kap. 4.4). Das Ergebnis der Methodenanwendung ist ein sequentiell entwickeltes variantengerechtes und zukunftsrobustes Produktstrukturkonzept, welches für die anschließende *Lebensphasen-Modularisierung* herangezogen werden kann.

**Schnittstelle 2: Integration in die *Variantengerechte Produktgestaltung***

Eine zweite Möglichkeit stellt die gleichzeitige Gestaltung von variantengerechten und zukunftsrobusten Lösungskonzepten dar. Hier werden die Eigenschaften und Ziele beider Gestaltungsprinzipien dazu genutzt, um im Rahmen der Konzeptfindung aufeinander abgestimmte Lösungsalternativen zu entwickeln. Zur gleichzeitigen Visualisierung der Variantengerechtheit und der Zukunftsrobustheit werden die änderungskritischen Elemente aus dem CAM in das 3-Ebenen-VAM (siehe Kap. 3.1.4) überführt und so ein neues integratives Visualisierungswerkzeug geschaffen. Zusätzlich wird in dem neuen integrativen Modell die Angabe des Varianzgrads der Komponenten auf der untersten Ebene dargestellt (siehe Bild 4-40).

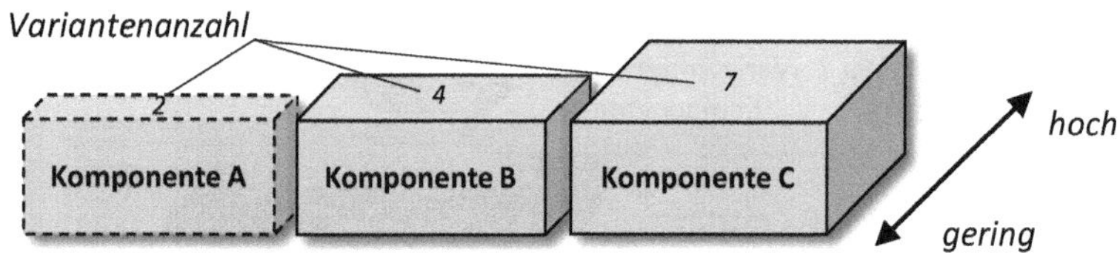


Bild 4-40: Erweiterte Visualisierung des Varianzgrades von Komponenten [Ren21]

Diese Information unterstützt sowohl die Identifikation von Handlungsschwerpunkten aus Sicht der Variantengerechtheit als auch der Zukunftsrobustheit, da je nach Anzahl der varianten Komponenten unterschiedliche Maßnahmen zur Umgestaltung dieser Komponenten angewandt werden sollten. Der Varianzgrad wird dabei absolut als auch relativ dargestellt [Ren21]. So weist Komponente C in Bild 4-40 beispielsweise die meisten Varianten innerhalb der Produktfamilie auf, was zum einen absolut (7), als auch über die Tiefe des Quaders relativ abgebildet werden kann.

Da mit dem VAM ein Abgleich zwischen externer und interner Vielfalt erfolgt, werden ausschließlich die Informationen um die Änderungen der kundenrelevanten Produkteigenschaften und deren Einfluss auf die Produktstruktur aus dem CAM übernommen. Dies wird, wie im CAM, durch eine schwarze Einfärbung der jeweiligen Elemente dargestellt und ermöglicht die Unterscheidung zwischen änderungskritischen und änderungsunkritischen Produkteigenschaften bzw. technischen Merkmalen (Bild 4-41).

Auf der mittleren Ebene der neuen Visualisierung werden demzufolge nicht nur die derzeit varianten technischen Merkmale, wie z.B. *wirkender Membrandurchmesser*, sondern auch die technischen Merkmale der Änderungen, wie z.B. *Wandstärke*, eingetragen. Dies ermöglicht eine Analyse hinsichtlich möglicher Synergien zur gleichzeitigen Reduzierung der derzeitigen als auch der zukünftigen Variantenvielfalt. In Bild 4-41 ist dies bei der *Federsteifigkeit* der Fall. Hier besteht großes Potential zur Umgestaltung, da mit nur einer Gestaltungsmaßnahme, wie z.B. der *Überdimensionierung*, sowohl die Variantengerechtheit als auch die Zukunftsrobustheit der Produktstruktur erhöht werden kann. Die Identifikation solcher Synergien wird durch die integrative Darstellung von CAM und VAM ermöglicht und stellt eine wesentliche Verbesserung gegenüber der klassischen Anwendung des VAM dar. Mit vergleichsweise geringem Aufwand können hier bei der Umgestaltung kurz-, mittel- und langfristige Potentiale gleichzeitig erschlossen werden.

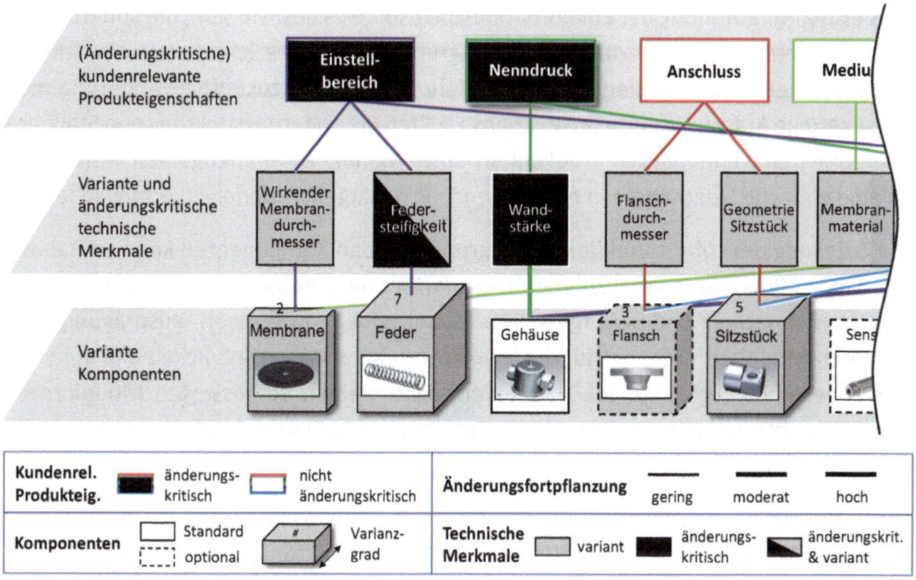


Bild 4-41: Integration des CAM in den 3-Ebenen-VAM (Auszug)

Auch auf der untersten Ebene ergeben sich durch die Integration wesentliche Vorteile. Hier werden nicht nur die derzeit varianten oder optionalen Komponenten abgebildet, sondern auch die Komponenten, welche durch die technischen Merkmale der Änderungen als zukünftig änderungskritisch anzusehen sind. Im Unterschied zum klassischen VAM ergibt sich daraus die Besonderheit, dass auch Standardkomponenten in der Visualisierung dargestellt werden. In Bild 4-41 ist dies beispielsweise bei dem standardisierten *Gehäuse* der Fall. Diese Komponente hängt nur von der zukünftigen Änderung der *Wandstärke* ab und kann mit Hilfe der integrativen Darstellung als änderungskritisch identifiziert werden. Da die Abstraktionsebenen im CAM und im 3-Ebenen-VAM übereinstimmen, können die Gestaltungsmaßnahmen zur variantengerechten Produktgestaltung um die der zukunftsrobusten Produktgestaltung erweitert werden. Dabei ist im Einzelfall zu entscheiden, ob der Fokus eher auf eine Reduzierung der derzeitigen oder der zukünftigen Vielfalt liegen soll und welche Gestaltungsmaßnahmen anzuwenden sind.

Ergebnis der integrativen Methodenanwendung ist ein simultan entwickeltes variantengerechtes und zukunftsrobustes Produktstrukturkonzept, welches für die anschließende *Lebensphasen-Modularisierung* genutzt werden kann.

**Schnittstelle 3: Erweiterung der Lebensphasen-Modularisierung**

Im Kontext der Entwicklung zukunftsrobuster modularer Produktstrukturen sind insbesondere die Kernkonzepte der Robustheit und Flexibilität bei der Modulbildung relevant. Sie erlauben einen effizienten Umgang mit unsicheren Änderungen und ermöglichen so eine aufwandsarme Anpassung an neue Gegebenheiten (vgl. Kap. 3.3.1). Ziel bei Modularisierung zur Erhöhung der Zukunftsrobustheit sollte es deshalb sein, die änderungskritischen Komponenten in flexible Module zu gruppieren und die Schnittstellen zu anderen Komponenten bzw. Modulen so auszugestalten, dass eine zukünftige Änderung möglichst geringe Aufwände verursacht. Ebenso sollten die änderungsunkritischen Standardkomponenten wenn möglich in zukunftsrobuste Module zusammengefasst werden, um so eine einfache Übernahme in nachfolgende Produktgenerationen zu ermöglichen.

Die Zuteilung der robust und flexibel zu gruppierenden Komponenten kann im Rahmen der Modulbildung der *Lebensphasen-Modularisierung* erfolgen. Hier werden mit Hilfe der *Netzplantechnik* und bereitgestellter Modultreiber sowie deren -ausprägungen die „Wunsch-Modularisierungen" für die jeweiligen Lebensphasen entwickelt und aufeinander abgestimmt (vgl. Kap. 3.1.2). Dies ermöglicht einen verbesserten Modulprozess durch das Unternehmen und das abteilungsübergreifende Ausschöpfen der Vorteile der Modularisierung.

Die Berücksichtigung zukünftiger Änderungen erfolgt aus Sicht der Lebensphase der Entwicklung. Hier wird die physische Gestalt der Produktstruktur festgelegt und die Schnittstellen zwischen den Modulen ausgestaltet. Mit *Zeitlicher Varianz* und *Übernahmeteile* enthält diese Phase zwei Modultreiber, die die wesentlichen Ziele der zukunftsrobusten Produktgestaltung abbilden. Im Rahmen der Einbettung der Methode wird das Verständnis der beiden Modultreiber erweitert und mit den Ergebnissen aus dem CAM angereichert.

Zum einen wird dabei die Auswahl geeigneter Modultreiberausprägungen sowie die Zuordnung von Komponenten unterstützt. Bei der *Zeitlichen Varianz* werden nicht mehr nur geplante Änderungen oder Technologiewechsel als mögliche Ausprägungen berücksichtigt, sondern ebenso die änderungskritischen markt- und produktionsseitigen Änderungstreiber aus dem CAM für die Modulbildung herangezogen. Diese werden als Modultreiberausprägungen für die *Zeitliche Varianz* in den Netzplan überführt und die jeweiligen änderungskritischen Komponenten zugeordnet (Bild 4-42).

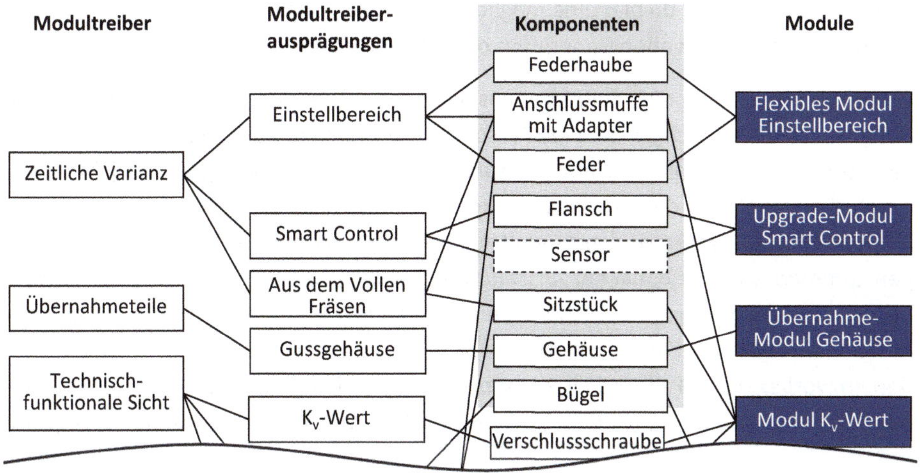


Bild 4-42: Netzplan zur zukunftsrobusten Modulbildung für die Lebensphase der Entwicklung

Die zukünftig änderungskritischen Komponenten werden anhand des Modultreibers der *Zeitlichen Varianz* in Module gruppiert und sollten möglichst flexibel ausgestaltet werden sowie möglichst wenig Abhängigkeiten zu anderen Modulen aufweisen. Dies verringert den Änderungsaufwand, da bei einer Änderung nur das flexible Modul überarbeitet und/oder ausgetauscht werden muss. Bei den Druckregelventilen ist dies beispielsweise bei dem *Modul Einstellbereich* sowie bei dem *Upgrade-Modul Smart Control* der Fall (Bild 4-42, rechts). Die hier gruppierten Komponenten wurden als änderungskritisch deklariert und weisen große Änderungsabhängigkeiten untereinander auf (z.B. *Feder* und *Federhaube*). Zur Analyse der Änderungsabhängigkeiten und für die abschließende Festlegung von Modulgrenzen sollte die *Änderungsfortpflanzungs-Matrix* aus Schritt 4 der vorgestellten Methode hinzugezogen werden (vgl. Kapitel 4.5.3).

Zur Bildung der robusten Module wird der Modultreiber *Übernahmeteile* genutzt. Hier werden Komponenten mit dem Ziel zusammengefasst, produktgenerationsübergreifend wiederverwendet zu werden und somit langfristig Einsparungspotentiale generieren zu können. Für diese Art der Module bieten sich insbesondere die Komponenten an, welche im Rahmen der neu eingeführten Methode als änderungsunkritisch deklariert wurden. Sie können direkt aus dem MIG bzw. indirekt aus dem CAM des ausgewählten zukunftsrobusten Produktstrukturkonzepts abgeleitet werden. In dem Beispiel der Druckregelventile stellt das *Gehäuse* eine solche Komponente dar, welche als Übernahmeteil robust ausgestaltet werden sollte (Bild 4-42). Sie kann als produktgenerationsübergreifende Komponente festgelegt und je nach modularer Produktstrukturierungsstrategie bei der Modulbildung berücksichtigt werden (vgl. Kap. 3.1.1). Standardisierte und änderungsunkritische Komponenten bieten sich beispielsweise als Kandidaten für eine

Plattformstrategie an, da hier eine möglichst lange Nutzung innerhalb der Produktfamilie und der darauffolgenden Generation ohne Änderungen zu erwarten sind.

Als dritter wesentlicher Modultreiber aus Sicht der Entwicklung muss bei der Modulbildung auch die *technisch-funktionale* Perspektive berücksichtigt werden. Die Module dieser Sicht werden im Rahmen der *Lebensphasen-Modularisierung* separat entwickelt und durch die Einbettung der neu entwickelten Methode nicht beeinflusst. Bei der Zuordnung der Komponenten zu den Modultreiberausprägungen kann es zu Überschneidungen kommen, wie es z.B. bei der *Anschlussmuffe mit Adapter* der Fall ist. Diese Komponente kann sowohl aus Gesichtspunkten der *Zeitlichen Varianz*, als auch aus *technisch-funktionaler Sicht* zur Einstellung des *$k_v$-Wertes* in verschiedene Module gruppiert werden. Im vorliegenden Fall wird die Komponente dem *Modul $k_v$-Wert* zugeordnet, da hier aus Sicht der Entwicklung größere Vorteile gesehen werden, als es flexibel auszugestalten.

Das Ergebnis der Modularisierung aus der Perspektive der Entwicklung ist eine Modulstruktur, welche unter Berücksichtigung technisch-funktionaler Aspekte eine erhöhte Zukunftsrobustheit durch die Bildung von flexiblen und robusten Modulen ermöglicht. In Bild 4-43 sind die Modulschnitte des ausgewählten zukunftsrobusten Produktstrukturkonzepts im MIG dargestellt.

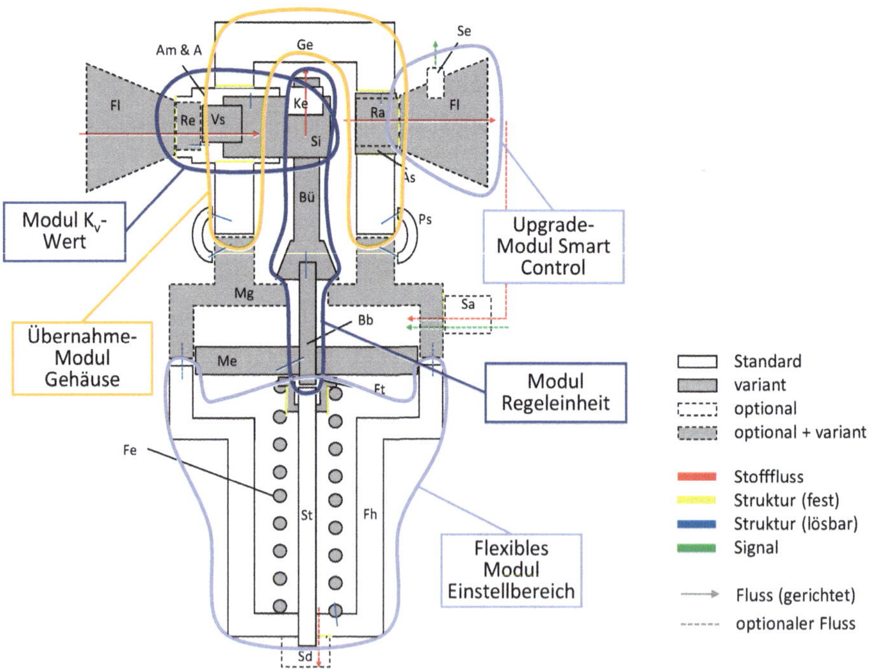


Bild 4-43: Zukunftsrobuste Modulstruktur aus Sicht der Lebensphase der Entwicklung

Die Moduleinteilung für die Komponenten der Produktfamilie der Druckregelventile erfolgt gemäß den Zuordnungen im Netzplan aus Bild 4-42 und stellt einen Kompromiss zwischen den unterschiedlichen Zielen der drei betrachteten Modultreiber dar. So werden mit dem *Modul* $K_v$*-Wert* und dem *Modul Regeleinheit* zwei technisch-funktionale Module gebildet, welche vor allem aus Sicht der Funktionserfüllung große Gemeinsamkeiten aufweisen. Das *Modul* $k_v$*-Wert* enthält mit dem *Sitzstück* dabei auch eine als änderungskritisch deklarierte Komponente, welche bei der finalen Modulentscheidung nicht in ein flexibles Modul eingruppiert wird. Dies ist immer im Einzelfall zu entscheiden und gemäß den jeweiligen Vor- und Nachteilen abzuwägen. Das *Modul Einstellbereich* sowie das *Modul Smart Control* werden dagegen aus Gründen der Flexibilität mit änderungskritischen Komponenten gebildet. Hier überwiegen die Potentiale eines aufwandsarmen Austauschs bzw. Upgrades in Zukunft. Auch das *Gehäuse* wird im Kontext der Zukunftsrobustheit als einzelnes Modul festgelegt und in der Produktstruktur als *Übernahmeteil* definiert.

Die Perspektive der Entwicklung stellt nur eine von vielen Sichten dar und muss mit den anderen Modulstrukturen der weiteren Lebensphasen abgestimmt werden. Dieser abschließende Schritt wird im Rahmen *Lebensphasen-Modularisierung* durch die Harmonisierung der Modulstrukturen umgesetzt. Hier werden die verschiedenen Modularisierungen im *Module Process Chart* (MPC) gegenübergestellt und der Modulfluss durch das Unternehmen visualisiert (vgl. Kap. 3.1.4). Der CAM stellt eine Unterstützung dar, um die Hintergründe zur Bildung von flexiblen und robusten Modulen transparent und nachvollziehbar darzustellen. Dies erhöht die Objektivität bei der Entscheidungsfindung und ermöglicht die Gestaltung eines zukunftsrobusten Modulprozesses für das gesamte Unternehmen.

# 5 Validierung der Methode

Die Methode zur Gestaltung zukunftsrobuster modularer Produktstrukturen wird im Rahmen einer industriellen Fallstudie aus dem Maschinen- und Anlagenbau angewendet und evaluiert. Dazu wird überprüft, inwiefern das entwickelte Vorgehen die in Kapitel 2.4 aufgestellten Anforderungen erfüllt und einen spezifischen Nutzen für die Produktentwicklung generiert. Zunächst wird dazu die Planung der Einzelfallstudie beschrieben und die Hypothesen formuliert, welche im Rahmen der Validierung überprüft werden sollen. Die anschließende Durchführung zeigt die Anwendung der Methode anhand eines Fallbeispiels auf. Abschließend werden die Ergebnisse der Validierung ausgewertet und die Erfüllung der aufgestellten Hypothesen überprüft.

## 5.1 Planung der Validierung

Zur Planung der Validierung werden zunächst die Hypothesen zur Überprüfung der Erreichung des Forschungsbedarfes formuliert und anschließend die praktische Durchführung der industriellen Fallstudie beschrieben.

**Prüfhypothesen**

Folgende Hypothesen gilt es hinsichtlich der zugrunde liegenden Anforderungen im Rahmen der Validierung zu prüfen:

1. Die Methode unterstützt die Entwicklung von alternativen Produktstrukturkonzepten mit geringen zukünftigen und nachträglichen Änderungsauswirkungen auf die Produktstruktur.
2. Die Fokussierung auf die wesentlichen Änderungstreiber aus Markt- und Produktionssicht ist zielführend und ausreichend.
3. Die eingesetzten Visualisierungswerkzeuge erhöhen die Anwendbarkeit und den Nutzen der Methode.


E. Greve, *Methode zur Gestaltung zukunftsrobuster modularer Produktstrukturen aus Markt- und Produktionssicht*, Produktentwicklung und Konstruktionstechnik 24,
https://doi.org/10.1007/978-3-662-68240-1_5

4. Die konstruktiven Gestaltungsmaßnahmen unterstützen bei der Ideenfindung und Konzeptionierung zukunftsrobuster Produktstrukturalternativen.
5. Die Methode eignet sich für einen mittel- bis langfristigen Planungshorizont.
6. Die Variantenvielfalt wird im Rahmen der Methodenanwendung berücksichtigt.
7. Die Bewertung und Auswahl der zukunftsrobusten Konzeptalternativen erfolgen objektiv und nachvollziehbar.

**Praktisches Vorgehen**

Die Anwendung der Methode erfolgt im Anschluss an ein gefördertes Forschungsprojekt zur Entwicklung modularer Produktstrukturen mit einem mittelständischen Unternehmen aus dem Bereich der Laserstrahl-Präzisionsbearbeitung[5]. Im Rahmen des Projektes wurden bereits variantengerechte Produktstrukturkonzepte entwickelt und umgesetzt, sodass hier auf bestehende Daten zurückgegriffen werden kann. Die Methode wird demzufolge entsprechend der ersten Schnittstelle zum *Integrierten PKT-Ansatz* angewandt (vgl. Kap. 4.8).

Zur Aufnahme der Daten werden fünf moderierte Online-Workshops mit Vertretern aus dem Bereich *Forschung & Entwicklung*, *Einkauf*, *Produktion*, *Vertrieb* und *Management* durchgeführt und die erzielten Ergebnisse im Anschluss an die jeweiligen Workshops in einem iterativen Prozess an der Universität ausgewertet und aufbereitet. Der Fokus der Studie wird dabei auf den dritten Schritt der Methode gelegt, da hier die neuen Visualisierungen genutzt und die wesentlichen Ergebnisse erzielt werden. Die jeweiligen Teilnehmer der Workshops entsprechen dabei den benötigten Experten der jeweiligen Methodenschritte. Bild 5-1 zeigt die Aufteilung der Workshops auf die einzelnen (Teil-)Schritte.

In einem ersten Workshop werden sowohl die Ziele der zukunftsrobusten modularen Produktstrukturgestaltung definiert als auch die externe und interne Variantenvielfalt aufgenommen. Hier kann auf die bereits bestehenden Visualisierungen des TeV und MIG zurückgegriffen werden, welche im Rahmen des Forschungsprojektes bereits erarbeitet wurden. Diese werden mit den aktuellen Daten des vergangenen Zeitraums zwischen der initialen Konzepterstellung und dieser Studie abgeglichen und ergänzt. Die Erhebung der Daten für den dritten Methodenschritt zur Analyse der änderungsinduzierten Vielfalt erfolgt in drei separaten Workshops. So werden in einem zweiten Workshop zunächst

---

[5] ProRobuSt - Methoden zur Entwicklung und Beherrschung der Produktvielfalt durch modulare zukunftsrobuste Produktstrukturen, in Kooperation mit Mankenberg GmbH, ERLAS Erlanger Lastertechnik GmbH, Hans Lutz Maschinenfabrik GmbH & Co. KG und Odego GmbH, gefördert durch das BMBF (02P16K100), 2016-2018.

die alternativen Umfeldszenarien für die Zukunft der Laserbearbeitung entwickelt und die änderungskritischen kundenrelevanten Produkteigenschaften mit Hilfe der *Szenario-Eigenschafts-Matrix* ermittelt.

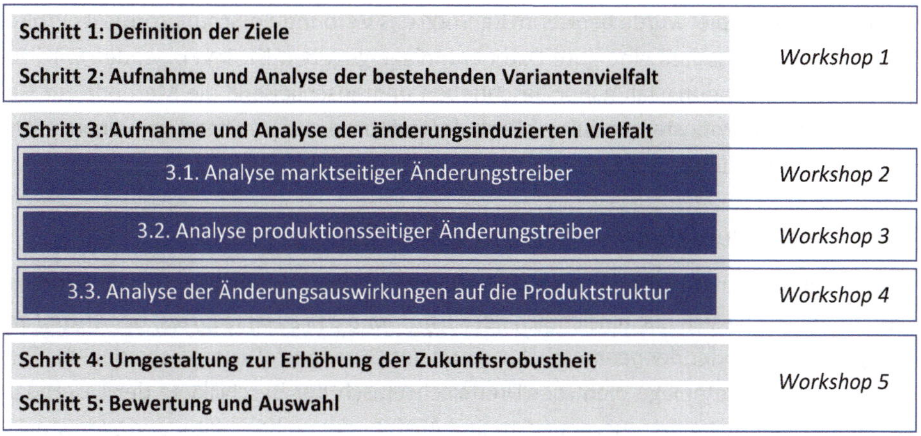


Bild 5-1: Verteilung der Workshops auf die Methodenschritte im Rahmen der Validierungsstudie

Im dritten Workshop erfolgt die Bestimmung der änderungskritischen produktionsseitigen Änderungstreiber mit Hilfe des *Produktionstrend-Portfolios*. In Workshop vier werden die technischen Merkmale sowie die Fortpflanzung der Änderungen bestimmt und der initiale CAM für das Validierungsbeispiel aufgestellt. Die eigentliche Umgestaltung zur Erhöhung der Zukunftsrobustheit unter Anwendung der Gestaltungsmaßnahmen erfolgt in einem fünften Workshop. Die hier generierten Lösungsideen werden an der Universität aufbereitet, in drei alternative Produktstrukturkonzepte überführt und anhand der Kennwerte der Zukunftsrobustheit sowie weiteren wirtschaftlichen Zielgrößen von den Teilnehmern bewertet. Die Ergebnisse werden abschließend dazu genutzt, um das weiter zu verfolgende zukunftsrobuste Produktstrukturkonzept auszuwählen. Die Modulbildung im Rahmen der *Lebensphasen-Modularisierung* ist nicht Teil der Validierung, da die methodische Vorgehensweise bereits in vorangegangen Studien mehrfach erfolgreich evaluiert wurde (u.a. in [Ble11], [Gre20a]).

Zur Auswertung der Validierung und Überprüfung der Hypothesen findet unter den Teilnehmern der Workshopreihe abschließend eine systematische Befragung mit Hilfe von Evaluationsbögen statt. So soll eine qualitative Einschätzung zum **Nutzen**, zur **Anwendbarkeit** sowie zur **Benutzbarkeit** der durchgeführten Teilschritte, der verwendeten Werkzeuge und der erzielten Ergebnisse im Kontext der Prüfhypothesen vorgenommen werden.

## 5.2 Durchführung der Validierung

Die Validierung erfolgt am Beispiel einer Produktfamilie von Drehwechseltischen, welche als eigenständige Baugruppe einer Laserbearbeitungsanlage betrachtet wird. Das industrielle Produktbeispiel wurde bereits im Rahmen des Verbund-Forschungsprojekts ProRobuSt untersucht, sodass eine gute Datengrundlage gegeben ist. Im Folgenden wird zunächst der Anwendungsfall näher beschrieben und anschließend die Methode zur Gestaltung zukunftsrobuster modularer Produktstrukturen entsprechend der vorgestellten Planung durchgeführt.

### 5.2.1 Anwendungsfall

Die aktuelle Produktfamilie der Drehwechseltische umfasst in dem Beispiel acht Produktvarianten, welche sich u.a. hinsichtlich der *Ausführung des Laserschutzes*, der *Anzahl der Stopppositionen* oder der *geometrischen Form des Grundgestells* unterscheiden. Als Teilsystem der Gesamtanlage dient der Drehwechseltisch der Beschickung der Laserbearbeitungszelle durch eine rotierende Ein- und Ausfuhr des zu bearbeitenden Werkstücks. Typische Bauteile stellen hier kleinere und mittelgroße Baugruppen hoher Komplexität, wie z.B. *Führungskästen*, *Schaltwalzen* oder *Getriebeteile*, dar. Bild 5-2 zeigt eine Variante des Drehwechseltisches und dessen typischen Aufbau.

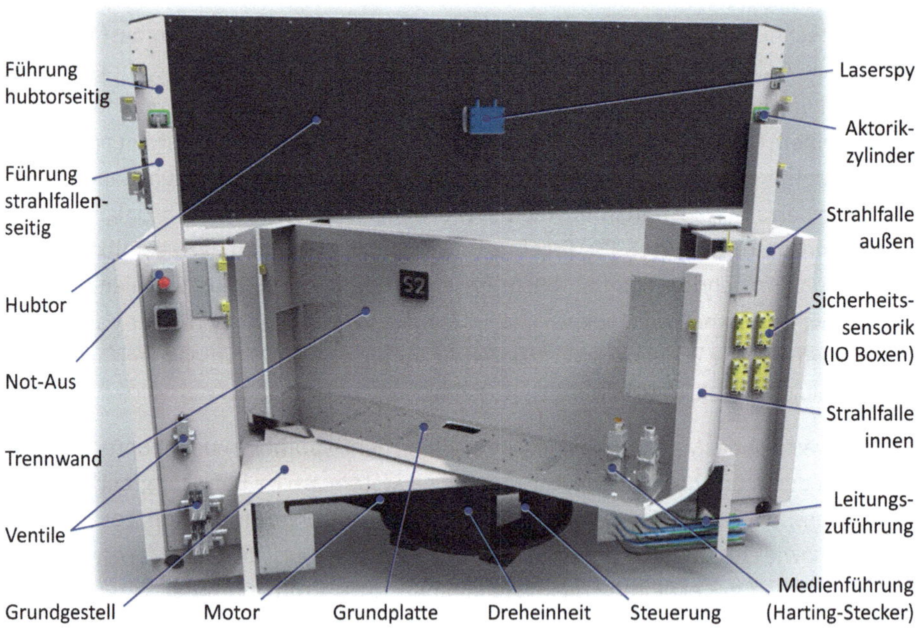


Bild 5-2: Drehwechseltisch einer Laserbearbeitungsanlage

Das zu bearbeitende Werkstück wird auf einer Spannvorrichtung, welche nicht Teil des betrachteten Systems ist, auf der gelagerten *Grundplatte* des Tisches befestigt und dann in den Bearbeitungsraum gedreht. Während das Werkstück im Inneren der Anlage bearbeitet wird, erfolgt die Entnahme des bereits bearbeiteten bzw. die Bestückung des neu zu bearbeitenden Werkstücks. Ist die Laserbearbeitung abgeschlossen, fährt ein pneumatisch betriebenes *Hubtor* nach oben, sodass der Tisch je nach Anzahl der Stopppositionen um einen bestimmten Winkel rotiert und somit das bearbeitete Werkstück freigibt. Die Rotation erfolgt dabei durch eine *Dreheinheit*, welche durch einen *elektrischen Motor* an der Unterseite der *Grundplatte* betrieben wird.

Bedingt durch die hohen Laserleistungen im Inneren der Anlage, muss die gesamte Zelle nach außen hin lichtundurchlässig sein. Dieser Umstand stellt insbesondere bei den rotierenden Komponenten eine technische Herausforderung dar, da hier aufgrund der geringen Wellenlänge des Laserstrahls im Nanometerbereich sowie des thermischen Ausdehnens und Zusammenziehens von Stahl kein Spalt auftreten darf. Der Laserschutz wird an dieser Stelle durch das technische Wirkprinzip einer *Strahlfalle* umgesetzt. Diese besteht aus mehreren Blech-Schichten und führt dazu, dass die einfallenden Laserstrahlen durch die mehrfache Reflexion „totreflektiert" werden. Im Bereich der translatorischen Bewegung des *Hubtors* wird das Austreten von Laserstrahlen zudem dadurch verhindert, dass beim Herunterfahren das *Hubtor* in eine Nut auf der Oberseite der *Trennwand* eintaucht.

Die *Trennwand* als auch das *Hubtor* müssen ebenfalls einen ausreichenden Laserschutz bieten. Je nach Produktvariante wird dies entweder durch einen passiven Laserschutz – realisiert durch eine mit Glaswolle gefüllte *Trennwand* – oder durch einen aktiven Laserschutz umgesetzt. Der aktive Laserschutz besteht aus einem Sicherheitssensor, dem sogenannten *Laserspy*. Dieser überwacht den Hohlraum der *Trennwand* bzw. des *Hubtors* und erfasst dabei Lichtstrahlen, die aufgrund einer beschädigten Wandschicht ins Innere gelangen. Bei einer Gefahrenerkennung öffnet sich der Sicherheitskreis und die Strahlenquelle wird ausgeschaltet.

Das Produktionssystem des Laseranlagenherstellers ist durch eine sehr hohe Fertigungstiefe charakterisiert und es werden nur wenige Komponenten hinzugekauft, wie z.B. der *Motor* oder die *Elektronikkomponenten*.

### 5.2.2 Definition der Ziele einer zukunftsrobusten modularen Produktgestaltung

Zur Identifikation der Ziele bei der Umgestaltung wird das *erweiterte Wirkmodell modularer Produktstrukturen* herangezogen und die fallspezifischen Wirkketten ausgewählt (Bild 5-3).

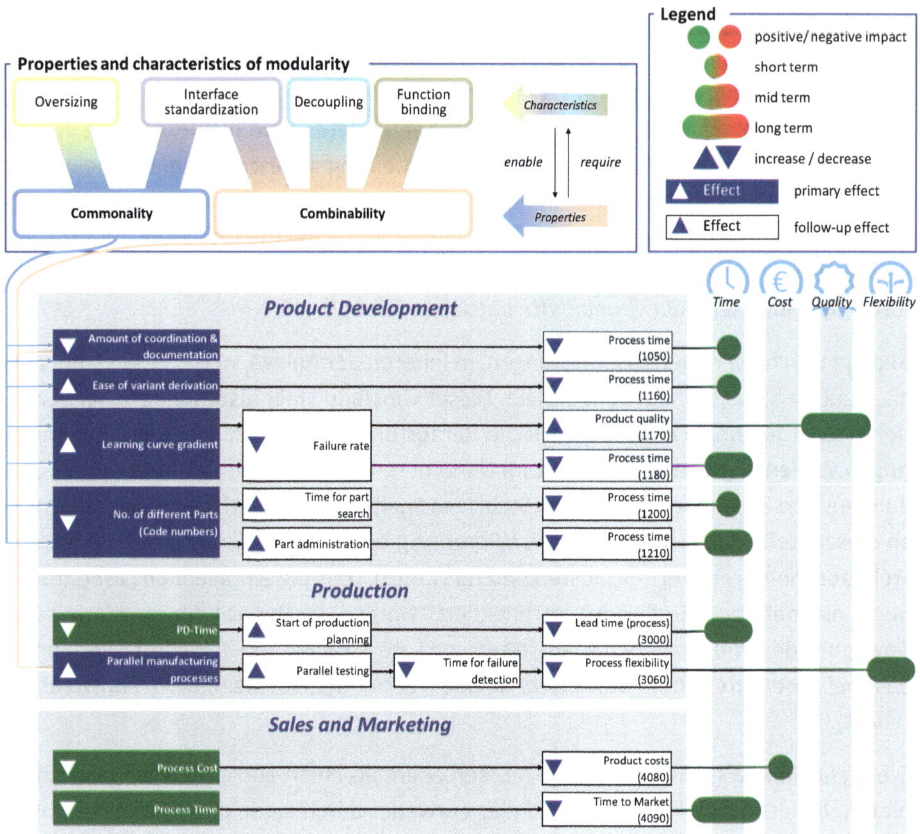


Bild 5-3: Erweitertes Wirkmodell modularer Produktstrukturen mit den relevanten Wirkketten für das Validierungsbeispiel

Da ein sehr hoher Anteil der Wertschöpfung beim Sonderanlagenbau auf die Konstruktion entfällt, sollen insbesondere in dieser Lebensphase wesentliche Einsparungseffekte durch eine zukunftsrobuste modulare Gestaltung adressiert werden. Die Einsparungen der Prozesszeiten und somit auch -kosten in der Phase der Entwicklung führen vor allem in der Produktion sowie im Sales und Marketing zu weiteren Folgeeffekten (grün eingefärbt, siehe Bild 5-3). So kann in der Produktion beispielweise früher gestartet werden, was direkten Einfluss auf eine Verkürzung der Durchlaufzeit hat. Im Sales und Marketing können die eingesparten Kosten direkt an die Kunden weitergegeben werden, was sich unmittelbar auf die Wettbewerbsfähigkeit sowie die Kundenzufriedenheit auswirkt. Aus dem gefilterten Wirkmodell wird zudem deutlich, dass die meisten der identifizierten Ziele hauptsächlich durch die Produktstruktureigenschaft der Kommunalität ausgeprägt werden. Die Auswirkungen auf die Zielgrößen aus dem Wirkmodell gilt es bei der Umgestaltung zur Erhöhung der Zukunftsrobustheit zu adressieren.

### 5.2.3 Aufnahme und Analyse der bestehenden Variantenvielfalt

Nachdem die Ziele definiert wurden, wird die bestehende externe und interne Vielfalt der Drehwechseltische mit Hilfe des TeV sowie mit dem MIG erfasst und visualisiert. Der TeV zeigt die externe Variantenvielfalt der acht verkauften Produktvarianten der letzten drei Jahre (Bild 5-4).

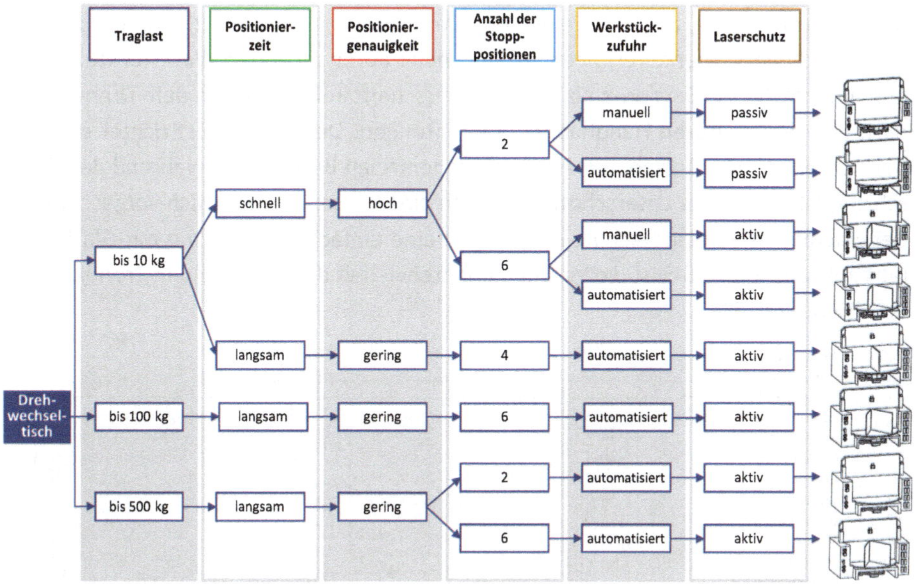


Bild 5-4: Vielfaltsbaum (TeV) der Produktfamilie der Drehwechseltische

Die betrachteten Produktvarianten unterscheiden sich in Bezug auf sechs kundenrelevante Produkteigenschaften mit jeweils mindestens zwei Ausprägungen. Die *Traglast* ist dabei die wichtigste kundenrelevante Produkteigenschaft und wird in den Ausprägungen *bis 10 kg, bis 100 kg* oder *bis 500 kg* angeboten. Diese Gewichte müssen vom *Grundgestell* getragen und von der *Dreheinheit* mit ausreichend Leistung versorgt werden, um die Drehbewegung der *Grundplatte* realisieren zu können.

Die *Positionierzeit* und *Positioniergenauigkeit* werden durch jeweils zwei Ausprägungen realisiert, die sich aufgrund der derzeitigen technischen Umsetzung gegenseitig bedingen. So wird eine *hohe Positioniergenauigkeit* durch eine Kurvenwelle und eine *geringe Positioniergenauigkeit* durch eine frei programmierbare Steuerung umgesetzt. Mit der frei programmierbaren Steuerung können keine *geringen Positionierzeiten* erreicht werden, sodass diese immer mit einer *geringen Positioniergenauigkeit* als Ausprägung einhergehen. Da im Rahmen der Umgestaltung auch alternative Wirkprinzipien zur Lösungssuche genutzt werden sollen, werden die beiden kundenrelevanten Produkteigenschaften trotz der derzeitigen Abhängigkeit weiterhin getrennt betrachtet.

Die *Anzahl der Stopppositionen* kann je nach gewünschter Taktzeit, Werkstückgeometrie, benötigtem Bearbeitungsraum oder Automatisierungsgrad variieren. Je nach Anzahl der Ausführung befinden sich maximal drei Werkstücke gleichzeitig in der Bearbeitungszelle. Je höher die Anzahl der Stopppositionen, umso geringer ist auch der Bearbeitungsraum zwischen den *Trennwänden*. Somit eignet sich eine höhere Anzahl an Stopppositionen eher für kleinere Werkstücke mit hoher Stückzahl. Die *Werkstückzufuhr* kann entweder automatisiert, z.B. durch einen Knickarmroboter, einem Shuttle System oder manuell durch einen Werker erfolgen. Im Falle einer automatisierten Werkstückzufuhr dienen entsprechende Sensoren als Informationsschnittstelle zwischen dem Drehwechseltisch und den weiteren Handhabungsvorrichtungen. Der *Laserschutz* richtet sich nach der Betriebsart der Anlage. Bei einem personenfreien Betrieb, z.B. während der Nachtschicht, ist ein aktiver Laserschutz z.B. durch einen *Laserspy* gesetzlich vorgeschrieben. Bei einem passiven Laserschutz ist dagegen eine einfache *Trennwand* mit Glaswollfüllung zulässig. In Bild 5-5 ist die interne Variantenvielfalt der bestehenden Produktfamilie im MIG dargestellt.

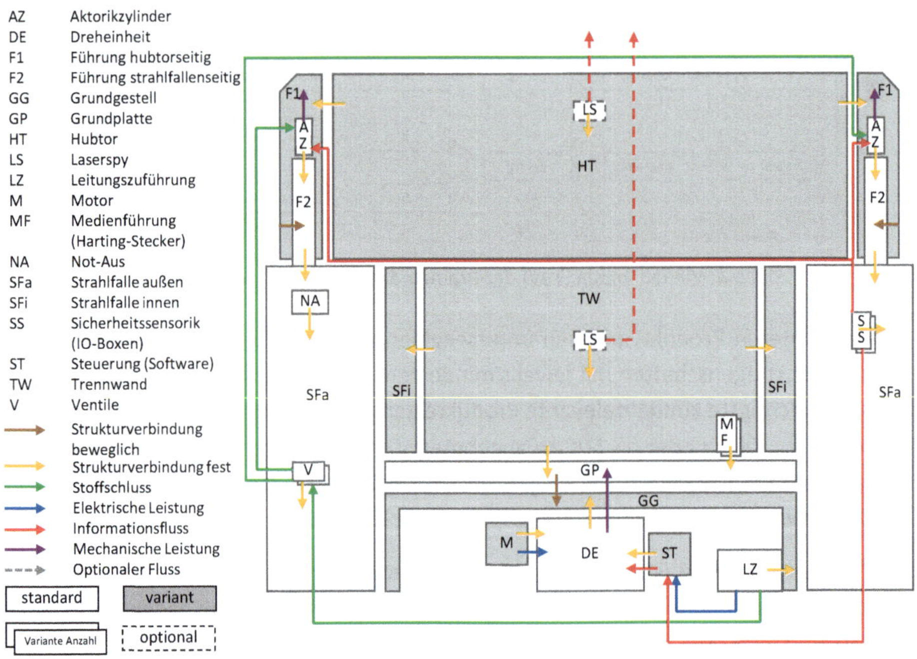


Bild 5-5: Module Interface Graph der Drehwechseltisch-Produktfamilie

Im Zuge einer bereits durchgeführten variantengerechten Gestaltung der Produktfamilie wurde die *Grundplatte (GP)*, die *Strahlfalle außen (SFa)* sowie die *Leitungs- (LZ)* und *Medienführung (MZ)* standardisiert. Insbesondere die Standardisierung des Grundplattendurchmessers konnte die interne Vielfalt umliegender Komponenten maßgeblich reduzieren. Dies gilt es bei der Analyse der Änderungsauswirkungen auf die Produktstruktur aufgrund änderungskritischer markt- als auch produktionsseitiger Änderungstreiber zu berücksichtigen. Weitere Standardkomponenten sind vor allem eher kleinere Bauteile und lagen bereits vor der variantengerechten Umgestaltung standardisiert vor.

Die Varianz innerhalb der Produktfamilie entsteht hauptsächlich durch die Komponenten, die einen direkten Bezug zu den Werkstückeigenschaften und den Prozessabläufen der Endkunden aufweisen. So sind das *Grundgestell (GG)* und der *Motor (M)* für die Umsetzung der kundenrelevanten Eigenschaft *Traglast* relevant und die Art der Steuerung richtet sich nach den Eigenschaften *Positionierzeit* und *-genauigkeit*. Die Ausführungen der *Trennwand (TW)* sind zudem abhängig von der *Anzahl der Stopppositionen* und der Werkstückgeometrie. Bei einer Variation der *Trennwandhöhe* muss die *Strahlfalle innen (SFi)* zur Sicherung des *Laserschutzes* ebenfalls angepasst werden.

### 5.2.4 Aufnahme und Analyse der änderungsinduzierten Vielfalt

Im Anschluss an die Visualisierung der bestehenden Variantenvielfalt wird die änderungsinduzierte Vielfalt aufgenommen und untersucht. Dazu werden zunächst die änderungskritischen markt- und produktionsseitigen Änderungstreiber ermittelt und anschließend deren Änderungsauswirkungen auf die Produktstruktur mit Hilfe des CAM visualisiert.

#### Analyse marktseitiger Änderungstreiber

Zur szenariobasierten Ermittlung der änderungskritischen kundenrelevanten Produkteigenschaften werden in einem ersten Schritt die alternativen Zukünfte für das Umfeld der Laserbearbeitungsanlagen mit Hilfe des *angepassten Szenario-Managements* mittels *Morphologischer Szenariobildung* erarbeitet.

Als Szenariofeld und Betrachtungszeitraum wird die *Hochleistungs-Laserbearbeitung 2028+* festgelegt und als wesentliche Marktsegmente die Abnehmerbranchen der *Automobilindustrie*, *Energie-*, *Medizin-* und *Kommunikationstechnik* ausgewählt. Die relevanten Umfelder werden systematisch gegliedert und zur transparenten Darstellung in einem *Systembild* abgebildet (Bild 5-6).

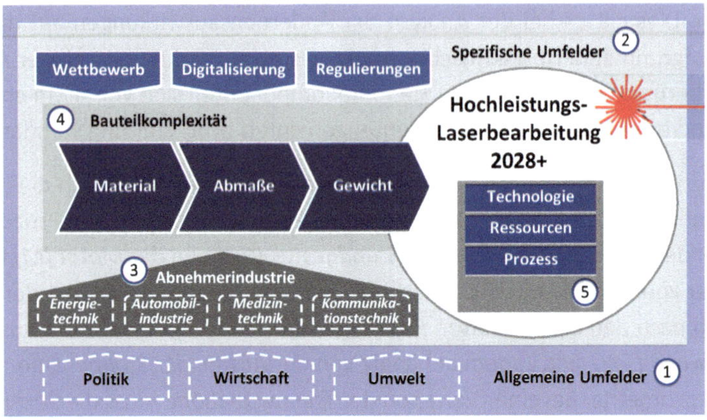


Bild 5-6: Systembild zur Darstellung unterschiedlicher Umfelder für die Hochleistungslaserbearbeitung im Jahr 2028+

Anahnd des Systembildes werden unter Berücksichtigung der verschiedenen Ebenen 42 Einflussfaktoren für das Gestaltungsfeld der *Hochleistungs-Laserbearbeitung 2028+* ermittelt. Diese beziehen sich auf das Gesamtsystem der Laserbearbeitungs-anlage und werden im nächsten Schritt auf 11 wesentliche Schlüsselfaktoren eingegrenzt, welche einen direkten Bezug zu den Drehwechseltischen als Teilsystem aufweisen (siehe Anhang A4.1). Für die Schlüsselfaktoren werden jeweils zwei Dimensionen bestimmt, deren Entwicklungen erwartungsgemäß die größten Auswirkungen auf das Marktsegment und die Produktfamilie haben. Anschließend werden die Projektionen gemäß der zweidimensionalen Projektionsentwicklung ermittelt und die Szenarien morphologisch gebildet. Bild 5-7 zeigt die vier entwickelten Szenarien für das Umfeld der Laserbearbeitung mit Bezug zu den Drehwechseltischen im Jahr 2028+.

In *Szenario 1 „Energie- und Ressourceneffizientes Lasern“* spielen vor allem Umwelt- und Nachhaltigkeitsaspekte eine zentrale Rolle. In diesem alternativen Zukunftsszenario existieren restriktive Emissionsgrenzen, weshalb der Vorgang der Laserbearbeitung möglichst energie- und ressourceneffizient ablaufen sollte. Das Recycling wird zunehmend wichtiger und es werden hohe Qualitätsansprüche an die zu bearbeitenden Bauteile gestellt, um möglichst wenig Ausschuss zu produzieren.

In *Szenario 2 „Vollautonome Bearbeitungszentren“* laufen die Produktionsprozesse größtenteils eigenständig ab, weshalb menschbezogene Sicherheitsaspekte zunehmend an Bedeutung verlieren. Zudem steht eher die Quantität als die Qualität der zu bearbeitenden Werkstücke im Vordergrund.

*Szenario 1: Energie- und Ressourceneffizientes Lasern* | *Szenario 2: Vollautonome Bearbeitungszentren* | *Szenario 3: Lasern as a Service* | *Szenario 4: Traditionelle analoge Produktion*

| | | | | |
|---|---|---|---|---|
| **1. Wirtschaftliche Entwicklung in den Segmenten** | Wirtschaftlicher Aufschwung, aber wenig investitionsbereit (Sparfuchs) | Positives Wirtschaftswachstum und finanzstark | Kritische wirtschaftliche Entwicklung und geringe Investitionsbereitschaft | Kritische wirtschaftliche Entwicklung, aber trotzdem investitionsbereit (was kostet die Welt) |
| **2. Nachhaltigkeits-bewusstsein** | Energie- und Ressourceneffizienz ja, aber nicht um jeden Preis | Der Energie-effiziente Laser um jeden Preis (Umwelt first) | Umwelt ist egal | Mehrkostenbereitschaft, aber nicht für nachhaltiges Produzieren |
| **3. Digitale Transformation der Abnehmerindustrie** | Wenige digitale Champions mit Spitzentechnologie | Vollständige Durchdringung mit digitalen und innovativen Technologien | Traditionelle analoge Produktion | Digitale Aufrüstung, aber nur als Nachahmer |
| **4. Fortschritt der Lasertechnologie** | Neue Lasertechnologie basierend auf leistungs-fähigeren Energiespeichern | Komplett neue Lasertechnologie | Weitestgehend konventionelle Lasertechnik | Neue Lasertechnologie basierend auf höherer Laserstrahlintensität |
| **5. Staatliche Einflussnahme** | Restriktive Emissionsgrenzen mit wenigen Subventionen (Peitsche) | Restriktive Emissionsgrenzen bei gleichzeitiger finanzieller Unterstützung (Zuckerbrot und Peitsche) | Geringe Einflussnahme durch staatliche Vorgaben | Geringe Einflussnahme und viele Subventionen (Zuckerbrot) |
| **6. Branchen-wettbewerb** | Starke Fragmentierung der Branche durch neue Wettbewerber | Massiver Umbau der Branche durch neue Player | Traditioneller Wettbewerb mit bekannten Playern | Branche wird stark konsolidiert |
| **7. Wandel von Geschäftsmodellen** | Service als bedeutender Teil bestehender Geschäftsmodelle | Laser as a Service (Pay per use) | Servicewüste bei traditionellen Geschäftsmodellen | Produktfokus im Kontext neuer Geschäftsmodelle |
| **8. Bauteil-komplexität** | Neue Werkstoffe bei geringem Individualisierungsgrad | Hochindividuelle Bauteile mit neuen Werkstoffen | Konventionelle Bauteile | Individuelle Bauteile mit traditionellen Werkstoffen |
| **9. Aufstieg neuer Anwendungsfelder** | Neuartige Anwendungen mit bestehenden Funktionsweisen | Neuartige Anwendungen erfordern neue Funktions-weisen (z.B. 3D-Druck) | Traditionelle Anwendungen bei bestehenden Funktionsweisen | Traditionelle Anwendungen mit neuen Technologien |
| **10. Entwicklung autonomer Produktionssysteme** | Teilautonome Produktionssysteme mit Mensch als Kontrollinstrument | Vollautonome Produktionssysteme | Traditionelle Produktionssysteme ohne KI | Teilautonome Produktionssysteme mit KI als Kontrollinstrument |
| **11. Prozess-anforderungen** | Quantität vor Qualität | Hoher Qualitätsanspruch in kurzer Zeit | Hauptsache gelasert | Qualität vor Quantität |

Bild 5-7: Morphologisch gebildete Zukunftsszenarien für das Umfeld der Hochleistungs-Laserbearbeitung im Jahr 2028+

Das *Szenario 3 „Lasern as a Service"* ist durch die zentrale Rolle der Auftragsfertigung im Bereich der Laserbearbeitung geprägt. In diesem Zusammenhang bestehen hohe Qualitätsansprüche an die zu bearbeitenden Bauteile und es müssen geringe Taktzeiten realisiert werden, um eine direkte Vergütung der Bearbeitungszeiten als Service zu ermöglichen. Außerdem herrscht eine hohe Wettbewerbsintensität, weshalb die Unternehmen vermehrt auf Differenzierungsmerkmale setzen, um weiterhin wettbewerbsfähig zu bleiben.

In *Szenario 4 „Traditionelle analoge Produktion"* sind die Produktionssysteme eher konservativ aufgebaut und mit einem sehr geringen Anteil an digitalen Schnittstellen ausgestattet. Umweltaspekte spielen eine nachrangige Rolle – es herrscht jedoch eine hohe Wettbewerbsintensität, was auch hier den Bedarf an Differenzierungsmerkmalen steigert.

Die entwickelten Szenarien werden anschließend mit den kundenrelevanten Produkteigenschaften aus dem vorherigen Methodenschritt in Beziehung gesetzt und deren erwartete Änderungswahrscheinlichkeit sowie -auswirkung abgeschätzt. Die Bewertung erfolgt auf Teilsystemebene anhand der Projektionen und den jeweiligen Ausprägungen der kundenrelevanten Produkteigenschaften (vgl. Kap. 4.5.1). Die resultierende *Szenario-Eigenschafts-Matrix (SEM)* mit den änderungskritischen marktseitigen Änderungstreibern ist in Bild 5-8 dargestellt.

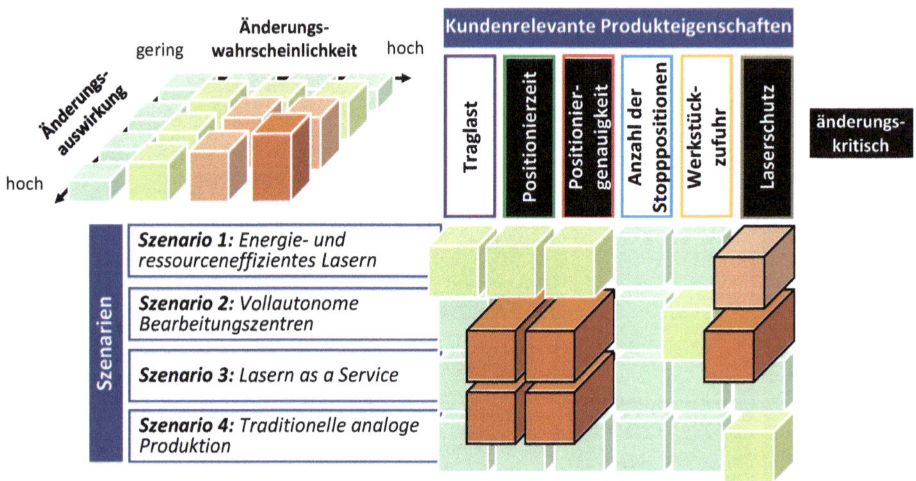


Bild 5-8: Szenario-Eigenschafts-Matrix (SEM) zur Bestimmung der änderungskritischen marktseitigen Änderungstreiber

Die Matrix zeigt auf, dass die *Positionierzeit*, die *Positioniergenauigkeit* sowie der *Laserschutz* als zukünftig änderungskritisch angesehen werden müssen. Vor allem in Szenario 2 weisen die drei kundenrelevanten Produkteigenschaften eine hohe Änderungswahrscheinlichkeit sowie -auswirkung auf, was insbesondere auf die hohen Prozessanforderungen in diesem Szenario zurückgeführt werden kann. Aber auch in Szenario 3 werden kritische Änderungen in Bezug auf die *Positionierzeit* und *-genauigkeit* erwartet, da hier kürzere Produktionszeiten eine zentralere Rolle einnehmen. Der *Laserschutz* als dritte änderungskritische kundenrelevante Produkteigenschaft wird in Zukunft insbesondere durch den zunehmenden Automatisierungsgrad hervorgerufen, was vor allem in Szenario 1 und 2 der Fall ist.

**Analyse produktionsseitiger Änderungstreiber**

Nach der Bestimmung der marktseitigen Anforderungsänderungen werden die nachträglichen Änderungen aus dem Bereich der Produktion identifiziert und analysiert. Dazu wird der *Änderungstreiberkatalog produktionsspezifischer Einflussgrößen* aus Anhang 3 herangezogen, die wesentlichen Einflussgrößen ausgewählt und die produktionsseitigen

Änderungstreiber bestimmt. Für diese Änderungstreiber werden die jeweiligen Entwicklungsrichtungen ermittelt und deren jeweilige Änderungskritikalität abgeschätzt (Tabelle 5-1).

Tabelle 5-1: Auswahl und Bewertung der produktionsseitigen Änderungstreiber für das Validierungsbeispiel

| # | Einflussgrößen | Kurzbeschreibung | Produktionsseitige Änderungstreiber | Entwicklungs-richtung | RW | ÄA | EP |
|---|---|---|---|---|---|---|---|
| 8 | *Probleme bei dem Bauteilhandling/ der Handhabbarkeit* | Grundplatte ist sehr groß, sperrig und schwer, da einteilig | **Bauteilhandhabung Grundplatte** | Reduzierung des Grundplatten-gewichts | 0%-10% | ++ | o |
| 11 | *Probleme aufgrund von Ablauf-/ Prozessfehlern* | Montage- oder Fertigungs-fehler fallen erst beim Moduleinbau vor Ort auf | **Zeitpunkt Fehler-identifikation** | Frühes Testen durch Änderung der Montagereihenfolge | 30%-40% | + | ++ |
| 24 | *geplante Anpassungen hinsichtlich Durchlaufzeit in der Fertigung* | Lange Lieferzeiten der Dreheinheit durch Einzelbestellungen | **Bestellmenge Dreheinheit** | Lieferzeitreduktion durch größere Bestellmengen | 50%-60% | o | ++ |
| 29 | *geplante Änderungen hinsichtlich der Kapazitäten* | Hohe Kapazitätsschwankungen durch Projekt-Peaks | **Kapazitäts-verteilung** | Vorfertigung und Lagerhaltung | 10%-20% | o | +++ |
| 33 | *geplante Änderungen der Montageprozess-reihenfolge* | Drehwechseltisch innen wird separat montiert, Strahlenfallen mit der Kabine (zeitlich versetzt) | **Reihenfolge Endmontage** | Vor- bzw. Modulmontage, sodass separates Testen möglich | 40%-50% | o | ++ |
| 35 | *zu lange Lieferzeiten für Zukaufteile/Halbzeuge* | Lange Lieferzeit der Laserspys | **Bestellmenge Laserspy** | Lagerhaltung Laserspy | 60%-70% | o | + |
| 44 | *geplante Kosteneinsparungen von Rohstoffen* | Strahlenfalle besteht aus sehr viel massivem Stahlblech | **Material Strahlenfalle** | Reduktion der Rohstoffkosten und Gewichtseinsparung für die Strahlenfalle | 20%-30% | + | + |
| 102 | *Änderungen von Arbeitsschutzgesetzen* | Zuschnitt von Faserverbundstoffen derzeit unter Auflagen erlaubt | **Arbeitsschutzgesetz** | Verbot | 80%-90% | ++ | ++ |
| 104 | *Änderungen des Kreislaufwirtschafts- und Abfallgesetzes* | Hersteller ist bisher nicht für die Entsorgung der Anlage verantwortlich | **Lieferkettengesetz** | Verkäufer muss Entsorgung und Recyclingfähigkeit sicherstellen | 70%-80% | +++ | + |
| 105 | *Änderungen des Immisionsschutz-gesetzes* | Schadstoffausstoß durch Glasfaserbearbeitung | **Immissionsschutz-gesetz** | Verbot | 70%-80% | ++ | + |

***RW**: Realisierungswahrscheinlichkeit; **ÄA**: Änderungsauswirkungen; **EP**: Einsparungspotential*
***+++**: hoch; **++**: eher hoch; **+**: eher gering; **o**: gering*

Im Rahmen der Validierungsstudie werden insgesamt zehn produktionsseitige Änderungstreiber identifiziert. Bild 5-9 zeigt die Visualisierung der Bewertung sowie die Auswahl der änderungskritischen produktionsseitigen Änderungstreiber im *Produktionstrend-Portfolio (PTP).*

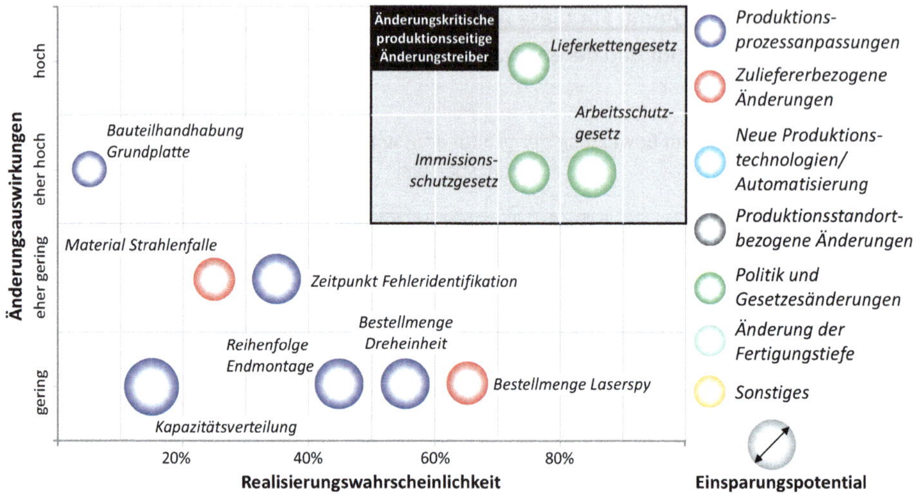


Bild 5-9: Produktionstrend-Portfolio (PTP) für das Teilsystem der Drehwechseltische

Im Fall der Drehwechseltisch-Produktfamilie sind vor allem die Änderungstreiber kritisch, welche sich durch externe Einflüsse aufgrund von Gesetzesänderungen ergeben. So werden insbesondere bei restriktiven Änderungen von *Lieferketten-*, *Immissionsschutz-* sowie *Arbeitsschutzgesetzen* nachträgliche Anpassungen an Komponenten erwartet, welche Anteile von Glasfasern enthalten. Dieses Material ist nicht nur gesundheitsschädigend, sondern auch schwer recycelbar und demnach mit hoher Wahrscheinlichkeit von zukünftigen Gesetzesänderungen unmittelbar betroffen.

Auf Basis der identifizierten änderungskritischen produktionsseitigen Änderungstreiber aus Markt- und Produktionssicht werden im nächsten Schritt die technischen Merkmale der Änderungen ermittelt und deren Auswirkungen auf die Komponenten der Produktfamilie aufgezeigt.

### Analyse der Änderungsauswirkungen auf die Produktstruktur

Die Übertragung der Auswirkungen der änderungskritischen Änderungstreiber erfolgt gemäß der zu validierenden Methode mit Hilfe der *Änderungsfortpflanzungs-Matrix*. Hier werden die identifizierten technischen Merkmale der Änderungen mit den Komponenten der bestehenden Produktfamilie in Beziehung gesetzt und die Änderungsabhängigkeiten aufgezeigt (Bild 5-10).

■ direkte Änderung

1 indirekte Änderung

0 keine Änderung

| Technische Merkmale der Änderungen | Komponenten: Aktorikzylinder (Az) | Dreheinheit (De) | Führung hubtorseitig (F1) | Führung strahlfallenseitig (F2) | Grundgestell (Gg) | Grundplatte (Gp) | Medienführung (Mf) | Hubtor (Ht) | Laserspy (Ls) | Leitungszuführung (Lz) | Motor (M) | Not-Aus (NA) | Strahlfalle außen (Sa) | Strahlfalle innen (Si) | Sicherheitssensorik (Ss) | Ventile (V) | Steuerung (St) | Trennwand (Tw) | Absolute Anzahl der indirekt betroffenen Komponenten | Relativer Anteil bezogen auf die Gesamtkomponentenanzahl -1 |
|---|---|---|---|---|---|---|---|---|---|---|---|---|---|---|---|---|---|---|---|---|
| Leistungsfähigkeit Antrieb | 0 | 0 | 0 | 0 | 0 | 0 | 0 | 0 | 0 | 0 | ■ | 0 | 0 | 0 | 0 | 0 | 0 | 0 | 0 | 0% |
| Leistungsfähigkeit Aktorikzylinder | ■ | 0 | 0 | 0 | 0 | 0 | 0 | 0 | 0 | 0 | 0 | 0 | 0 | 0 | 0 | 0 | 0 | 0 | 0 | 0% |
| Präzision Dreheinheit | 0 | ■ | 0 | 0 | 0 | 0 | 0 | 0 | 0 | 0 | 0 | 0 | 0 | 0 | 0 | 0 | 0 | 0 | 0 | 0% |
| Ausrichtungsgenauigkeit Hubtor | 0 | 0 | 0 | 0 | 0 | 0 | 0 | ■ | 0 | 0 | 0 | 0 | 0 | 0 | 0 | 0 | 0 | 0 | 0 | 0% |
| Höhe Trennwand | 0 | 0 | 0 | 0 | 0 | 0 | 0 | 0 | 0 | 0 | 0 | 0 | 1 | 1 | 0 | 0 | 0 | ■ | 2 | 12% |
| Höhe Trennwand | 0 | 0 | 1 | 1 | 0 | 0 | 0 | ■ | 0 | 0 | 0 | 0 | 0 | 0 | 0 | 0 | 0 | 0 | 2 | 12% |
| Durchmesser Grundplatte | 0 | 0 | 0 | 0 | 1 | ■ | 0 | 1 | 0 | 0 | 1 | 0 | 1 | 1 | 0 | 0 | 0 | 0 | 5 | 29% |
| Durchmesser Grundplatte | 0 | 0 | 0 | 0 | 0 | 0 | 0 | 0 | 0 | 0 | 0 | 0 | 1 | 1 | 0 | 0 | 0 | ■ | 2 | 12% |
| Höhe Strahlfalle | 0 | 0 | 0 | 0 | 0 | 0 | 0 | 0 | 0 | 0 | 0 | 0 | ■ | 0 | 0 | 0 | 0 | 1 | 1 | 6% |
| Höhe Strahlfalle | 0 | 0 | 0 | 0 | 0 | 0 | 0 | 0 | 0 | 0 | 0 | 0 | 0 | ■ | 0 | 0 | 0 | 1 | 1 | 6% |
| Anzahl Laserspy | 0 | 0 | 0 | 0 | 0 | 0 | 0 | 0 | ■ | 0 | 0 | 0 | 0 | 0 | 0 | 0 | 0 | 0 | 0 | 0% |
| Material (Glasfaserverbund) | 0 | 0 | 0 | 0 | 0 | 0 | 0 | 0 | 0 | 0 | 0 | 0 | 0 | 0 | 0 | 0 | 0 | ■ | 0 | 0% |

Bild 5-10: Änderungsfortpflanzungs-Matrix der Produktfamilie der Drehwechseltische

Aus der Matrix geht hervor, dass vor allem eine Änderung des *Durchmessers der Grundplatte* viele Änderungsauswirkungen nach sich zieht. Die geometrische Änderung dieser Komponente pflanzt sich auf fast ein Drittel der restlichen Komponenten indirekt fort und wird demzufolge als hoch eingestuft. Auch die Änderung der *Trennwandhöhe* führt zu weiteren Änderungen insbesondere der *Strahlfalle innen* und *außen*. Die weiteren direkten Änderungen der technischen Merkmale verursachen dagegen eine eher geringe Änderungsausbreitung innerhalb der Produktstruktur. Die Informationen zu den direkten sowie indirekten Änderungen werden in das CAM überführt und das Modell für die bestehende Produktfamilie somit vervollständigt (Bild 5-11).

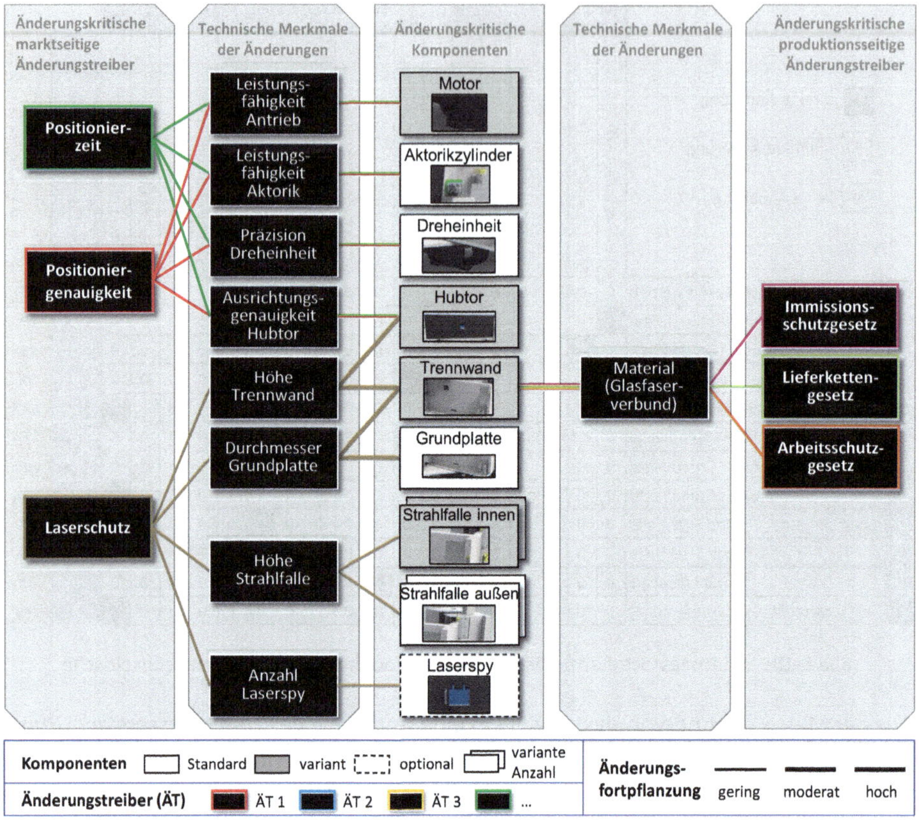


Bild 5-11: Change Allocation Model der Produktfamilie der Drehwechseltische

Wie in dem CAM zu erkennen ist, werden insgesamt vier Standardkomponenten, eine optionale sowie vier variante Komponenten durch sechs änderungskritische Änderungstreiber direkt beeinflusst. Die *Trennwand* weist dabei die meisten Änderungsabhängigkeiten auf und wird als einzige Komponente auch von produktionsseitigen Änderungstreibern beeinflusst. Die *Trennwand* ist demzufolge als besonders änderungskritisch einzustufen. Auch die *Grundplatte* als Standardkomponente unterliegt direkten Änderungseinflüssen, welche sich sehr stark auf weitere Komponenten fortpflanzen. Der *Motor*, der *Aktorikzylinder* sowie die *Dreheinheit* werden ausschließlich durch die Änderungen der *Positionierzeit* und der *-genauigkeit* bedingt. Das *Hubtor* wird durch alle drei änderungskritischen kundenrelevanten Produkteigenschaften direkt beeinflusst und verursacht insbesondere bei einer Änderung der *Trennwandhöhe* eine moderate Änderungsfortpflanzung auf weitere Komponenten. Der CAM wird im nächsten Teilkapitel für die Umgestaltung zur Erhöhung der Zukunftsrobustheit verwendet.

### 5.2.5 Umgestaltung zur Erhöhung der Zukunftsrobustheit

Im Folgenden werden die Ergebnisse der Umgestaltung zur Erhöhung der Zukunftsrobustheit vorgestellt, welche im Rahmen eines eintägigen Workshops unter Anwendung des in Kapitel 4.6 vorgestellten Vorgehens entstanden sind. Hierzu werden zunächst die Ergebnisse der Lösungssuche aufgezeigt und anschließend die drei entwickelten zukunftsrobusten Konzeptalternativen vorgestellt.

**Lösungssuche auf unterschiedlichen Ebenen im CAM**

Bei der Lösungssuche werden zunächst die wesentlichen Handlungsschwerpunkte gemäß des definierten Zielbilds zukunftsrobuster Produktstrukturen mit Hilfe des CAM identifiziert (Bild 5-12).

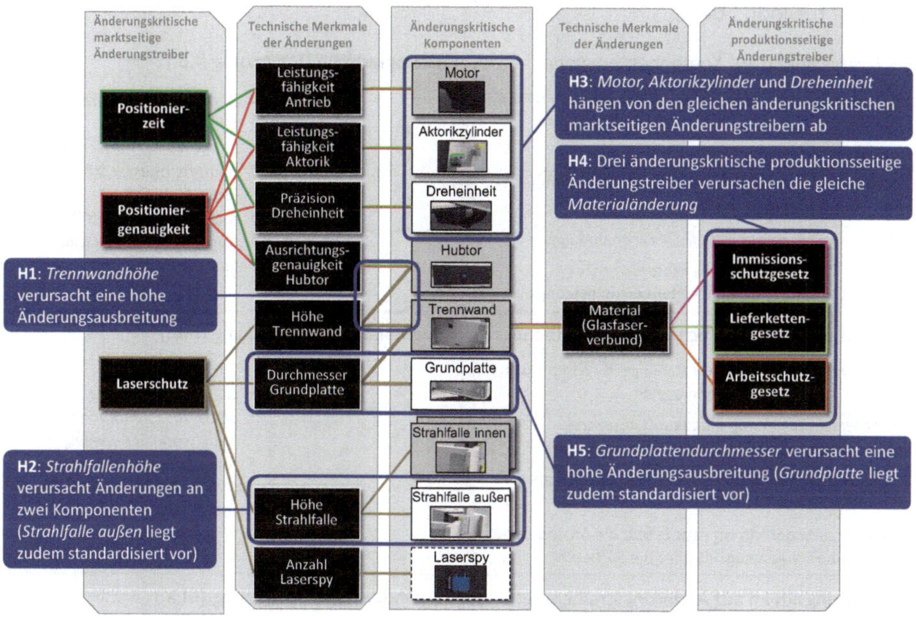


Bild 5-12: Identifizierte Handlungsschwerpunkte (H) im CAM

Die wesentlichen Handlungsschwerpunkte können insbesondere in den geometrischen Änderungsabhängigkeiten der *Trennwandhöhe* (H1) sowie des *Grundplattendurchmessers* (H5) ausgemacht werden. Zukünftige Änderungen können hier zu aufwandsintensiven Anpassungen vieler Komponenten führen, da sich die Änderungen in der gesamten Produktfamilie fortpflanzen. Die *Grundplatte* ist dabei als besonders kritisch anzusehen, da sie die größten Änderungsausbreitung verursacht und gleichzeitig als Standardkomponente vorliegt. Aber auch die *Strahlfalle außen* ist in der derzeitigen Produktfamilie als Standardkomponente verbaut und wird von der zukünftigen Änderung der *Strahlfallenhöhe* beeinflusst (H2). Auf Ebene der änderungskritischen produktionsseitigen

Änderungstreiber sind ausschließlich die Auswirkungen der Gesetzesänderungen als änderungskritisch einzustufen. Deren Adressierung stellt ebenfalls einen wesentlichen Handlungsschwerpunkt dar, da alle drei Änderungstreiber zu der gleichen Materialänderung führen (H4). Hier gilt es bei der Umgestaltung mögliche Synergien zu nutzen. Der *Motor*, der *Aktorikzylinder* und die *Dreheinheit* bieten ebenfalls großes Potential zur zukunftsrobusten Gestaltung, da sie alle von zwei änderungskritischen kundenrelevanten Produkteigenschaften abhängen, welche sich gegenseitig bedingen (H3).

Unter Berücksichtigung der identifizierten Handlungsschwerpunkte werden zur Erhöhung der Zukunftsrobustheit verschiedene Lösungsideen für die unterschiedlichen Ebenen herausgearbeitet. Bild 5-13 zeigt eine Übersicht der Ergebnisse des Umgestaltungsworkshops mit den gesammelten Lösungsideen und jeweils einer exemplarischen Umsetzung für jede Ebene.

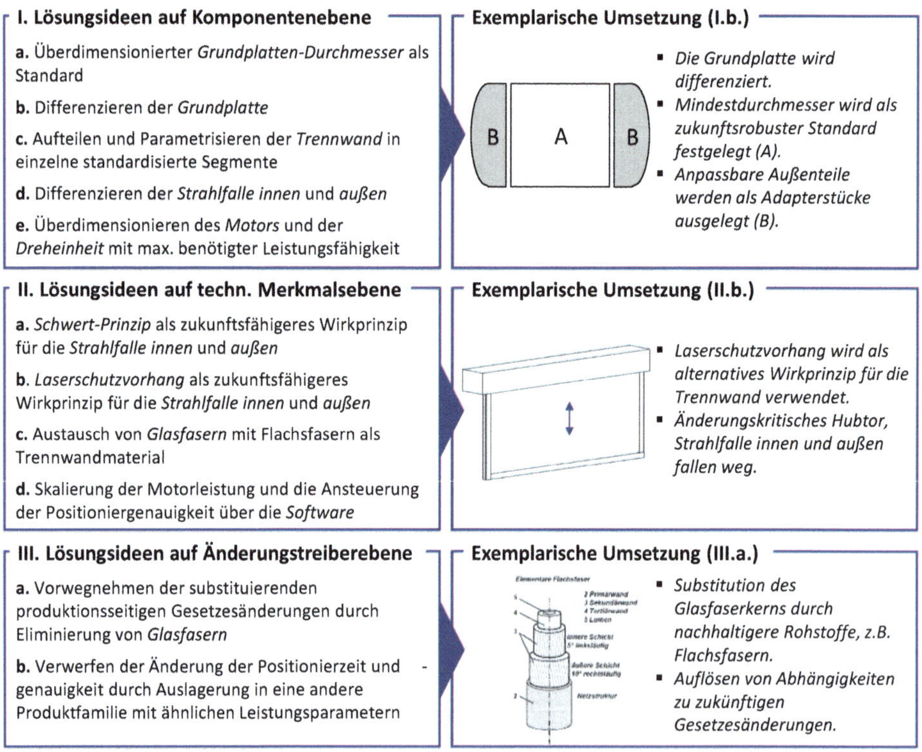


Bild 5-13: Ergebnisse der Lösungssuche auf unterschiedlichen Ebenen im CAM

Mögliche Lösungsideen für die identifizierten Handlungsschwerpunkte stellen auf Ebene der änderungskritischen Komponenten beispielsweise die *Differenzierung* der *Grundplatte* mit varianten Adaptern oder die *Überdimensionierung* des *Motors* zur Bereitstellung höherer Leistungsstufen dar. Auf Ebene der technischen Merkmale werden vor allem Ideen für *alternative und zukunftsfähigere Wirkprinzipien* erarbeitet, um so das bestehende Prinzip der *Strahlfalle* zu ersetzen und die damit zusammenhängenden Änderungsabhängigkeiten aufzulösen. Zukunftsrobuste Lösungsmöglichkeiten stellen hier das *Schwert-Prinzip* oder die Verwendung eines *Laserschutzvorhangs* dar. Die Wirkprinzipien beider Ideen werden in der nachfolgenden Konzeptvorstellung näher beschrieben.

Auch die *Auslagerung von zukünftigen physischen Änderungen* in eine *Software* wird als eine Möglichkeit zur Erhöhung der Zukunftsrobustheit erachtet. Hier bietet sich vor allem die Ansteuerung der zukünftig benötigten Motorleistungen über einen *Controller* an. Das *räumliche Versetzen* von Komponenten ist dagegen keine passende Maßnahme, da in diesem Fall keine der änderungskritischen Komponenten im Inneren des Drehwechseltisches befestigt sind. Auf Ebene der änderungskritischen produktionsseitigen Änderungstreibern wird insbesondere das *Vorwegnehmen* der erwarteten Gesetzesänderungen als Maßnahme zur zukunftsrobusten Gestaltung vorgeschlagen – eine Lösungsmöglichkeit stellt hier die Nutzung von nachhaltigen *Flachsfasern* anstatt von *Glasfasern* dar.

Um die entstandene Vielfalt an Lösungen besser aufzuzeigen, werden im Folgenden die zukunftsrobusten Konzeptalternativen vorgestellt. Dabei wird erläutert, welche Zielsetzungen die Konzepte verfolgen und mit welchen Lösungsansätzen diese erreicht werden.

**Vorstellung der zukunftsrobusten Konzeptalternative 1**

Das erste zukunftsrobuste Produktstrukturkonzept zielt darauf ab, vorranging die Änderungen mit den größten Auswirkungen zu adressieren und die initialen Umgestaltungsaufwände möglichst geringzuhalten. Die angewandten Gestaltungsmaßnahmen finden demzufolge auf der Ebene der änderungskritischen Komponenten statt, da hier die Zukunftsrobustheit der Produktstruktur mit einem geringen Entwicklungsaufwand erhöht werden kann. Die konzeptionelle Darstellung sowie der zugehörige MIG der ersten Alternative sind in Bild 5-14 abgebildet.

Als wesentliche Maßnahme wird bei diesem Konzept die *Grundplatte* als änderungskritische Komponente überdimensioniert, da hier die größten Änderungsauswirkungen bei einer zukünftigen Änderung des *Laserschutzes* zu erwarten sind. Durch die Überdimensionierung des *Grundplattendurchmessers* können die geometrischen Änderungsabhängigkeiten zur *Trennwand*, zur *Strahlfalle innen* und *außen* sowie zum *Hubtor* aufgelöst und die Änderungsausbreitung somit reduziert werden. Zudem liegt die *Grundplatte* weiterhin als zukunftsrobuste Standardkomponente vor und kann somit langfristig Einsparungspotentiale vor allem in der Produktion freisetzen.

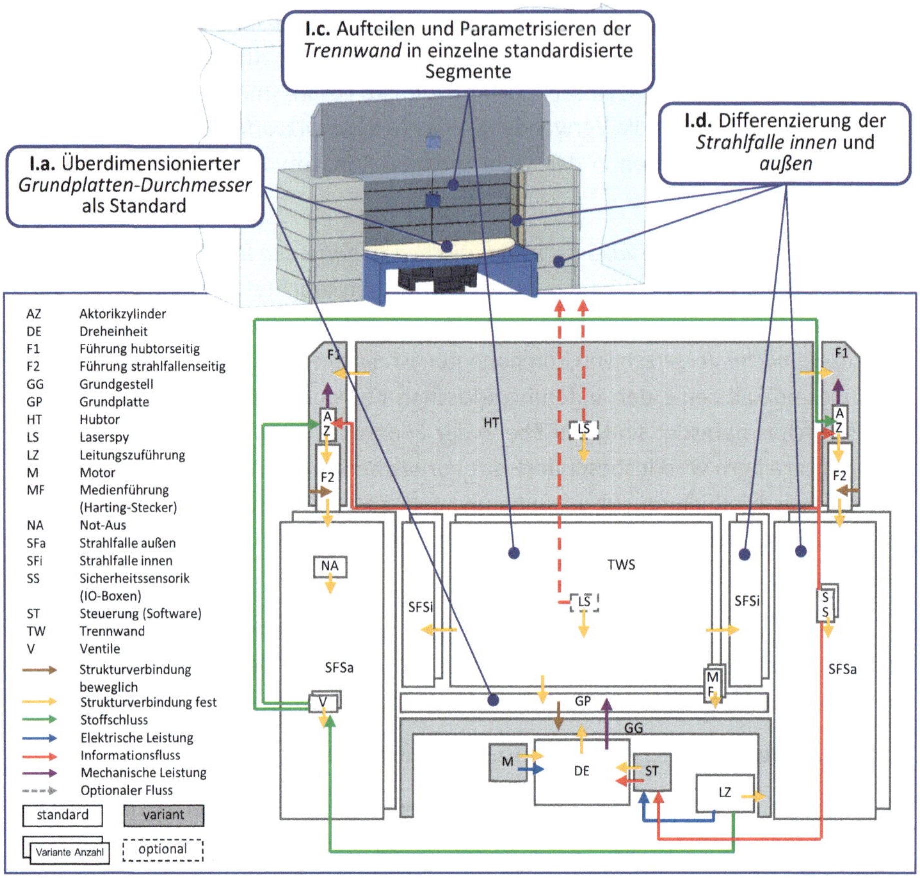


Bild 5-14: Erstes zukunftsrobustes Produktstrukturkonzept der Drehwechseltisch-Produktfamilie

Die zweite wesentliche Maßnahme bezieht sich auf den Handlungsschwerpunkt der *Trennwand-* sowie der *Strahlfallenhöhe*. Hier bestehen ebenfalls viele geometrische Abhängigkeiten zwischen den Komponenten *Trennwand, Hubtor* sowie zur *Strahlfalle innen* und *außen*. Zur Erhöhung der Zukunftsrobustheit wird an dieser Stelle die *Differenzierung änderungskritischer Komponenten* als Maßnahme angewandt und die *Trennwand* sowie die *Strahlfalle innen* und *außen* in einzelne standardisierte kleinere Segmente aufgeteilt, welche durch eine einfache Konfiguration und Montage die geforderte Höhe abdecken können. Zukünftige Änderungen der *Trennwand-* und *Strahlfallhöhe* haben somit nur noch einen Einfluss auf das variant vorliegende *Hubtor*. Bild 5-15 zeigt den Abgleich der CAMs für die Ausgangs-Produktfamilie und das erste zukunftsrobuste Produktstrukturkonzept.

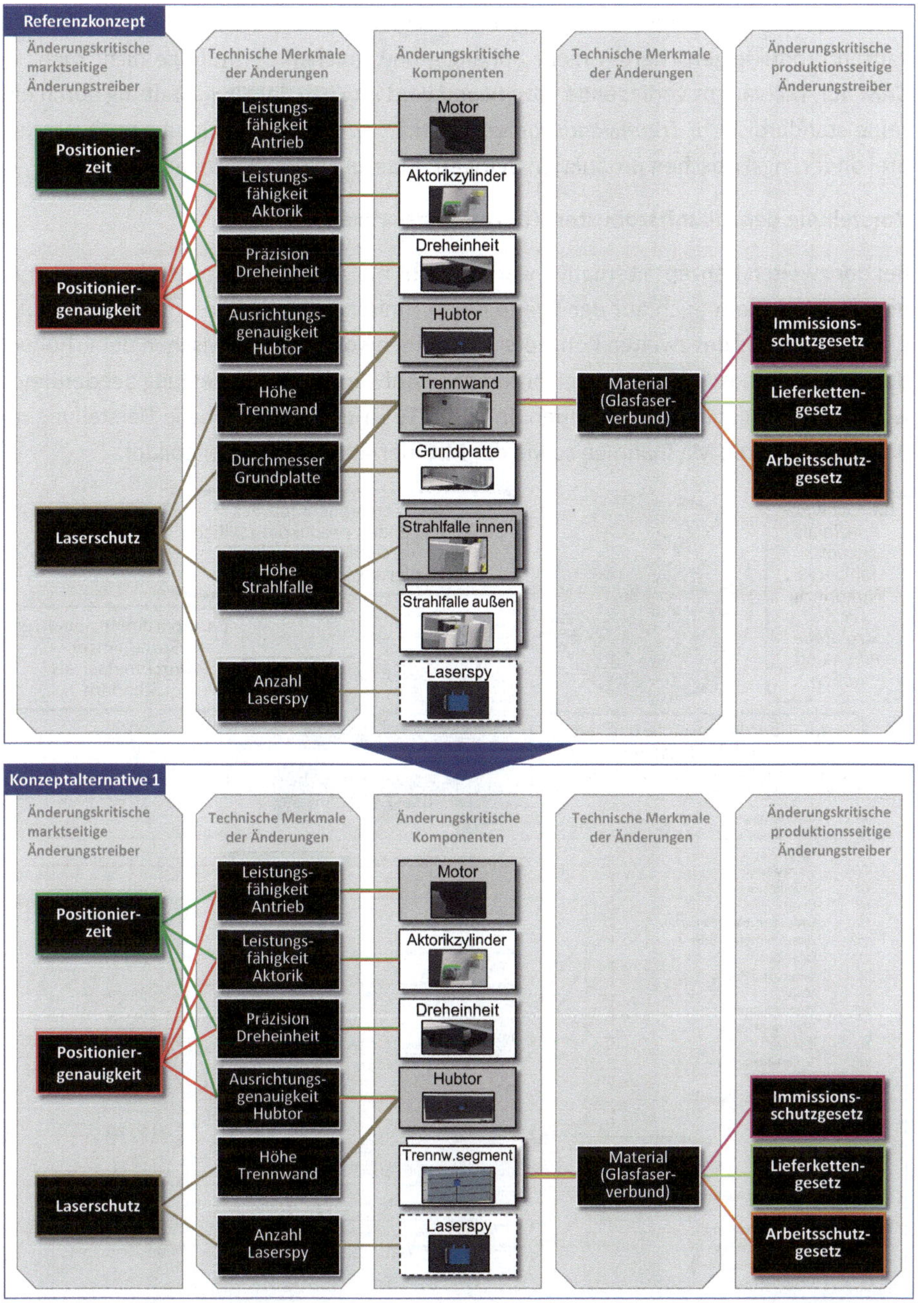


Bild 5-15: CAMs des Referenzkonzepts und der zukunftsrobusten Konzeptalternative 1

Im Vergleich zu dem Referenzkonzept ist die Produktstruktur dieser Konzeptalternative dem Zielbild der Zukunftsrobustheit deutlich angenähert. Die *Grundplatte* sowie die

*Strahlenfalle innen* und *außen* sind von keinen zukünftigen Änderungen der kundenrelevanten Produkteigenschaften mehr abhängig und tauchen demzufolge nicht mehr im CAM auf. Die variant vorliegende *Trennwand* wird im Zuge der Umgestaltung durch einzelne standardisierte *Trennwandsegmente* ersetzt, welche zukünftig nur noch von den drei änderungskritischen produktionsseitigen Änderungstreibern abhängen.

**Vorstellung der zukunftsrobusten Konzeptalternative 2**

Bei der zweiten Konzeptalternative werden nicht nur Anpassungskonstruktionen vorgenommen, sondern auch auf der Ebene der technischen Merkmale und Wirkprinzipien umgestaltet. Ziel des zweiten Konzepts ist es, einen Kompromiss zwischen der Erhöhung der Zukunftsrobustheit und den erforderlichen Aufwänden zur Umsetzung der dafür notwendigen Maßnahmen anzustreben. In Bild 5-16 ist die konzeptionelle Darstellung mit den angewandten Maßnahmen sowie der MIG der Alternative 2 abgebildet.

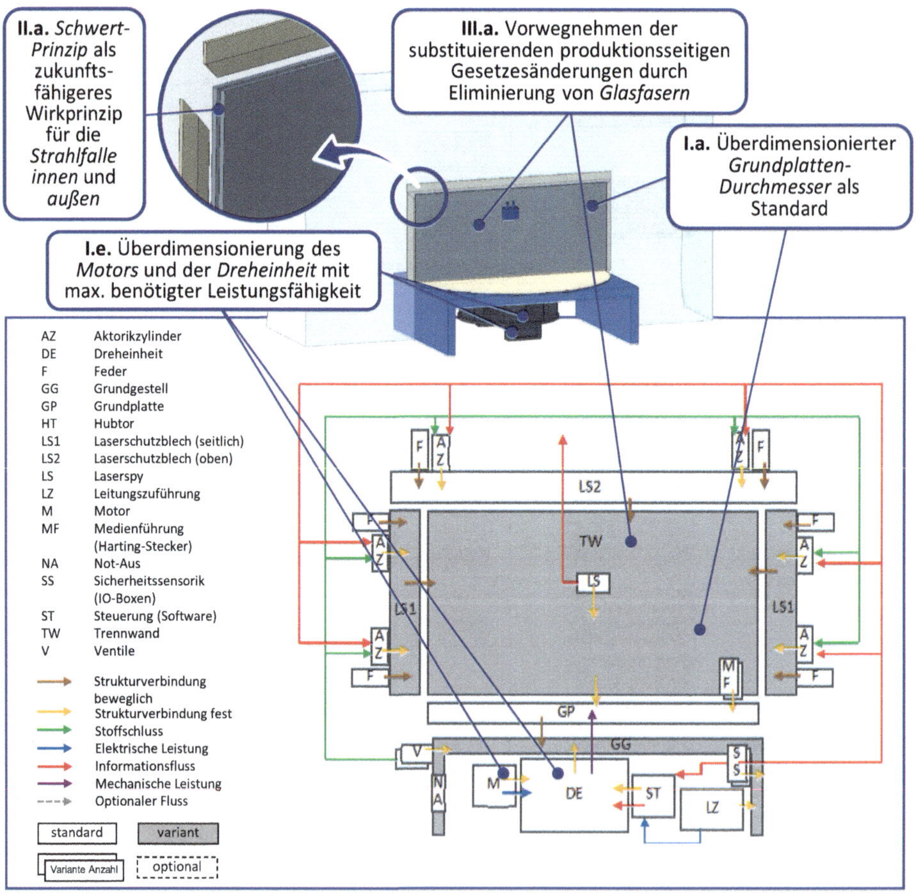


Bild 5-16: Zweites zukunftsrobustes Produktstrukturkonzept der Drehwechseltisch-Produktfamilie

Diese Alternative weicht deutlich von dem Referenzkonzept ab, da mit dem *Schwert-Prinzip* ein neues und zukunftsfähigeres Wirkprinzip für das Öffnen und Schließen des Tores verwendet wird. Bei diesem Prinzip befindet sich an den Enden der *Trennwand* eine umlaufende Nut (Bild 5-16, links), in die die *Laserschutzbleche* eingreifen und somit das Austreten von Laserstrahlen verhindern. Die *Laserschutzbleche* werden mittels Druckfedern in Richtung der *Trennwand* bewegt (geschlossener Zustand) und pneumatisch zurückgeschoben (offener Zustand). Das *Schwert-Prinzip* eliminiert dabei die technische Umsetzung der *Strahlfalle* und der zugehörigen Komponenten. Eine zukünftige Änderung der *Trennwand* wirkt sich nur noch auf die *seitlichen Laserschutzbleche* aus, da diese von der *Trennwandhöhe* abhängen. Als weitere Maßnahme wird entschieden, dass in jeder Anlage ein *aktiver Laserschutz* eingebaut werden soll. Die Komponente *Laserspy* ist somit nicht mehr optional vorhanden, sondern wird in jeder Produktvariante eingesetzt. Durch diese Maßnahme entfallen auch die gesetzlichen produktionsseitigen Änderungseinflüsse, da die *Trennwand* nur im Fall eines *passiven Laserschutzes* mit *Glasfasern* gefüllt sein muss.

Zusätzlich wird bei dieser Konzeptalternative der *Motor* sowie die *Dreheinheit* überdimensioniert. Die Leistungsstufen des *Motors* sowie die Ansteuerung der *Dreheinheit* werden zukünftig über eine *Software* umgesetzt. Nachträgliche Änderungen der *Positionierzeit* sowie *-genauigkeit* können somit softwareseitig mit vergleichsweise wenig Aufwand realisiert werden. Analog zu dem ersten Konzept wird bei dieser Alternative zudem ebenfalls die *Grundplatte* standardisiert und die damit zusammenhängenden geometrischen Änderungsabhängigkeiten aufgelöst. Bild 5-17 zeigt das CAM für die zweite entwickelte Konzeptalternative in Relation zur Ausgangssituation.

Durch das neue *Schwert-Prinzip* zur Verhinderung des Austritts von Laserstrahlen aus der Kabine werden nicht nur viele Abhängigkeiten im CAM aufgelöst, sondern es fallen auch viele Komponenten komplett weg. Mit den *Laserschutzblechen* kommen zwar auch neue Komponenten hinzu, diese werden in Zukunft aber nur durch die *Ausrichtungsgenauigkeit* und die *Trennwandhöhe* geometrisch beeinflusst. Durch die Überdimensionierung des *Motors* und der *Dreheinheit* können zudem zwei weitere Komponenten aus dem CAM entfernt und somit die Zukunftsrobustheit der Produktfamilie erhöht werden. Der Aufwand zur initialen Entwicklung und Auskonstruktion ist bei diesem Konzept höher als bei Konzept 1, es können aber auch deutlich mehr Vorteile im Sinne der Zukunftsrobustheit adressiert werden.

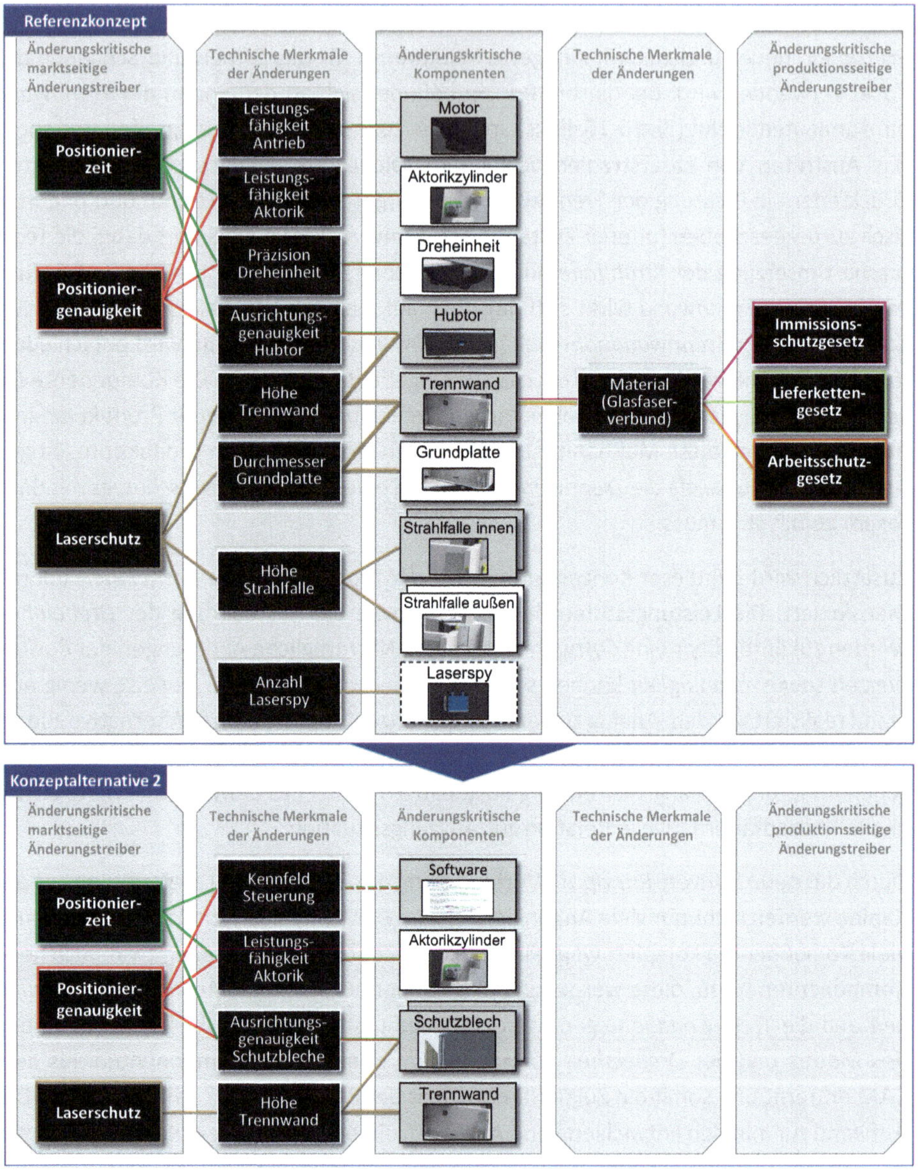


Bild 5-17: CAMs des Referenzkonzepts und der zukunftsrobusten Konzeptalternative 2

## Vorstellung der zukunftsrobusten Konzeptalternative 3

Bei der Entwicklung der dritten Alternative wird im Rahmen der Umgestaltung ein maximal zukunftsrobustes Konzept angestrebt. Dabei wird versucht, möglichst viele zukünftigen Änderungsabhängigkeiten mit Hilfe der Gestaltungsmaßnahmen aufzulösen und dabei vor allem die standardisierten Komponenten änderungsunkritisch auszugestalten. Das Ergebnis ist in Bild 5-18 dargestellt.

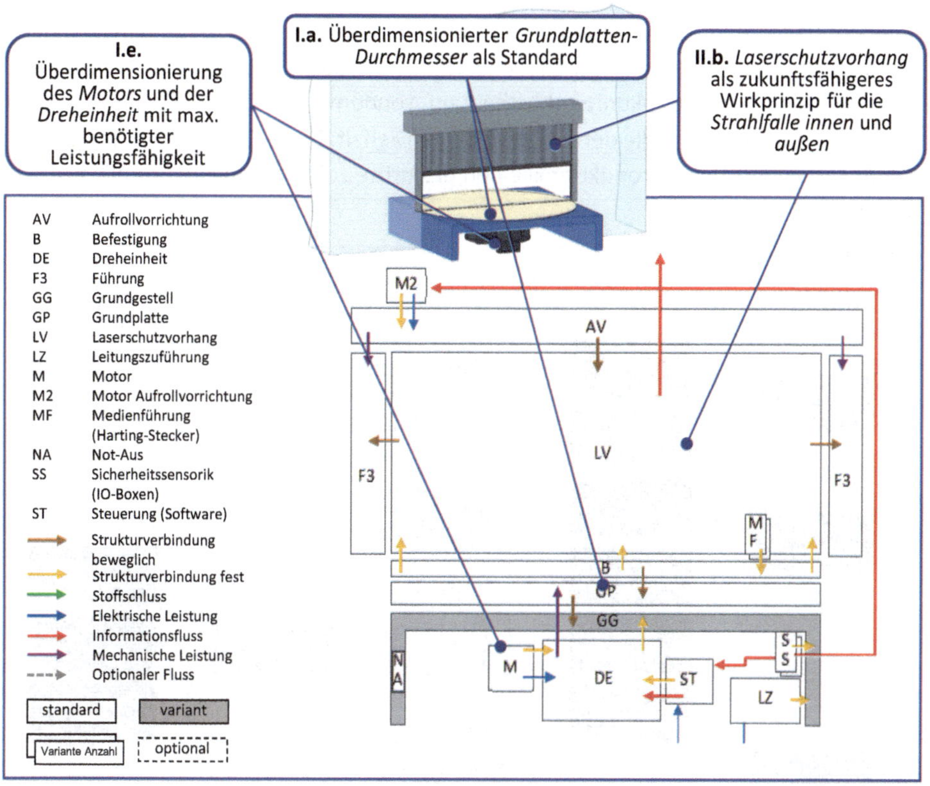


Bild 5-18: Drittes zukunftsrobustes Produktstrukturkonzept der Drehwechseltisch-Produktfamilie

Bei der dritten Konzeptalternative werden analog zu dem zweiten Konzept sowohl die *Grundplatte* als auch der *Motor* und die *Dreheinheit* überdimensioniert. Als alternatives Wirkprinzip für den Schließmechanismus wird in diesem Fall auf eine technologische Neuerung in Form eines *Laserschutzvorhanges* zurückgegriffen. Der Vorhang besteht hierbei aus einem thermisch beständigen Textil mit integrierten Kupferdrähten. Wird der Vorhang durch Laserstrahlen beschädigt, lösen sich die Kupferdrähte, der Sicherheitskreis wird geöffnet und die Anlage ausgeschaltet. Das Auf- und Abrollen des Vorhanges erfolgt durch einen zusätzlichen *elektrischen Motor* und entsprechende *Führungen*. An der untersten Seite des Vorhanges befindet sich eine Befestigung, wodurch das Einhaken des Vorhanges in eine dafür vorgesehene Nut der *Grundplatte* und somit der *Laserschutz* sichergestellt werden kann. Zudem ist die Länge des Vorhanges überdimensioniert. Die überschüssige Länge kann dabei nach Bedarf in der Abrollvorrichtung aufgerollt bleiben. Durch die Verwendung dieses zukunftsfähigeren Prinzips können sowohl

Änderungsabhängigkeiten zu änderungskritischen Komponenten aufgelöst als auch Komponenten standardisiert oder komplett eingespart werden. Da der *Laserschutzvorhang* zudem einen aktiven Laserschutz beinhaltet, werden sogar zukünftig optionale kundenrelevante Produkteigenschaften bereits in der aktuellen Produktfamilie in allen Produktvarianten bereitgestellt. Das entwickelte Produktstrukturkonzept weist somit nicht nur eine erhöhte Zukunftsrobustheit auf, sondern verbessert auch die Variantengerechtheit in Bezug auf die derzeitige Variantenvielfalt. Bild 5-19 zeigt den Abgleich der CAMs für die Ausgangs-Produktfamilie und das dritte zukunftsrobuste Produktstrukturkonzept.

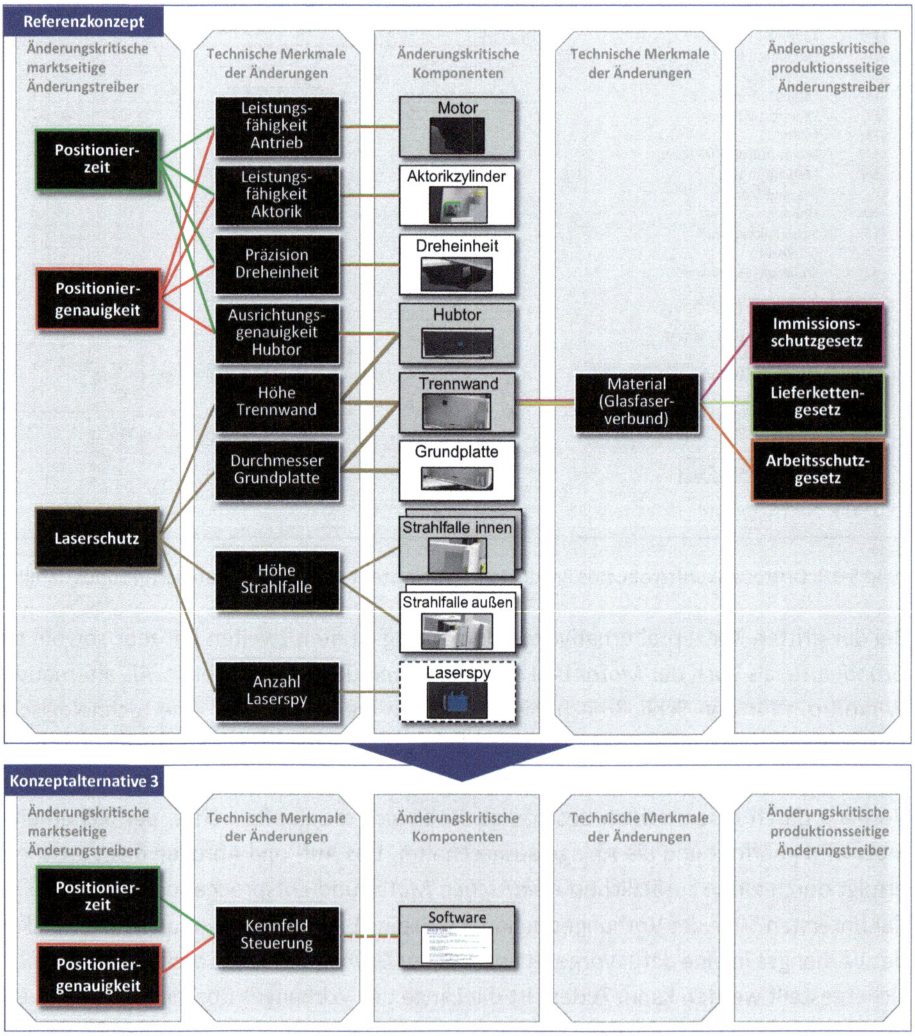


Bild 5-19: CAMs des Referenzkonzepts und der zukunftsrobusten Konzeptalternative 3

Durch die Umgestaltung werden bei diesem Konzept fast alle Änderungsabhängigkeiten aufgelöst und es sind keine Standardkomponenten mehr von einer zukünftigen Änderung betroffen. Dieser Zustand entspricht nahezu dem Idealbild einer zukunftsrobusten Produktstruktur. Nur die *Software* muss bei einer zukünftigen Änderung der *Positionierzeit* und *-genauigkeit* angepasst werden. Diese *nicht-physische Änderung* kann in diesem Fall jedoch mit einem geringen Aufwand nachträglich vorgenommen werden.

### 5.2.6 Bewertung und Auswahl

Die Bewertung der zukunftsrobusten Konzeptalternativen erfolgt zunächst anhand der eingeführten Kennwerte der Zukunftsrobustheit. Sie werden direkt aus dem CAM abgeleitet und sind in Tabelle 5-2 für das Referenz-Konzept sowie für die drei erarbeiteten Konzeptalternativen absolut sowie relativ erfasst.

Tabelle 5-2: Bewertungstabelle für den Vergleich der zukunftsrobusten Produktstrukturkonzepte der Drehwechseltisch-Produktfamilie

| | | Produktstrukturkonzepte | | | | | | |
|---|---|---|---|---|---|---|---|---|
| | | ***Referenz*** | ***Alternative 1*** | | ***Alternative 2*** | | ***Alternative 3*** | |
| | | *abs.* | *abs.* | *rel.* | *abs.* | *rel.* | *abs.* | *rel.* |
| Kennwerte zukunftsrobuster Produktstrukturen | **Anzahl der Änderungsabhängigkeiten** zwischen technischen Merkmalen und Komponenten ($n_{Abh}$) | 18 | 13 | -28% | 8 | -56% | 2 | -89% |
| | Anzahl **änderungskritischer Komponenten** ($n_{Komp}$) | 9 | 6 | -33% | 4 | -56% | 1 | -89% |
| | Anzahl von Änderungen mit einer **hohen Änderungsfortpflanzung** ($n_{Fort,h}$) | 1 | 0 | -100% | 0 | -100% | 0 | -100% |
| | Anzahl von Änderungen mit einer **moderaten Änderungsfortpflanzung** ($n_{Fort,m}$) | 3 | 1 | -67% | 1 | -67% | 0 | -100% |
| | Anzahl **änderungskritischer Standardkomponenten** ($n_{Stand}$) | 5 | 4 | -20% | 1 | -80% | 0 | -100% |

Anhand der Tabelle wird ersichtlich, dass bei allen drei Produktstrukturkonzeptalternativen eine Verbesserung der Zukunftsrobustheit erreicht wird. Bei Konzept 1 wird die Zukunftsrobustheit zwar erhöht, prägt sich im Vergleich zu den anderen beiden Alternativen jedoch nicht so stark aus. Vor allem die Anzahl der änderungskritischen Standardkomponenten wird beim ersten Konzept nur leicht reduziert. Das zweite Konzept beinhaltet deutlich weniger änderungsunkritische Standardkomponenten als Konzept 1 und kann die identifizierten Änderungsabhängigkeiten um mehr als die Hälfte reduzieren. Das dritte Konzept weist die größte Verbesserung der Zukunftsrobustheit im Vergleich zum Ausgangszustand auf. Hier werden die Ziele einer zukunftsrobusten Produktstruktur nahezu perfekt erfüllt, die einzige Änderungsauswirkung bezieht sich nur noch auf eine zukünftige Anpassung der *Software*.

Zusätzlich zu den Kennwerten der Zukunftsrobustheit werden die wirtschaftlichen Zielgrößen aus dem erweiterten Wirkmodell modularer Produktstrukturen (vgl. Schritt 1) für die gesamtheitliche Bewertung der Produktstrukturkonzeptalternativen herangezogen. Neben der *Durchlaufzeit* als zeitliche Zielgröße werden basierend auf den ausgewählten Wirkketten insbesondere die Einsparungen der kostenbasierten Bewertungskriterien der *Material-* und *varianteninduzierten Komplexitätskosten* ermittelt. Da auch neue Technologien in den zukunftsrobusten Konzeptalternativen enthalten sind, wird zudem der *initiale Entwicklungs- und Testaufwand* bewertet. Die Kriterien werden normiert und im Vergleich zur Referenz-Produktfamilie im Spinnennetzdiagramm visualisiert (Bild 5-20).

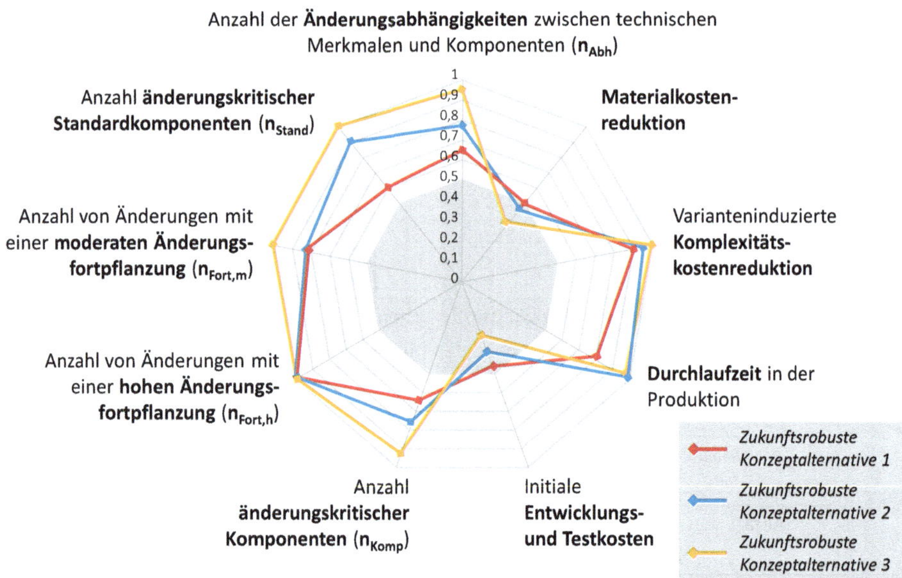


Bild 5-20: Zusammenfassende Bewertung der zukunftsrobusten Konzeptalternativen für das Validierungsbeispiel

Die Konzeptalternative 1 ist mit einem eher geringeren Initialaufwand umsetzbar, da hier auf bestehende Wirkprinzipien zurückgegriffen und die Umgestaltung nur durch Anpassungskonstruktionen auf Komponentenebene realisiert wird. Durch die Standardisierung der *Grundplatte* können sowohl die varianteninduzierten Komplexitätskosten als auch die Durchlaufzeit bei gleichbleibenden Materialkosten reduziert werden. Die zweite Konzeptalternative weist einen Kompromiss zwischen der Erhöhung der Zukunftsrobustheit und den dafür notwendigen Umgestaltungsaufwänden auf. Es wird bei der Alternative mit dem *Schwert-Prinzip* zwar auch ein neues Wirkprinzip verwendet, dieses kann jedoch mit relativ geringem Aufwand und ohne großes Entwicklungsrisiko umgesetzt werden. Zudem zeigen erste Studien, dass das neue Prinzip eine hohe technische Reife und Prozessqualität aufweist. Der initiale Entwicklungsaufwand für Alternative 3 ist durch die Verwendung eines komplett neuen Wirkprinzips im Vergleich zu den anderen Konzepten am höchsten. Zudem enthält das Produktstrukturkonzept relativ viele überdimensionierte Komponenten, was sich bei der gesamtheitlichen Bewertung negativ auf die Materialkosten auswirkt. Die Einsparungen der varianteninduzierten Komplexitätskosten sind bei dieser Alternative jedoch am größten.

Auf Basis der vorgestellten Entscheidungsgrundlage wird vom Projektteam die zukunftsrobuste Produktstrukturalternative 2 als geeignetstes Konzept ausgewählt. Hier prägt sich der Kompromiss zwischen den zukunftsrobusten, zeit- und kostenbasierten Kennwerten am besten aus und es können sowohl kurz- mittel- als auch langfristige Potentiale adressiert werden. Auch wenn die Materialkosten bei dem Konzept etwas höher sind als bei dem Ausgangskonzept, kann dies durch die Einsparungen bei den Prozesskosten und der hohen Zukunftsrobustheit ausgeglichen werden.

Das ausgewählte Produktstrukturkonzept stellt somit das Ergebnis der Methodenanwendung dar und kann für die anschließende Modulbildung im Rahmen der *Lebensphasen-Modularisierung* gemäß Kapitel 4.8 verwendet werden. Dies ist nicht mehr Teil der Validierung.

## 5.3 Auswertung der Fallstudie

Die Auswertung der Fallstudie erfolgt durch einen Abgleich der erzielten Ergebnisse mit den in Kapitel 5.1 aufgestellten Prüfhypothesen. Dabei fließen sowohl die Erkenntnisse einer strukturierten Beobachtung während der Methodenanwendung im Unternehmen als auch die Ergebnisse einer Abschlussbefragung unter den Workshopteilnehmern mit ein. Im Rahmen dieser Befragung wurden 13 Aussagen zu den Themen der Anwendbarkeit, Benutzbarkeit und Akzeptanz der Methode formuliert, welche von den Beteiligten hinsichtlich der Zustimmung anonym bewertet wurden (Ergebnisse siehe Anhang A4.2). Die Befragungsergebnisse werden im Rahmen der Evaluation nur als Richtwerte herangezogen und aufgrund der geringen Stichprobengröße nicht für statistische Auswertungen verwendet. Eine größere Teilnehmeranzahl war aufgrund der relativ geringen Unternehmensgröße und den zur Verfügung stehenden Kapazitäten nicht möglich.

**Hypothese 1 – Unterstützung bei der Entwicklung von alternativen Produktstrukturkonzepten mit geringen Änderungsauswirkungen**

Die erste Hypothese wurde im Rahmen der Beobachtung der Teilnehmer bei der Herleitung und Anwendung des CAMs als zentrales Werkzeug zur Darstellung der Änderungsabhängigkeiten zwischen den wesentlichen Änderungstreibern und der Produktstruktur überprüft. Hierbei zeigte sich, dass insbesondere die Ebene der technischen Merkmale der Änderungen für die Übertragung und Beschreibung zukünftiger und nachträglicher Änderungseinflüsse eine wesentliche Unterstützung darstellt (Aussage 5). Die Verwendung von beschreibenden Produkteigenschaften und technischen Merkmalen ermöglicht es, die Änderungsursachen transparent zu bestimmen und eindeutig auf die Produktstruktur zu übertragen. Die kombinierte Bewertung der Änderungswahrscheinlichkeit und -auswirkung in Form der Änderungskritikalität ermöglichte es den Teilnehmern zudem, die änderungskritischen Handlungsschwerpunkte gezielt zu identifizieren und bei der Umgestaltung fokussiert zu adressieren. Ohne die Darstellung wären laut der Teilnehmer beispielsweise keine Überlegungen und Anpassungen in Bezug auf die zukünftigen Änderungen der *Grundplatte* und der *Trennwand* in der Einzelfallstudie vorgenommen worden. Hier wären zukünftig mit einer hohen Wahrscheinlichkeit nachträgliche Anpassungen an der modularen Produktstruktur notwendig geworden, was zu produktvariantenübergreifenden Änderungsauswirkungen und somit Kosten geführt hätte. Durch die einfache Identifikation der Änderungsauswirkungen und Adressierung der Handlungsschwerpunkte konnte die Zukunftsrobustheit mit einfachen Maßnahmen sofort erhöht werden. Die Hypothese kann in diesem Erprobungsfall als bestätigt angesehen werden.

**Hypothese 2 – Fokus auf die wesentlichen Änderungstreiber aus Markt- und Produktionssicht**

Die Methode sieht die systematische Aufnahme der wesentlichen Änderungseinflüsse aus Markt- und Produktionssicht vor. Hier werden die in der Literatur gängigen und mit Hilfe einer empirischen Studie bestätigten Änderungsursachen berücksichtigt (siehe Kap. 2.2.1). Die Teilnehmer bestätigen im Rahmen der Befragung durchgehend diese Hypothese (Aussage 1 & 2). Laut der Befragten stellen die Änderungstreiber aus Markt- und Produktionssicht auch in ihrem Unternehmen die wesentlichen Änderungsursachen für zukünftige und nachträgliche Produktänderungen dar. Durch die Fokussierung auf die Änderungstreiber mit den größten Auswirkungen und der größten Eintrittswahrscheinlichkeit kann zudem ein vertretbares Aufwand/Nutzen-Verhältnis gewährleistet werden. Insbesondere durch die Bereitstellung des *Änderungstreiberkatalogs produktionsspezifischer Einflussgrößen* wird eine aufwandsarme und umfassende Identifikation und Auswahl der relevanten Einflussfaktoren in der Produktion unterstützt. Die Methodenanwendung hat gezeigt, dass der Katalog auch für aktuelle Problemstellungen geeignet ist und somit auch im Kontext anderer Produktentwicklungsmethoden mit Produktionsbezug Anwendung finden kann.

**Hypothese 3 – Erhöhung der Anwendbarkeit und des Nutzens durch Visualisierungswerkzeuge**

Die eingesetzten Visualisierungswerkzeuge unterstützen die Methodenanwendung. Dies kann im Rahmen der Abschlussbefragung mit den Projektbeteiligten eindeutig bestätigt werden (Aussage 4, 9 & 12). Sowohl die *Szenario-Eigenschafts-Matrix (SEM)* als auch das *Produktionstrend-Portfolio (PTP)* stellen transparente Analysewerkzeuge dar und unterstützen die eindeutige Bestimmung der änderungskritischen markt- und produktionsseitigen Änderungstreiber. Das ist von großer Relevanz, da hier die Eingangsgrößen für die weitere Methodenanwendung ermittelt werden und somit wesentlichen Einfluss auf die Ergebnisqualität ausüben. Einzig die Eindeutigkeit bei der Übertragung der Szenarien auf die kundenrelevanten Produkteigenschaften wurde von einigen Teilnehmern bemängelt. Hier wurde ein zu hohes Maß an Subjektivität angemerkt (Aussage 8).

Das *Change Allocation Model* (CAM) als zentrales Element der Methode ermöglicht es darüber hinaus, die Produktstruktureigenschaft der Zukunftsrobustheit zu visualisieren und die aufwandsarme Identifikation sowie zielgerichtete Adressierung änderungskritischer Elemente zu unterstützen. Die Auswirkungen der zukunftsrobusten Gestaltung können direkt im CAM visualisiert werden, was bei der Konzeptionierung als iterativen Prozess im Rahmen der Produktentwicklung hilft. Zudem unterstützt das CAM bei der Bewertung und Auswahl der geeignetsten Alternative im Hinblick auf die Zukunftsrobustheit.

**Hypothese 4 – Unterstützung der Ideenfindung und Konzeptionierung durch konstruktive Gestaltungsmaßnahmen**

Durch die Bereitstellung von konstruktiven Gestaltungsmaßnahmen wird die Adressierung der Zukunftsrobustheit auch auf Komponentenebene im Sinne von Anpassungskonstruktionen ermöglicht. So konnte in der Fallstudie bei allen entwickelten Konzeptalternativen eine Erhöhung der Zukunftsrobustheit auf Basis der eingeführten Kennwerte durch die Anwendung der Gestaltungsmaßnahmen nachgewiesen werden. Die Teilnehmer hoben insbesondere die hohe Anwendbarkeit der Maßnahmen hervor (Aussage 6) und gaben an, diese auch in Zukunft wiederverwenden zu wollen (Aussage 13).

Die Bereitstellung und Aufbereitung der konstruktiven Maßnahmen bilden einen wesentlichen Mehrwert im Vergleich zu den bestehenden Methoden im Stand der Wissenschaft (siehe Kap. 3.3.3), da diese den Aspekt der Zukunftsrobustheit hauptsächlich auf Modulebene adressieren. Die Modulbildung zur Erhöhung der Zukunftsrobustheit wird mit der neu entwickelten Methode im Rahmen der Einbettung in den *Integrierten PKT-Ansatz zur Entwicklung modularer Produktfamilien* ebenfalls berücksichtigt, war aber nicht Teil der Evaluationsstudie.

### Hypothese 5 – Eignung für einen mittel- bis langfristigen Planungshorizont

Die Methode ermöglicht die Betrachtung eines mittel- bis langfristigen Zeithorizonts, da die verwendeten Methoden der Vorausschau eine Identifikation zukünftiger Änderungseinflüsse für eine mittel- bis langfristige Zeitspanne erlauben. Zudem werden bei der Auswahl der Zielsetzungen auch langfristige Einsparungspotentiale berücksichtigt. Somit ist die Methode auch im Rahmen der Produktgenerationsentwicklung anwendbar. Hier limitiert ausschließlich die jeweilige Lebensdauer einer Produktgeneration die Anwendbarkeit der Methode – liegt diese bei deutlich mehr als 10 Jahren, so ist die Anwendung der Methode nicht zu empfehlen, da hier die Unsicherheiten zu groß werden.

### Hypothese 6 – Berücksichtigung der Variantenvielfalt

Die spezifische Anwendbarkeit der Methode im Kontext der Variantenvielfalt wird durch die Einzelfallstudie aufgezeigt.

### Hypothese 7 – Bewertung und Auswahl

Die Methode zielt auf einen Vergleich von alternativen Produktstrukturkonzepten mit Hilfe quantifizierter Eigenschaften der Zukunftsrobustheit ab. Durch die Ableitung der Bewertungskriterien direkt aus dem CAM kann so ein relativer Vergleich der Konzepte in Bezug auf die Ausgangs-Produktfamilie erfolgen. Diese eindeutige und transparente Vorgehensweise wird durch die Teilnehmer als positiv empfunden (Aussage 10). Durch die zusätzliche Erweiterung der Bewertungskriterien um relevante wirtschaftliche Zielgrößen wird zudem eine gesamtheitliche Bewertung im Rahmen der Methode unterstützt. Dies ist für die Auswahl der geeignetsten Konzeptalternative von hoher Relevanz, da die Zukunftsrobustheit nicht isoliert betrachtet werden sollte (Aussage 11). Dies zeigt auch das finale Ergebnis der Methodenanwendung in der durchgeführten Fallstudie. Hier wurde trotz der höheren Zukunftsrobustheit von Konzeptalternative 3 die zweite Produktstrukturalternative ausgewählt, da sie in der gesamtheitlichen Bewertung die geeignetste Lösung darstellt. Die Objektivität und Nachvollziehbarkeit bei der Bewertung und Auswahl wird in diesem Fall bestätigt.

Die neu entwickelte Methode zur zukunftsrobusten modularen Produktstrukturgestaltung wurde im Rahmen einer Einzelfallstudie mit einem Laseranlagenhersteller erfolgreich angewandt. Durch die Überprüfung der Hypothesen konnte belegt werden, dass die entwickelte Methode die Gestaltung zukunftsrobuster modularer Produktstrukturen zielgerichtet unterstützt und wesentliche Vorteile in Bezug auf das langfristig ausgerichtete Variantenmanagement durch eine Erhöhung der Zukunftsrobustheit generieren kann.

# 6 Zusammenfassung und Ausblick

Zur Beherrschung der Variantenvielfalt setzen Unternehmen vermehrt auf modulare Produktstrukturierungsstrategien. Ziel ist es dabei, die geforderte Angebotsvielfalt mit einer möglichst geringen internen Varianz an Komponenten und Prozessen abzudecken und somit Einsparungspotentiale entlang der gesamten Wertschöpfungskette freizusetzen. Viele der wirtschaftlichen Vorteile können jedoch oftmals erst auf lange Sicht erschlossen werden, sodass eine möglichst lange Nutzungsdauer der entwickelten modularen Produktstruktur angestrebt wird. Durch die lange Nutzungsdauer steigt die Wahrscheinlichkeit von dynamischen Änderungen im Unternehmens- und Marktumfeld, was dazu führen kann, dass die zu Beginn festgelegten Anforderungen nicht mehr den neuen Gegebenheiten entsprechen und kostenintensive Anpassungen an der modularen Produktstruktur notwendig werden. Ziel dieser Arbeit ist es, den nachteiligen Änderungsauswirkungen aufgrund markt- und produktionsseitiger Einflussgrößen entgegenzuwirken und eine methodische Unterstützung bereitzustellen, die die Gestaltung einer zukunftsrobusten modularen Produktstruktur ermöglicht. So sollen kostenintensive Änderungsaufwände reduziert und die Potentiale modularer Produktstrukturen langfristig gesichert werden.

Zur Erreichung dieser Zielstellung wird im zweiten Kapitel zunächst das Problem analysiert und die Ursachen sowie Auswirkungen technischer Produktänderungen in modularen Produktstrukturen analysiert. Dazu werden die nachteiligen Auswirkungen zukünftiger und nachträglicher Produktänderungen anhand von empirischen Fallstudien und Erkenntnissen aus der Literatur untersucht und mit den markt- und produktionsseitigen Änderungstreibern die wesentlichen Ursachen für technische Produktänderungen identifiziert. Abschließend werden die aus der Analyse resultierenden Anforderungen an die methodische Unterstützung abgeleitet. Im dritten Kapitel wird daraufhin der Stand der Wissenschaft in der modularen und zukunftsorientierten Produktstrukturierung sowie der methodischen Vorausschau vorgestellt. Dabei werden sowohl die wesentlichen Grundlagen erläutert als auch die relevanten Methoden des jeweilen Forschungsbereichs vorgestellt und anhand der aufgestellten Anforderungen bewertet. Mit dem


E. Greve, *Methode zur Gestaltung zukunftsrobuster modularer Produktstrukturen aus Markt- und Produktionssicht*, Produktentwicklung und Konstruktionstechnik 24,
https://doi.org/10.1007/978-3-662-68240-1_6

*Integrierten PKT-Ansatz zur Entwicklung modularer Produktfamilien* wird zudem ein Methodenbaukasten eingeführt, welcher mögliche Anknüpfungspunkte für die neue Methode liefern soll. Aufbauend auf den Bewertungsergebnissen wird abschließend der aktuelle Forschungsbedarf aufgezeigt. Im vierten Kapitel erfolgt die Einführung der neu entwickelten Methode zur Gestaltung zukunftsrobuster modularer Produktstrukturen. Nach der Eingrenzung des Anwendungsbereichs wird das konzeptionelle Vorgehen der methodischen Unterstützung erläutert und die einzelnen Schritte der Methode am Erklärungsbeispiel einer Produktfamilie von Druckregelventilen aufgezeigt. Im Anschluss an die Vorstellung werden drei mögliche Anknüpfungspunkte an den *Integrierten PKT-Ansatz* aufgezeigt und am Erklärungsbeispiel erläutert. Die Validierung der Methode erfolgt anhand einer Einzelfallstudie mit einem Hersteller für Laserbearbeitungsanlagen im fünften Kapitel. Hier wird zunächst die Planung der Studie beschrieben und im Anschluss an die Durchführung das Validierungsergebnis vorgestellt.

Die neu eingeführte Methode ermöglicht es Produktstrukturen zu entwickeln, welche möglichst geringe Änderungsaufwände aufgrund markt- und produktionsseitiger Anforderungsänderungen nach sich ziehen und gleichzeitig die wirtschaftlichen Vorteile der Modularität über einen möglichst langen Zeitraum sicherstellen. Diese Arten von Produktstrukturen eignen sich insbesondere für Unternehmen, welche die Variantenvielfalt mit modularen Produktfamilien beherrschen wollen und deren Markt- und Unternehmensumfeld dynamisch geprägt ist. Durch die Anwendung der neuen Methode werden die Anwender nicht nur bei der Identifikation dynamischer Änderungseinflüsse unterstützt, sondern können auch die daraus resultierenden Auswirkungen auf die Produktstruktur aufzeigen und durch zukunftsrobuste Umgestaltungsmaßnahmen gezielt beeinflussen. Das Ergebnis ist die vorausschauende Entwicklung zukunftsrobuster modularer Produktstrukturen zur Erreichung langfristiger Zielvorgaben (Bild 6-1).

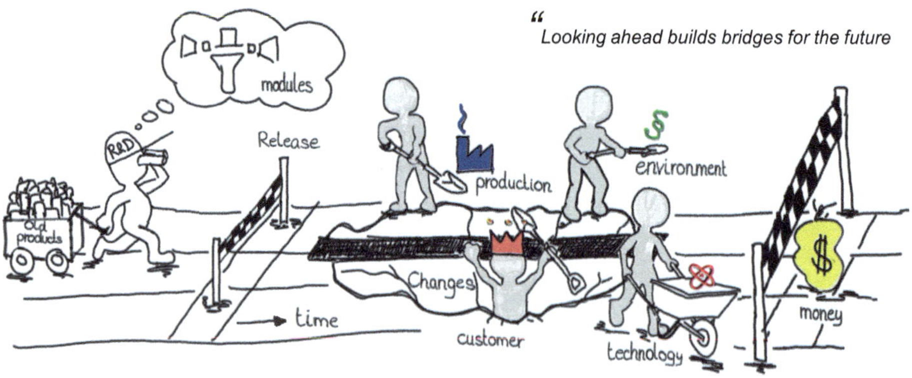


Bild 6-1: Entwicklung zukunftsrobuster modularer Produktstrukturen zur Erreichung langfristiger Ziele trotz dynamischer Anforderungsänderungen aus Markt- und Produktionssicht

In der vorliegenden Arbeit wird vor allem die frühe Phase bei der Entwicklung der zukunftsrobusten modularen Produktstruktur fokussiert. Eine Unterstützung nach erfolgreicher Einführung der Produktstruktur erfolgt nur in Ansätzen. Mit den entwickelten Upgrading-Modulen und zugehörigen Roadmaps werden im Rahmen der Methode zwar erste Eingangsdaten für die Nutzungsphase erzeugt, eine durchgängige Unterstützung inklusive möglicher Pflegemaßnahmen existiert jedoch nicht. Um einen konsistenten Informationsfluss zu anderen Produktentwicklungsmethoden zu ermöglichen, bietet es sich hier an, die Visualisierungen und generierten Daten der Methode rechnergestützt zu implementieren. Hier hat sich SysML als geeignete Modellierungssprache in den vergangenen Jahren etabliert. Darüber hinaus werden in der entwickelten Methode zwar die wesentlichen Änderungsursachen für nachträgliche Änderungen berücksichtigt, diese aber als unabhängig voneinander angenommen. Hier stellt sich die Forschungsfrage, wie die markt- und produktionsseitigen Einflussgrößen miteinander zusammenhängen und welchen Einfluss die Wechselwirkungen möglicherweise auf die Gestaltung und den wirtschaftlichen Erfolg einer zukunftsrobusten modularen Produktstruktur haben. Zusätzlich gilt es das entwickelte Vorgehen in weiteren Fallstudien aus unterschiedlichen Branchen mit verschiedenen Randbedingungen anzuwenden und die Erweiterbarkeit sowie fallunabhängige Anwendbarkeit zu überprüfen. Um den wirtschaftlichen Nutzen einer zukunftsrobusten Produktstruktur in der industriellen Praxis auch langfristig nachweisen zu können, bedarf es einer vollständigen Implementierung der Methode in die bestehenden Produktentwicklungsprozesse sowie einer retrospektiven Analyse der erzielten Ergebnisse.

# 7 Anhang

## Anhang 1: Online-Umfrage zu den produktionsspezifischen Einflussfaktoren

### A1.1 Aufbau der Umfrage

Das Ziel der Online-Umfrage ist es, die Verteilung von produktionsspezifischen Änderungsursachen im industriellen Umfeld zu ermitteln. Zu diesem Zweck werden 32 Einflussgrößen aus der Produktion literaturbasiert erhoben und in einer Online-Umfrage mit *LimeSurvey* in Bezug auf ihre Auftretenshäufigkeit abgefragt. Die gesamte Umfrage setzt sich dabei aus insgesamt 40 Fragen zusammen. Zu Beginn der Umfrage werden die Befragten durch einen Begrüßungstext über die Zielsetzung, Bearbeitungsdauer (circa 10 Minuten) und der Anonymität der Umfrage aufgeklärt. Hierbei wird die Thematik der produktionsspezifischen Einflussfaktoren durch eine Visualisierung erläutert (Bild A-1).

Zur Motivation wird zusätzlich ein Fortschrittsbalken in die Umfrage integriert. Des Weiteren wird eine Zwischenspeicherung der Umfrage ermöglicht. Somit können die Teilnehmer die Umfrage im Internetbrowser schließen und zu einem späteren Zeitpunkt fortsetzen. Den Teilnehmern wird außerdem ein Vor- und Zurückspringen der Umfrageseiten ermöglicht, um auch nachträgliche Korrekturen zu erlauben.

Für die 32 literaturbasiert ermittelten produktionsspezifischen Einflussfaktoren werden die Auftrittshäufigkeiten in den letzten 3 Jahren abgefragt. Hierbei werden folgende erschöpfende Antwortmöglichkeiten vorgegeben (Single Choice), um einen semi-quantitativen Vergleich zu ermöglichen:

- Nie
- 1-2 mal
- 3-10 mal
- 11-20 mal
- mehr als 20 mal
- Keine Antwort


E. Greve, *Methode zur Gestaltung zukunftsrobuster modularer Produktstrukturen aus Markt- und Produktionssicht*, Produktentwicklung und Konstruktionstechnik 24,
https://doi.org/10.1007/978-3-662-68240-1

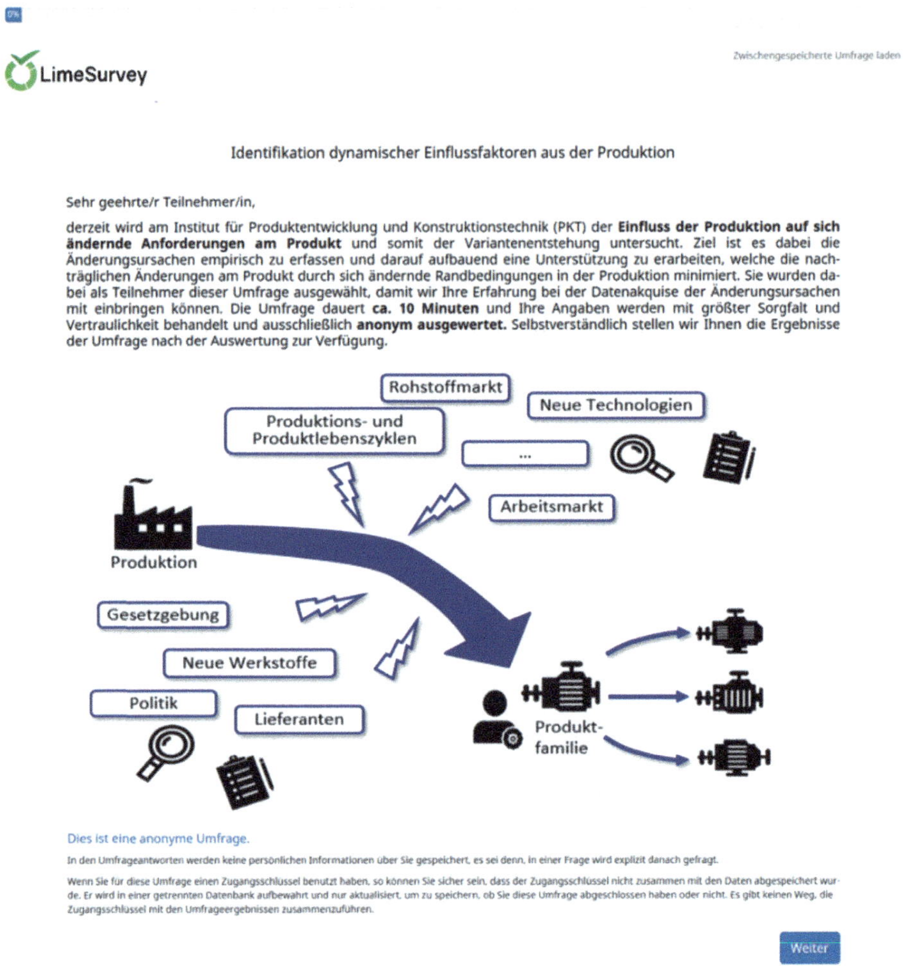


Bild A-1: Einleitung zu Beginn der Online-Umfrage (LimeSurvey)

Zum Zweck der Verständlichkeit und schnelleren Lesbarkeit wird der Satzbau der Fragen vereinheitlicht. Dabei beginnen die Fragen mit dem Satzanfang „Wie häufig haben Sie in den letzten 3 Jahren eine Änderung am Produkt vorgenommen/veranlasst, weil…“ und enden jeweils mit einer kausalen Begründung einer Produktänderung. Für die Übersichtlichkeit wird die jeweilige kausale Begründung zusätzlich unterstrichen. Für eine einfachere Zuordnung bei der Auswertung, wird jeder Frage zudem ein Code (Q#) zugeteilt.

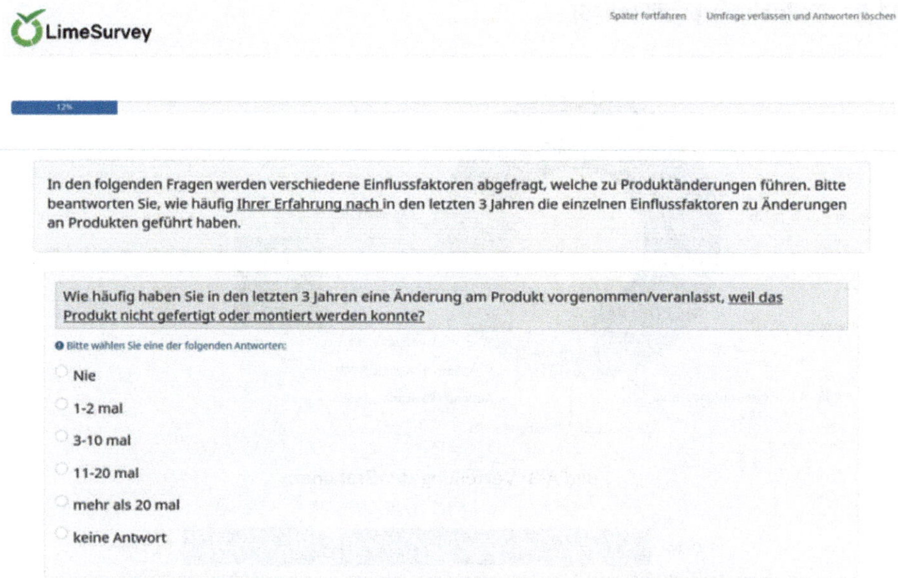


Bild A-2: Beispiel für die Abfrage der Häufigkeit von Änderungen aufgrund von Montagefehlern

## A1.2 Teilnehmerprofil (n=45)

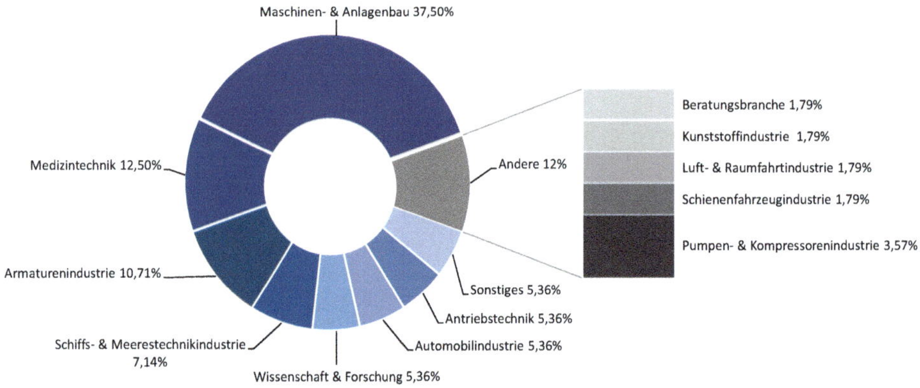


Bild A-3: Verteilung der Branchen

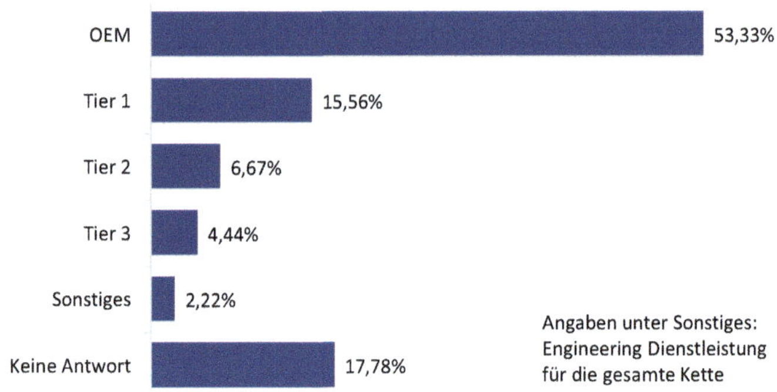


Bild A-4: Verteilung der Position in der Zuliefererpyramide

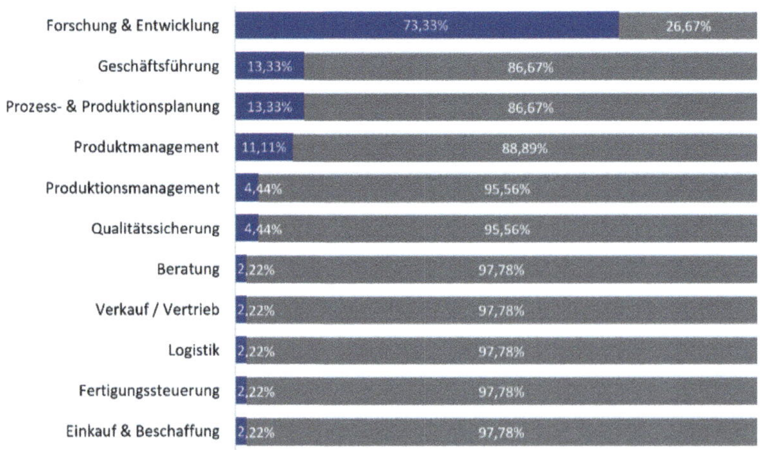


Bild A-5: Verteilung der Unternehmensfunktion

## A1.3 Ergebnisse

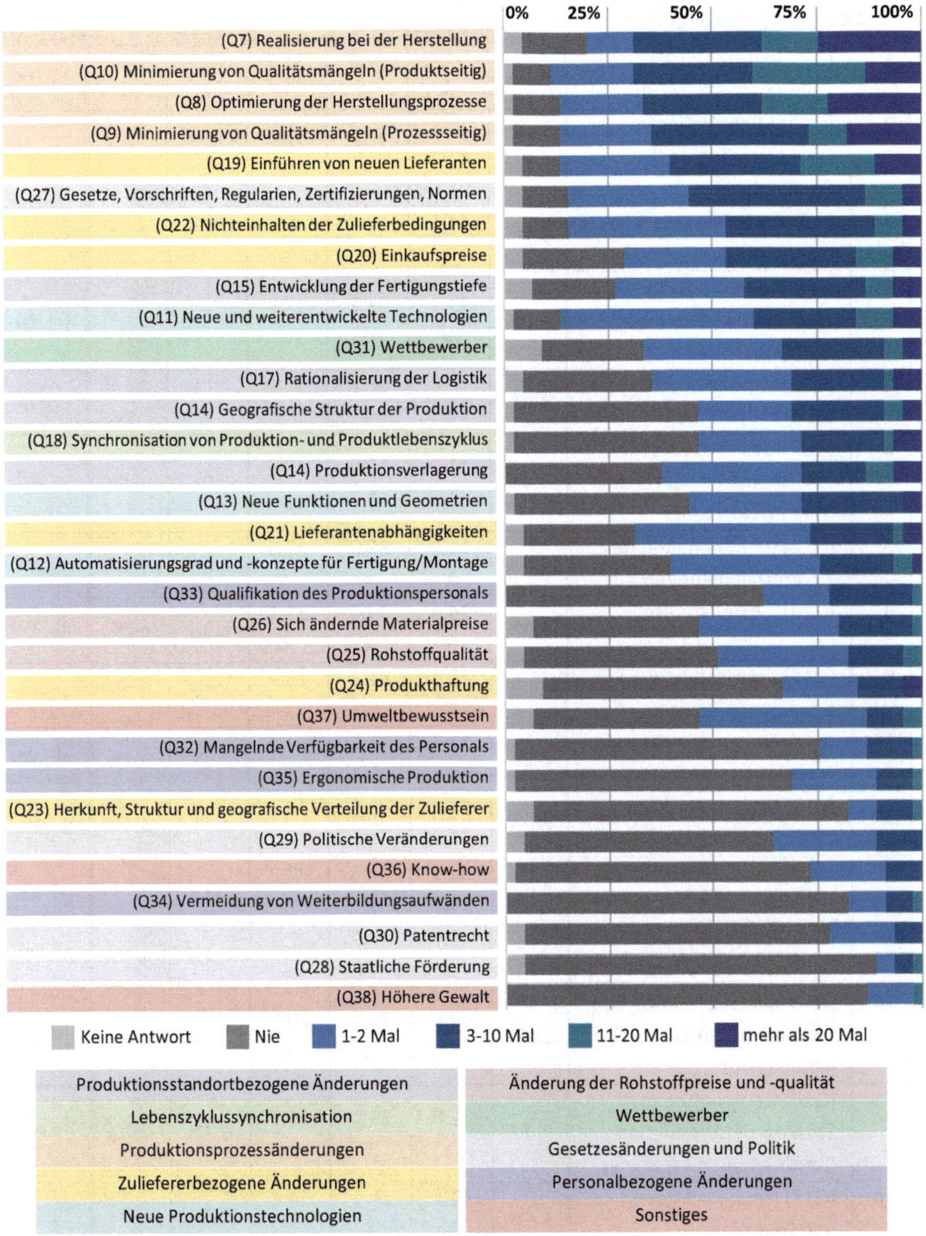

| Rang | Einflussfaktor | keine Antwort | Nie | 1-2 mal | 3-10 mal | 11-20 mal | mehr als 20 mal | Rang-Kriterium[1] |
|---|---|---|---|---|---|---|---|---|
| 1 | (Q7) Realisierung der Herstellung | 4.4% | 15.6 % | 11.1 % | 31.1 % | 13.3 % | 24.4 % | 68.9% |
| 2 | (Q10) Minimierung von Qualitätsmängeln (Produktseitig) | 2.2% | 8.9% | 20.0 % | 28.9 % | 26.7 % | 13.3 % | 68.9% |
| 3 | (Q8) Optimierung der Herstellungsprozesse | 2.2% | 11.1 % | 20.0 % | 28.9 % | 15.6 % | 22.2 % | 66.7% |
| 4 | (Q9) Minimierung von Qualitätsmängeln (Prozessseitig) | 2.2% | 11.1 % | 22.2 % | 37.8 % | 8.9% | 17.8 % | 64.4% |
| 5 | (Q19) Einführen von neuen Lieferanten | 4.4% | 8.9% | 26.7 % | 31.1 % | 17.8 % | 11.1 % | 60.0% |
| 6 | (Q27) Gesetze, Vorschriften, Regularien, Zertifizierungen, Normen | 4.4% | 11.1 % | 28.9 % | 42.2 % | 8.9% | 4.4% | 55.6% |
| 7 | (Q22) Nichteinhalten der Zulieferbedingungen | 4.4% | 11.1 % | 37.8 % | 35.6 % | 6.7% | 4.4% | 46.7% |
| 8 | (Q20) Einkaufspreise | 4.4% | 24.4 % | 24.4 % | 31.1 % | 8.9% | 6.7% | 46.7% |
| 9 | (Q15) Entwicklung der Fertigungstiefe | 6.7% | 20.0 % | 31.1 % | 28.9 % | 6.7% | 6.7% | 42.2% |
| 10 | (Q11) Neue und weiterentwickelte Technologien | 2.2% | 11.1 % | 46.7 % | 24.4 % | 8.9% | 6.7% | 40.0% |
| 11 | (Q31) Wettbewerber | 8.9% | 24.4 % | 33.3 % | 24.4 % | 4.4% | 4.4% | 33.3% |
| 12 | (Q17) Rationalisierung der Logistik | 4.4% | 31.1 % | 33.3 % | 22.2 % | 2.2% | 6.7% | 31.1% |
| 13 | (Q14) Geographische Struktur der Produktion | 2.2% | 44.4 % | 22.2 % | 22.2 % | 4.4% | 4.4% | 31.1% |
| 14 | (Q18) Synchronisation von Produktion- und Produktlebenszyklus | 2.2% | 44.4 % | 24.4 % | 20.0 % | 2.2% | 6.7% | 28.9% |
| 15 | (Q16) Geographische Struktur der Produktion (Produktionsverlagerung) | 0.0% | 37.8 % | 33.3 % | 15.6 % | 6.7% | 6.7% | 28.9% |
| 16 | (Q13) Neue Funktionen und Geometrien | 2.2% | 42.2 % | 26.7 % | 24.4 % | 0.0% | 4.4% | 28.9% |

[1] Das Kriterium der Sortierung ist die Summe der Auftrittshäufigkeiten von den Antworten „3-10 mal", „11- 20 mal" und „mehr als 20 mal" der Größe nach absteigend.

| | | | | | | | | |
|---|---|---|---|---|---|---|---|---|
| **17** | (Q21) Lieferantenabhängigkeiten | 4.4% | 26.7 % | 42.2 % | 20.0 % | 2.2% | 4.4% | 26.7% |
| **18** | (Q12) Automatisierungsgrad und -konzepte für Fertigung/Montage | 4.4% | 35.6 % | 35.6 % | 17.8 % | 4.4% | 2.2% | 24.4% |
| **19** | (Q33) Qualifikation des Produktionspersonals | 0.0% | 62.2 % | 15.6 % | 20.0 % | 2.2% | 0.0% | 22.2% |
| **20** | (Q26) Sich ändernde Materialpreise | 6.7% | 40.0 % | 33.3 % | 17.8 % | 2.2% | 0.0% | 20.0% |
| **21** | (Q25) Rohstoffqualität | 4.4% | 46.7 % | 31.1 % | 13.3 % | 4.4% | 0.0% | 17.8% |
| **22** | (Q24) Produkthaftung | 8.9% | 57.8 % | 17.8 % | 11.1 % | 0.0% | 4.4% | 15.6% |
| **23** | (Q37) Umweltbewusstseins | 6.7% | 40.0 % | 40.0 % | 8.9% | 4.4% | 0.0% | 13.3% |
| **24** | (Q32) Mangelnde Verfügbarkeit des Personals | 2.2% | 73.3 % | 11.1 % | 11.1 % | 2.2% | 0.0% | 13.3% |
| **25** | (Q35) Ergonomische Produktion | 2.2% | 66.7 % | 20.0 % | 8.9% | 2.2% | 0.0% | 11.1% |
| **26** | (Q23) Herkunft, Struktur und geographische Verteilung der Zulieferer | 6.7% | 75.6 % | 6.7% | 8.9% | 2.2% | 0.0% | 11.1% |
| **27** | (Q29) Politische Veränderungen | 4.4% | 60.0 % | 24.4 % | 11.1 % | 0.0% | 0.0% | 11.1% |
| **28** | (Q36) Know-how | 2.2% | 71.1 % | 17.8 % | 8.9% | 0.0% | 0.0% | 8.9% |
| **29** | (Q34) Vermeidung von Weiterbildungsaufwänden) | 0.0% | 82.2 % | 8.9% | 6.7% | 2.2% | 0.0% | 8.9% |
| **30** | (Q30) Patentrecht | 4.4% | 73.3 % | 15.6 % | 6.7% | 0.0% | 0.0% | 6.7% |
| **31** | (Q28) Staatliche Förderung | 4.4% | 84.4 % | 4.4% | 4.4% | 2.2% | 0.0% | 6.7% |
| **32** | (Q38) Höhere Gewalt | 0.0% | 86.7 % | 11.1 % | 0.0% | 2.2% | 0.0% | 2.2% |

# Anhang 2: Erweitertes Wirkmodell modularer Produktstrukturen

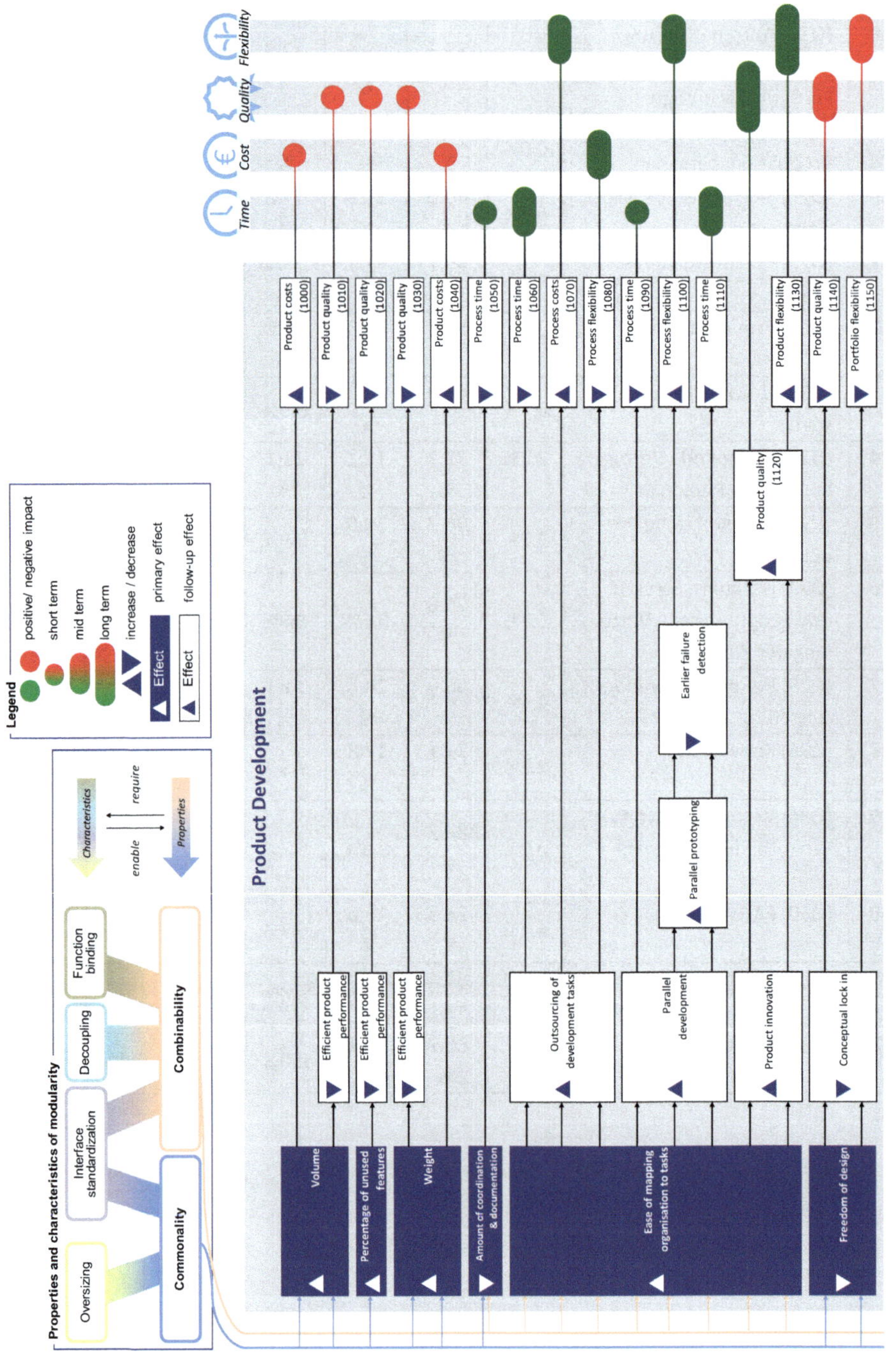

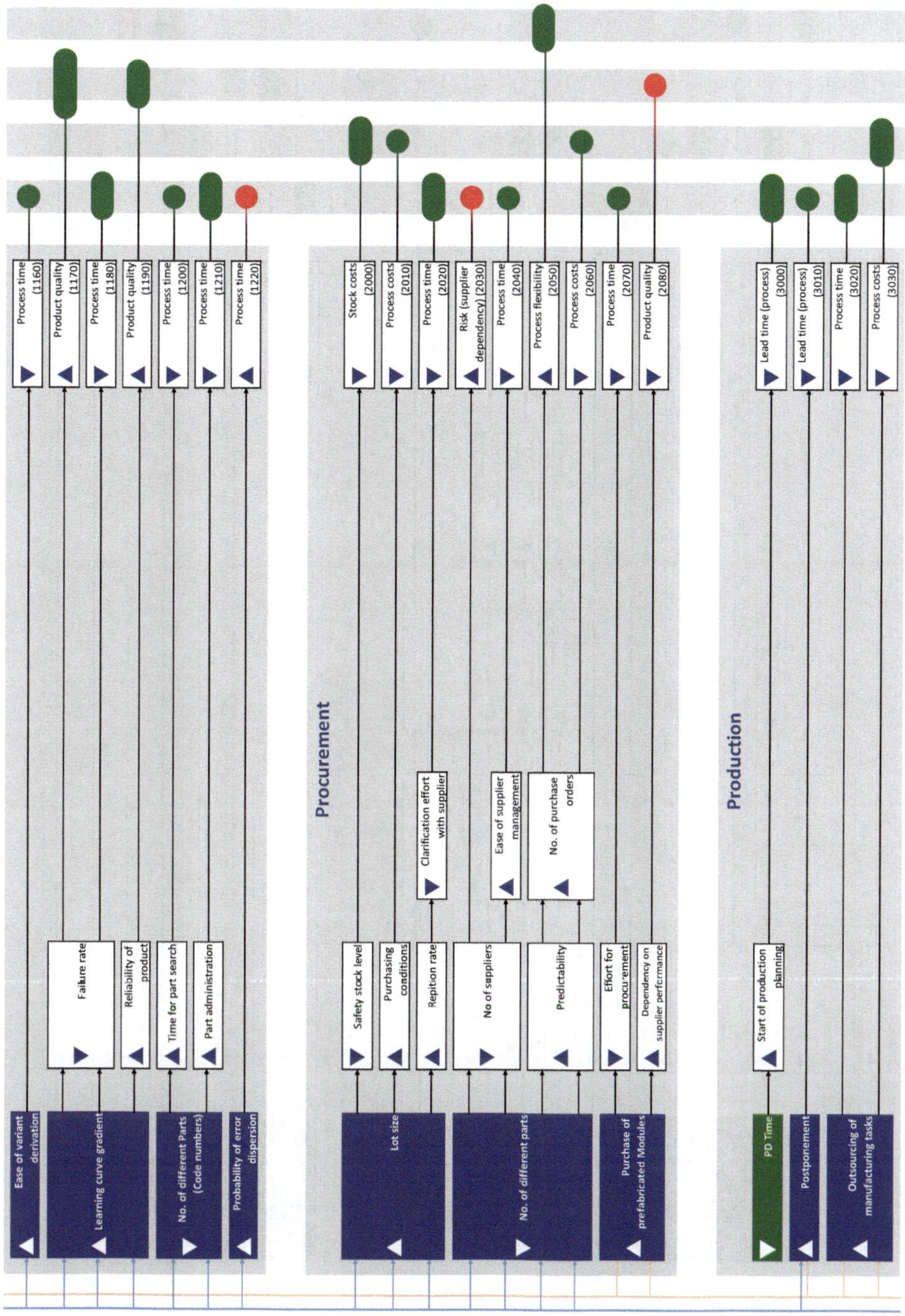
Ease of variant derivation
Learning curve gradient
No. of different Parts (Code numbers)
Probability of error dispersion
Failure rate
Reliability of product
Time for part search
Part administration
Process time (1160)
Product quality (1170)
Process time (1180)
Product quality (1190)
Process time (1200)
Process time (1210)
Process time (1220)
Procurement
Lot size
No. of different parts
Purchase of prefabricated Modules
Safety stock level
Purchasing conditions
Repition rate
No of suppliers
Predictability
Effort for procurement
Dependency on supplier performance
Clarification effort with supplier
Ease of supplier management
No. of purchase orders
Stock costs (2000)
Process costs (2010)
Process time (2020)
Risk (supplier dependency) (2030)
Process time (2040)
Process flexibility (2050)
Process costs (2060)
Process time (2070)
Product quality (2080)
Production
PD Time
Postponement
Outsourcing of manufacturing tasks
Start of production planning
Lead time (process) (3000)
Lead time (process) (3010)
Process time (3020)
Process costs (3030)

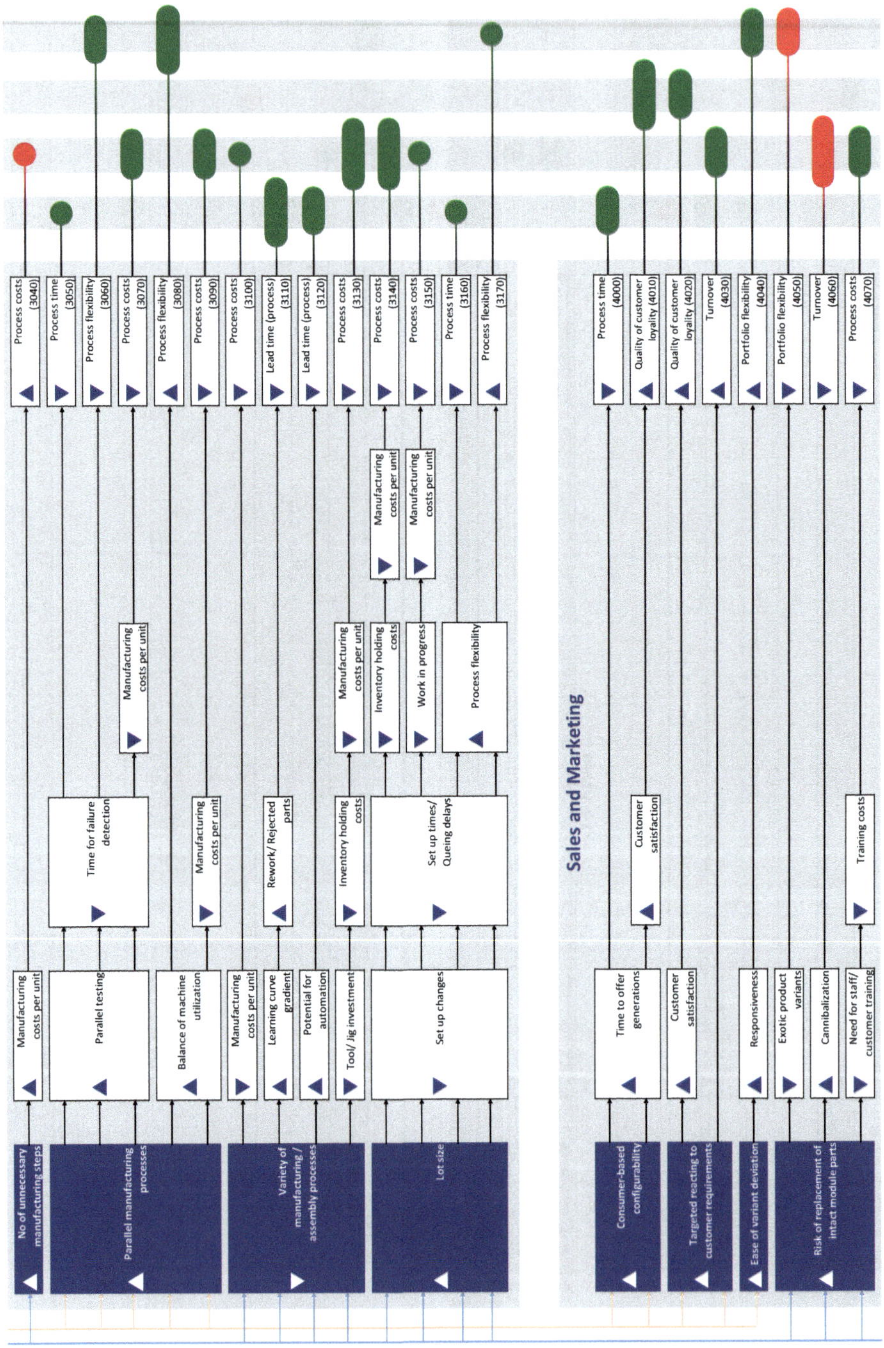
Sales and Marketing
No of unnecessary manufacturing steps
Parallel manufacturing processes
Variety of manufacturing / assembly processes
Lot size
Consumer-based configurability
Targeted reacting to customer requirements
Ease of variant deviation
Risk of replacement of intact module parts
Manufacturing costs per unit
Parallel testing
Balance of machine utilization
Manufacturing costs per unit
Learning curve gradient
Potential for automation
Tool/ Jig investment
Set up changes
Time to offer generations
Customer satisfaction
Responsiveness
Exotic product variants
Cannibalization
Need for staff/ customer training
Time for failure detection
Manufacturing costs per unit
Rework/ Rejected parts
Inventory holding costs
Set up times/ Queing delays
Customer satisfaction
Training costs
Manufacturing costs per unit
Manufacturing costs per unit
Inventory holding costs
Work in progress
Process flexibility
Manufacturing costs per unit
Manufacturing costs per unit
Process costs (3040)
Process time (3050)
Process flexibility (3060)
Process costs (3070)
Process flexibility (3080)
Process costs (3090)
Process costs (3100)
Lead time (process) (3110)
Lead time (process) (3120)
Process costs (3130)
Process costs (3140)
Process costs (3150)
Process time (3160)
Process flexibility (3170)
Process time (4000)
Quality of customer loyality (4010)
Quality of customer loyality (4020)
Turnover (4030)
Portfolio flexibility (4040)
Portfolio flexibility (4050)
Turnover (4060)
Process costs (4070)

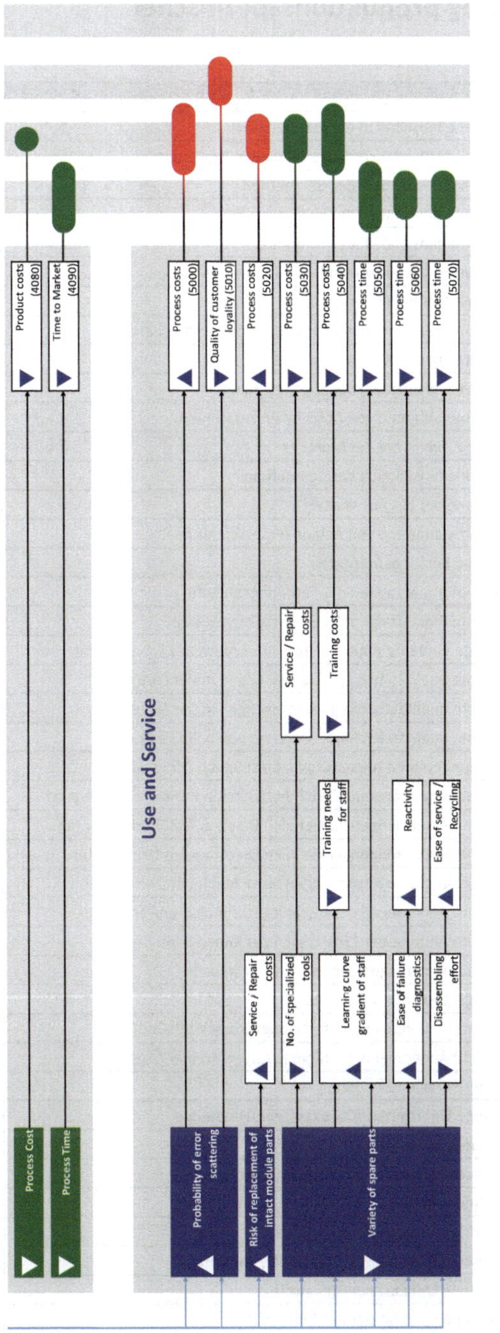
Use and Service
Process Cost
Process Time
Product costs (4080)
Time to Market (4090)
Probability of error scattering
Risk of replacement of intact module parts
Variety of spare parts
Service / Repair costs
No. of specialized tools
Learning curve gradient of staff
Ease of failure diagnostics
Disassembling effort
Training needs for staff
Reactivity
Ease of service / Recycling
Service / Repair costs
Training costs
Process costs (5000)
Quality of customer loyality (5010)
Process costs (5020)
Process costs (5030)
Process costs (5040)
Process time (5050)
Process time (5060)
Process time (5070)

# Anhang 3: Änderungstreiberkatalog produktionsspezifischer Einflussgrößen

| Änderungstreiberausprägungen | | | # | Einflussgrößen |
|---|---|---|---|---|
| Produktionsprozessanpassungen | Probleme bei der Herstellung | Probleme bei der Fertigung | 1 | Probleme hinsichtlich der Fertigungsart |
| | | | 2 | Probleme hinsichtlich der verwendeten Werkstoffe |
| | | | 3 | Probleme hinsichtlich der Geometrien |
| | | | 4 | Probleme hinsichtlich der Fügeprozesse |
| | | | 5 | Probleme hinsichtlich der Toleranzen |
| | | | 6 | Probleme aufgrund von Ablauf-/ Prozessfehlern |
| | | | 7 | Sonstige Fehler bei der Fertigung |
| | | Probleme bei der Montage | 8 | Probleme bei dem Bauteilhandling/ der Handhabbarkeit |
| | | | 9 | Probleme bei dem Zusammenbau |
| | | | 10 | Probleme hinsichtlich der Zugänglichkeit |
| | | | 11 | Probleme aufgrund von Ablauf-/ Prozessfehlern |
| | | | 12 | Sonstige Fehler bei der Montage |
| | | Probleme beim Testen | 13 | Probleme hinsichtlich des Testaufbaus |
| | | | 14 | Probleme bei der Auswertung |
| | | | 15 | Probleme aufgrund von Ablauf-/Prozessfehlern |
| | | | 16 | sonstige Fehler beim Testen |
| | geplante Änderungen (operativ) | Erhöhung der Produktivität | 17 | geplante Anpassungen der Fertigungsabläufe |
| | | | 18 | geplante Anpassungen der Personalkapazitäten |
| | | | 19 | sonstige geplante Anpassungen hinsichtlich der Produktivität |
| | | Erhöhung der Qualität | 20 | geplante qualitätsbedingte Anpassungen in der Fertigung |
| | | | 21 | geplante qualitätsbedingte Anpassungen in der Montage |
| | | | 22 | geplante qualitätsbedingte Anpassungen beim Testen |
| | | | 23 | sonstige geplante Anpassungen hinsichtlich der Qualität |
| | | Reduzierung der Durchlaufzeit | 24 | geplante Anpassungen hinsichtlich Durchlaufzeit in der Fertigung |
| | | | 25 | geplante Anpassungen hinsichtlich Durchlaufzeit in der Montage |
| | | | 26 | geplante Anpassungen hinsichtlich Durchlaufzeit beim Testen |
| | | | 27 | sonstige geplante Anpassungen hinsichtlich der Durchlaufzeit |
| | geplante Änderungen (strategisch) | Geplante Änderungen bzgl. Anlagen | 28 | geplante Änderungen der Fertigungstechnologien/-anlagen |
| | | | 29 | geplante Änderungen hinsichtlich der Kapazitäten |
| | | | 30 | geplante Änderungen der Bearbeitungsräume |
| | | | 31 | sonstige geplante Änderungen |
| | | Geplante Änderungen bzgl. Prozesse | 32 | geplante Änderungen der Fertigungsprozessreihenfolge |
| | | | 33 | geplante Änderungen der Montageprozessreihenfolge |
| | | | 34 | sonstige geplante Änderungen |
| Zuliefererbezogene Änderungen | Wirtschaftlich bedingte Änderungen | Änderungen aufgrund zu langer Lieferzeiten | 35 | zu lange Lieferzeiten für Zukaufteile/Halbzeuge |
| | | | 36 | zu lange Lieferzeiten für Hilfsstoffe |
| | | | 37 | zu lange Lieferzeiten für Betriebsstoffe |
| | | | 38 | sonstige Probleme mit zu langen Lieferzeiten |
| | | Änderungen aufgrund zu geringer Qualität | 39 | zu geringe Qualität der Rohstoffe |
| | | | 40 | zu geringe Qualität der Zukaufteile/Halbzeuge |
| | | | 41 | zu geringe Qualität der Hilfsstoffe |
| | | | 42 | zu geringe Qualität der Betriebsstoffe |
| | | | 43 | sonstige Probleme mit geringer Produktqualität |

| Änderungstreiberausprägungen | | | # | Einflussgrößen |
|---|---|---|---|---|
| Zuliefererbezogene Änderungen | *Wirtschaftlich bedingte Änderungen* | *Änderungen aufgrund von Kostenvorteilen* | 44 | geplante Kosteneinsparungen von Rohstoffen |
| | | | 45 | gelante Kosteneinsparungen von Zukaufteilen/Halbzeugen |
| | | | 46 | geplante Kosteneinsparungen von Hilfsstoffen |
| | | | 47 | geplante Kosteneinsparungen von Betriebsstoffen |
| | | | 48 | sonstige geplante Kosteneinsparungen beim Einkauf |
| | *Strukturbedingte Änderungen* | *Änderungen bzgl. des Lieferantennetzwerks* | 49 | Abkündigungen von Komponenten/Auslaufende Verträge |
| | | | 50 | Fehlende Kompetenzen/Zuverlässigkeit der Zulieferer |
| | | | 51 | sonstige Änderungen des Lieferantennetzwerks |
| | | *Änderungen bzgl. der Fertigungstiefe* | 52 | Geplante Erhöhung/Reduzierung der Fertigungstiefe |
| | | | 53 | Geplante Änderungen bzgl. des Outsourcings |
| | | | 54 | sonstige geplante Änderungen bzgl. der Fertigungstiefe |
| Neue Produktionstechnologien/ Automatisierung | *(Teil-) Automatisierung der Produktion* | *geplante (Teil-) Automatisierungen in der Fertigung* | 55 | geplante Automatisierung des Materialflusses/der Logistiksysteme |
| | | | 56 | geplante Automatisierung der Handhabungssysteme |
| | | | 57 | geplante Automatisierung der Rüst- und Spannsysteme |
| | | | 58 | geplante Automatisierung der Fertigungssysteme |
| | | | 59 | geplante Automatisierung der Fügeprozesse |
| | | | 60 | geplante Automatisierung der Werkzeugsysteme |
| | | | 61 | sonstige geplante Automatisierungen in der Fertigung |
| | | *geplante (Teil-) Automatisierungen in der Montage* | 62 | geplante Automatisierung des Materialflusses/der Logistiksysteme |
| | | | 63 | geplante Automatisierung der Handhabungssysteme |
| | | | 64 | geplante Automatisierung der Rüst- und Spannsysteme |
| | | | 65 | geplante Automatisierung der Werkzeugsysteme |
| | | | 66 | sonstige geplante Automatisierungen in der Montage |
| | | *geplante (Teil-) Automatisierungen beim Testen* | 67 | geplante Automatisierung des Materialflusses/der Logistiksysteme |
| | | | 68 | geplante Automatisierung der Handhabungssysteme |
| | | | 69 | geplante Automatisierung der Rüst- und Spannsysteme |
| | | | 70 | geplante Automatisierung der Werkzeugsysteme |
| | | | 71 | geplante Automatisierung der Auswertung |
| | | | 72 | sonstige geplante Automatisierungen beim Testen |
| | *Neue Fertigungstechnologien* | *Einführung neuer primärer Technologien* | 73 | Einführung neuer Technologien hinsichtlich des Urformens |
| | | | 74 | Einführung neuer Technologien hinsichtlich des Umformens |
| | | | 75 | Einführung neuer Technologien hinsichtlich des Trennens |
| | | | 76 | Einführung neuer Technologien hinsichtlich des Fügens |
| | | | 77 | Einführung neuer Technologien hinsichtlich des Beschichtens |
| | | | 78 | Änderung von Stoffeigenschaften |
| | | | 79 | Einführung sonstiger neuer primärer Technologien |
| | | *Einführung neuer sekundärer Technologien* | 80 | Einführung neuer Technologien hinsichtlich der Messtechnik |
| | | | 81 | Einführung neuer Technologien hinsichtlich der Steuerung/ Kontrolle |
| | | | 82 | Einführung sonstiger neuer sekundärer Technologien |
| | *Neue Werkstoffe* | *Einführung neuer Rohstoffe* | 83 | Einführung neuer sonstiger Rohstoffe |
| | | *Einführung neuer Hilfsstoffe* | 84 | Einführung neuer Klebstoffe |
| | | | 85 | Einführung neuer Dichtstoffe |
| | | | 86 | Einführung neuer Schmierstoffe |
| | | | 87 | Einführung neuer Beschichtungsstoffe |
| | | | 88 | Einführung neuer sonstiger Hilfsstoffe |

| Änderungstreiberausprägungen | | | # | Einflussgrößen |
|---|---|---|---|---|
| Werkstoffe | *Neue Werkstoffe* | *Einführung neuer Betriebsstoffe* | *89* | Einführung neuer Klebstoffe |
| | | | *90* | Einführung neuer Dichtstoffe |
| | | | *91* | Einführung neuer Schmierstoffe |
| | | | *92* | Einführung neuer Beschichtungsstoffe |
| | | | *93* | Einführung neuer sonstiger Betriebsstoffe |
| Produktions-standort-änderungen | | *geplante Produktionsstandort-verlagerungen* | *94* | geplante (Teil-) Standortverlagerungen der Fertigung |
| | | | *95* | geplante (Teil-) Standortverlagerungen der Montage |
| | | | *96* | geplante (Teil-) Standortverlagerungen des Testings |
| | | | *97* | sonstige geplante Standortverlagerungen |
| Politische und rechtliche Rahmenbedingungen | *Neue bzw. sich ändernde Regularien* | *Änderungen von Normen* | *98* | Änderungen von Produktanforderungen |
| | | | *99* | Änderungen von prozessualen Anforderungen |
| | | | *100* | Änderungen von QM-Anforderungen |
| | | | *101* | Änderungen sonstiger Anforderungen |
| | | *Änderungen von Gesetzen/ Verordnungen* | *102* | Änderungen von Arbeitsschutzgesetzen |
| | | | *103* | Änderungen von Arbeitsstättenverordnungen |
| | | | *104* | Änderungen des Kreislaufwirtschafts- und Abfallgesetzes |
| | | | *105* | Änderungen des Immisionsschutzgesetzes |
| | | | *106* | Änderungen sonstiger Gesetze |
| | *Politische Veränderungen* | *mögliche nationale Änderungen* | *107* | Steuerliche Änderungen/Tendenzen |
| | | | *108* | Sonstige nationale politische Änderungen |
| | | *mögliche internationale Änderungen* | *109* | Änderungen hinsichtlich relevanter Handelsabkommen |
| | | | *110* | Mögliche Embargos |
| | | | *111* | Sonstige internationale politische Änderungen |
| Sonstiges | Anpassung der Logistik | *Änderungen aufgrund der Einsparung von Logistikkosten* | *112* | Änderungen durch Einsparung von Transportkosten |
| | | | *113* | Änderungen durch Einsparung von Lagerkosten |
| | | | *114* | Änderungen durch Einsparung von Umschlag-/Kommissionierkosten |
| | | | *115* | Änderungen durch Einsparung von Verpackungskosten |
| | | | *116* | sonstige Änderungen durch die Einsparung von Logistikkosten |
| | Personal | *Ergonomische Anpassungen der Produktions-/ Montageschritte* | *117* | Änderung der Zugänglichkeiten/ Erreichbarkeiten |
| | | | *118* | Änderung der Handhabungsgewichte/aufzubringenden Kräften |
| | | | *119* | Änderungen der erforderlichen Genauigkeiten |
| | | | *120* | sonstige Anpassung aufgrund der verbesserten Ergonomie |
| | | *Änderungen aufgrund der Qualifikation der Mitarbeiter* | *121* | Änderung augrund der Über-/Unterqualifikation |
| | | | *122* | Änderungen aufgrund ungenutzter Qualifikationen |
| | | | *123* | sonstige Änderungen aufgrund der Qualifikation |
| | *Veränderung der Materialpreise* | *Materialpreisänderung von Rohstoffen* | *124* | Mögliche Materialpreisänderungen sonstiger Rohstoffe |
| | | *Materialpreisänderung von Hilfsstoffen* | *125* | Materialpreisänderungen von Klebstoffen |
| | | | *126* | Materialpreisänderungen von Beschichtungsstoffen |
| | | | *127* | Materialpreisänderungen sonstiger Hilfsstoffe |
| | | *Materialpreisänderung von Betriebsstoffen* | *128* | Materialpreisänderungen von Kühlstoffen |
| | | | *129* | Materialpreisänderungen von Schmierstoffen |
| | | | *130* | Materialpreisänderungen von Reinigungsstoffen |
| | | | *131* | Materialpreisänderungen sonstiger Betriebsstoffe |
| | *Aussicht auf staatliche Förderungen* | *Änderungen aufgrund neuer Forschungsergebnisse* | *132* | Forschungsergebnisse aus Regionalförderungen |
| | | | *133* | Forschungsergebnisse aus Ful-Förderungen |
| | | | *134* | Forschungsergebnisse aus Gründungs- und Wachstumsförderungen |
| | | | *135* | Forschungsergebnisse aus sonstigen Förderungen |

# Anhang 4: Ergänzende Informationen zur Validierungsstudie

## A4.1 Beschreibung der Schlüsselfaktoren und Projektionen

### *Digitale Transformation der Abnehmerindustrie*

Für den ersten Schlüsselfaktors existiert eine Vielzahl von Einflussfaktoren, die die *Digitale Transformation der Abnehmerindustrie* prägen können. Dazu zählen beispielsweise *die Durchdringung digitaler Technologien, Industrie 4.0, Smart Services, der Innovationsgrad* sowie *Autonomie* und *künstliche Intelligenz*. Für die Projektionserstellung wurde seitens der Teilnehmer die *Durchdringung digitaler Technologien* und der *Innovationsgrad* als am wichtigsten erachtet. Die Kombination dieser beiden Einflüsse ergibt vier Projektionen, die jeweils eine mögliche Ausprägung des Schlüsselfaktors digitale Transformation der Abnehmerindustrie darstellen. Bezogen auf die betrachtete Produktfamilie von Drehwechseltischen kann sich eine hohe *Durchdringung digitaler Technologien* gepaart mit einem hohen *Innovationsgrad* zukünftig das Vorsehen von Schnittstellen für bestimmte Messungen – beispielsweise für die autonome Bauteilaufnahme – und darüber hinaus Upgrading-Optionen für mehr Sensoren erfordern.

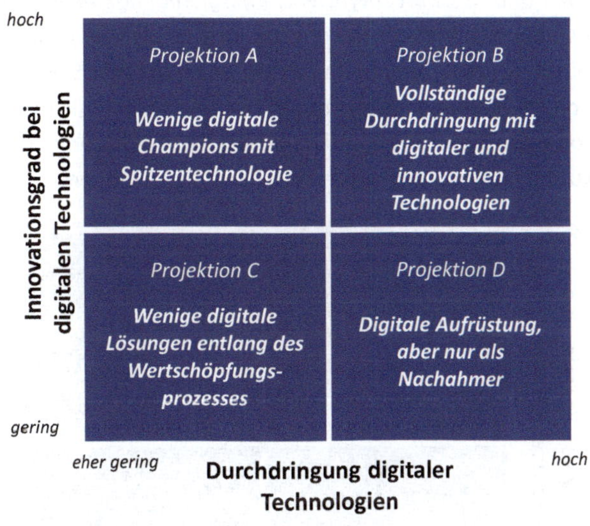


### *Branchenwettbewerb*

Der Schlüsselfaktor *Branchenwettbewerb* wird durch die Attribute neue *Player, Bedeutung neuer Wettbewerber, Intensität* sowie *Globalisierung und Welthandel* beschrieben. Für die Projektionsbildung wurden die *Bedeutung neuer Wettbewerber* und die *Intensität* ausgewählt. Im Falle der betrachteten Produktfamilie kann eine erhöhte *Wettbewerbsintensität* dazu führen, dass das Unternehmen zukünftig vermehrt auf Alleinstellungsmerkmale setzen muss, um langfristig wettbewerbsfähig bleiben zu können. Dies könnte z.B. die Positioniergenauigkeit oder die Lasersicherheit betreffen.

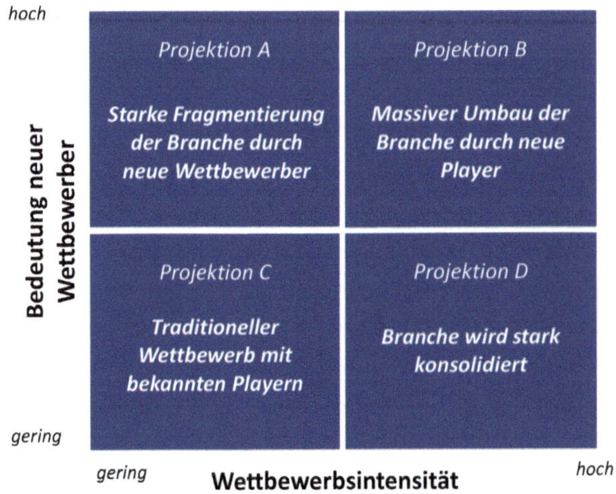


***Nachhaltigkeitsbewusstsein***

Die identifizierten Dimensionen des *Nachhaltigkeitsbewusstseins* waren *Bedeutung des Recyclings, Energie- und Ressourceneffizienz, Energiemanagement* und *Mehrkostenbereitschaft*. Die zweidimensionale Projektionsbildung erfolgte anhand der Dimensionen *Mehrkostenbereitschaft* und *Energie- und Ressourceneffizienz*. Eine starke Ausprägung der *Bedeutung von Energie- und Ressourceneffizienz* erfordert zukünftig hohe Wirkungsgrade der Komponenten dieser Produktfamilie, wie z.B. des *Aktorikzylinders* und des *Antriebs*. Zudem würde das Recycling mehr an Bedeutung gewinnen.

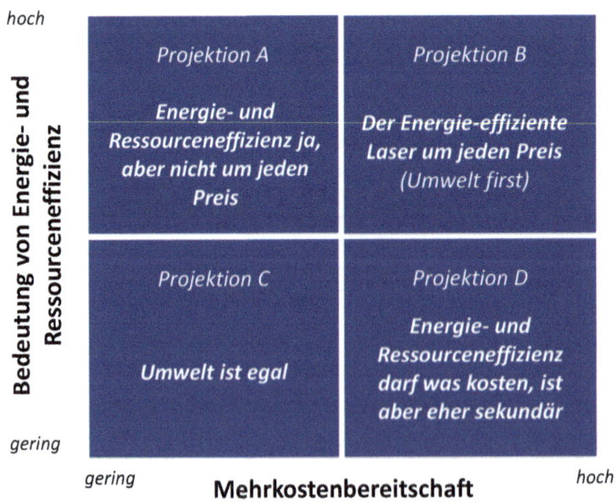

### *Entwicklung autonomer Produktionssysteme*

Zu den ermittelten Dimensionen dieses Schlüsselfaktors gehören *Sicherheit, Ergonomie, Datenschutz, KI, HMI, Reifegrad* und *gesellschaftliche Akzeptanz künstlicher Intelligenz*. Der *Reifegrad* und die *gesellschaftliche Akzeptanz der künstlichen Intelligenz* wurden von den Teilnehmern als die wichtigsten Dimensionen erachtet und zur Projektionsbildung herangezogen. Mit zunehmender Autonomisierung der Produktionssysteme bekommen Sicherheitsaspekte zukünftig eine zunehmend untergeordnete Rolle.

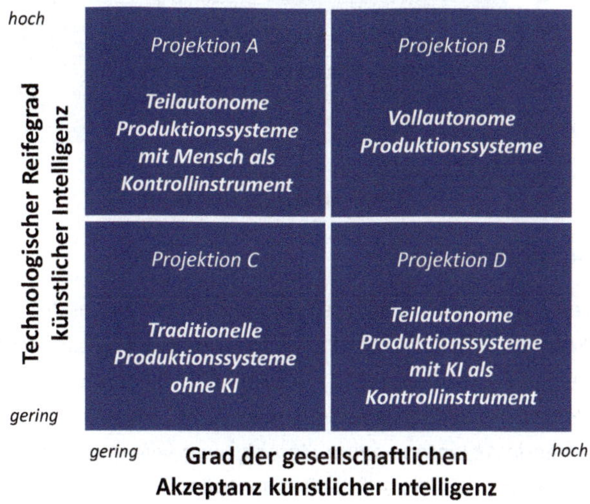


### *Wirtschaftliche Entwicklung in den Segmenten*

Für den Schlüsselfaktor *wirtschaftliche Entwicklung in den Segmenten* wurden die Dimensionen *Wachstum, Nachfrage, Abnehmerbranche, Finanzkraft* und *Investitionsbereitschaft* ermittelt. Die Projektionsbildung erfolgte anhand des *Wirtschaftswachstums* und einer Kombination aus *Finanzkraft* und *Investitionsbereitschaft*. Es wurde festgestellt, dass die hierbei ermittelten Projektionen keinen direkten Bezug zur Produktfamilie des Drehwechseltisches haben.

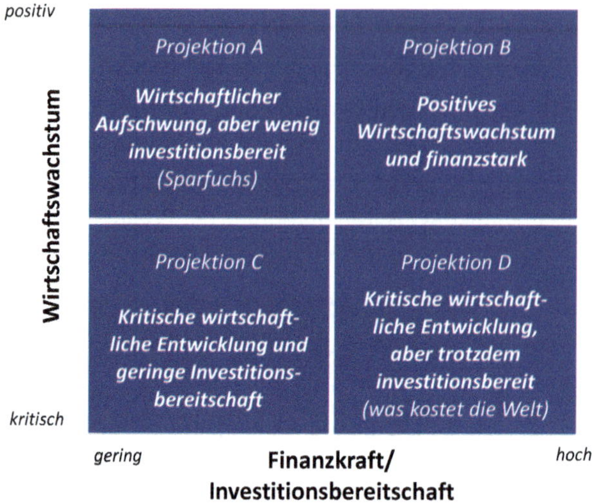


### *Wandel von Geschäftsmodellen*

Zu den ermittelten Faktoren des Schlüsselfaktors *Wandel von Geschäftsmodellen* zählen *Bedeutung von Services, PSS, Kundenbindung, Laser as a Service, Servicewüste, Beratung* und *Akzeptanz neuer Geschäftsmodelle*. Die Teilnehmer wählten *die Akzeptanz neuer Geschäftsmodelle* und *die Bedeutung von Service* für die zweidimensionale Projektionsbildung. Eine steigende *Akzeptanz neuer Geschäftsmodelle* und *Bedeutung von Serviceleistungen* könnten sich zukünftig auf die Bearbeitungszeiten des Laservorgangs und somit der Positionierzeit auswirken, da die Vergütung in diesem Fall im direkten Zusammenhang mit Bearbeitungszeit steht.

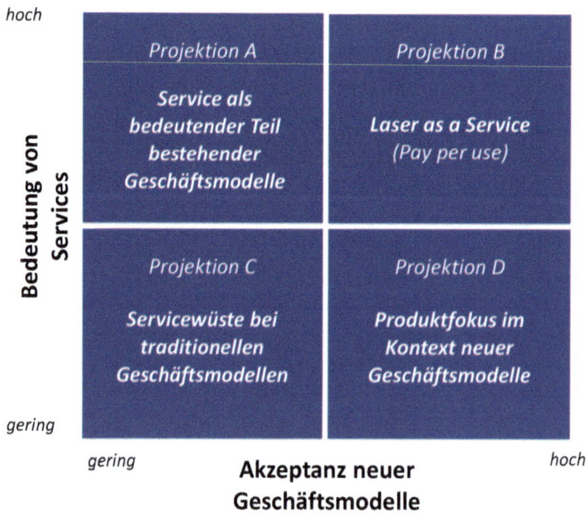

***Staatliche Einflussnahme***

Für diesen Schlüsselfaktor wurde eine Vielzahl relevanter Einflüsse ermittelt. Zu denen zählen *Emissionsgrenzen, Subventionen, Energiewende, Obergrenzen Laserintensität, Zertifikate, Laserschutzgesetze, Restriktionen* und die *Auswirkungen der Lobbyarbeit*, wobei die Projektionsermittlung anhand der Dimensionen *Intensität restriktiver Emissionsgrenzen* und *Häufigkeit und Umfang von Subventionen*. Im betrachteten Fall wirken sich beide Aspekte insbesondere auf den Laserschutz aus. Eine zunehmende Intensität restriktiver Emissionsgrenzen könnte zukünftig den Bedarf an besseren Laserschutzkonzepten erzeugen. Mehr finanzielle Unterstützung durch den Staat könnte die Weiterentwicklung der verfügbaren Technologien vorantreiben, was sich ebenfalls auf den Laserschutz der Anlage auswirken könnte.

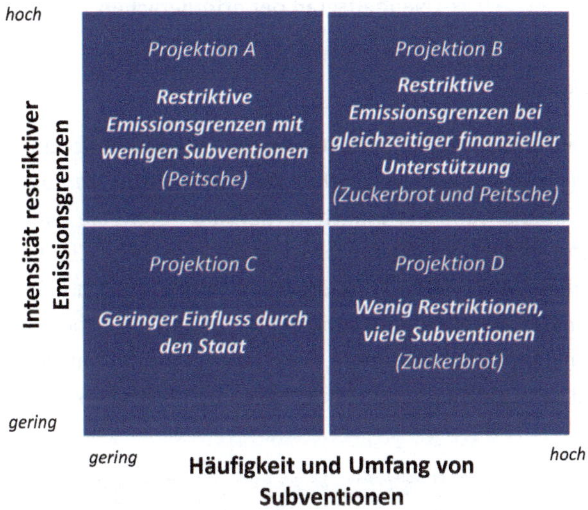


***Aufstieg neuer Anwendungsfelder***

Laut Einschätzung der Beteiligten gehören zu den relevanten Einflussfaktoren dieses Schlüsselfaktors der *Neuheitsgrad der Anwendung, Nanotechnologien, Substitutionstechnologien, der 3D-Druck durch Laser* und der *Neuheitsgrad der erforderlichen Technologie*. In diesem Fall erfolgte die Projektionsbildung durch den *Neuheitsgrad der Anwendung* und der *erforderlichen Technologie*. Ein hoher *Neuheitsgrad der Anwendung* kann in Kombination mit einem hohen *Neuheitsgrad* der erforderlichen Technologien zukünftig beispielsweise veränderte Werkstückaufnahmebedingungen erfordern, was bei der Konzipierung der Anlage berücksichtigt werden muss.

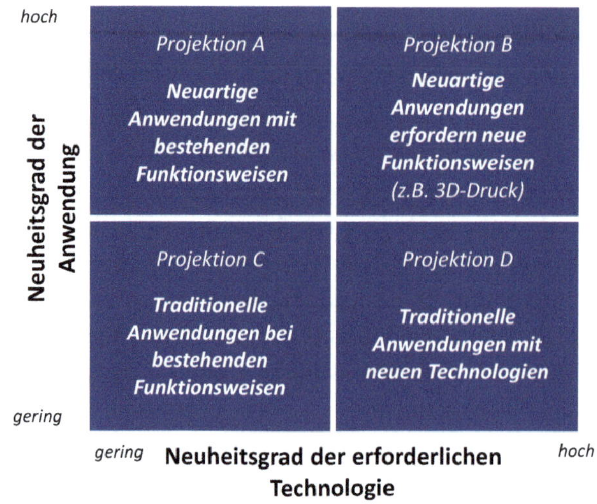


***Bauteilkomplexität***

Für den Schlüsselfaktor Bauteilkomplexität wurden die Dimensionen *Grad der Individualisierung der Endkunden, neue zu bearbeitende Werkstoffe, Komplexität der Bauteile, Werkstoffe* und *Funktionsumfang* ermittelt. Hierbei erfolgte die zweidimensionale Projektionsermittlung anhand der Dimensionen *Grad der Individualisierung der Endkunden* und den *Anteil neuer Werkstoffe*. Für die betrachtete Produktfamilie würde ein zunehmender *Individualisierungsgrad* der Endkunden zukünftig flexiblere Bearbeitungsanlagen erfordern. Dies kann sich z.B. auf die durch die jeweiligen Anlagen realisierten Bearbeitungsräume die Anzahl der Stopppositionen sowie der Positioniergenauigkeit auswirken.

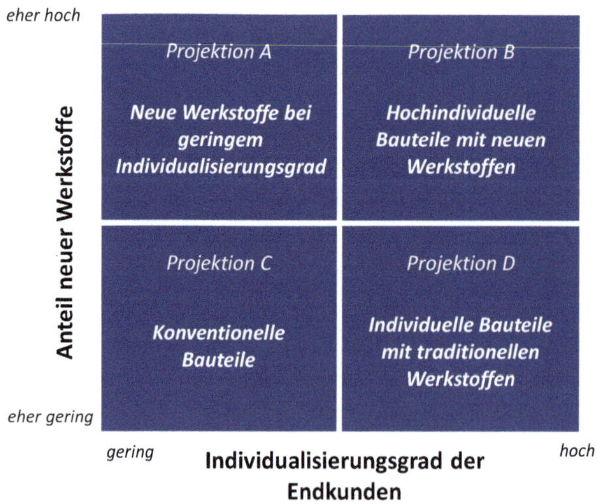

### ***Fortschritt der Lasertechnologie***

Der *Fortschritt der Lasertechnologie* ist ein weiterer Schlüsselfaktor, der im Rahmen des zweiten Workshops identifiziert wurde. Hierfür besteht ebenfalls eine Vielzahl von Dimensionen, die ihn charakterisieren. Dazu zählt unter anderem *Laserstrahlqualität, Prozessvielfalt, Strompreise, Energiespeicher, Energieform der Laserstrahlquelle* sowie die *Steuerung*. Seitens der Teilnehmer wurden die *Laserstrahlintensität* und die *Verfügbarkeit leistungsfähigerer Energiespeicher* als am wichtigsten erachtet und daher zur Projektionsbildung herangezogen. Für die betrachtete Produktfamilie ist die Intensität der Laserstrahlung besonders relevant, da diese einen direkten Einfluss auf die kundenrelevante Produktstruktureigenschaft *Laserschutz* hat. Mit zunehmender *Intensität der Laserstrahlung* muss der Laserschutz entsprechend stärker ausgeprägt sein.

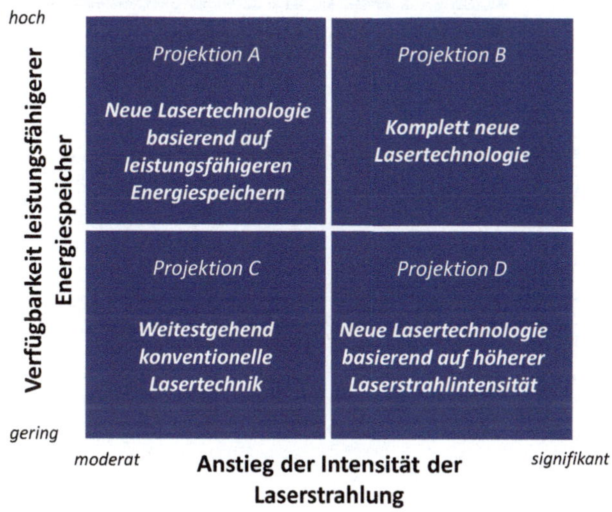


### ***Prozessanforderungen***

Wesentliche Aspekte des Schlüsselfaktors *Prozessanforderungen* sind *Anforderungen an die Bearbeitungsqualität* und die *Anzahl der zu bearbeitenden Bauteile pro Minute*. Daher wurden diese zur Projektionsbildung innerhalb dieses Schlüsselfaktors herangezogen. So lässt sich beispielsweise eine hohe Bearbeitungsqualität durch eine hohe Positioniergenauigkeit des Drehwechseltisches realisieren. Außerdem muss im Zusammenhang mit einer zukünftig zunehmenden Wichtigkeit der *Bearbeitungszeiten* die Positionierzeit des Drehwechseltisches reduziert werden, um so mehr Durchsatz realisieren zu können.

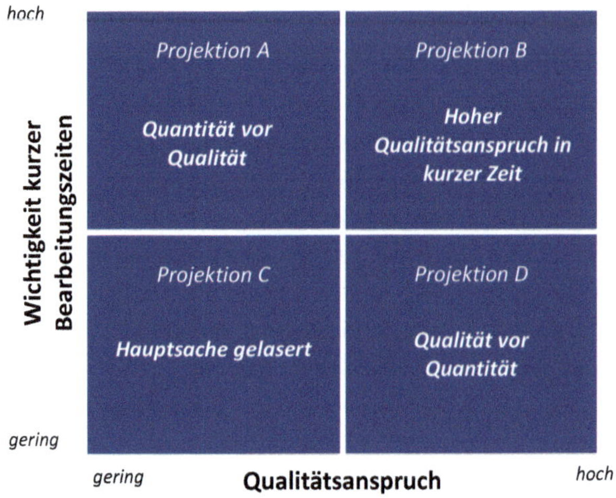
hoch
Projektion A
Quantität vor Qualität
Projektion B
Hoher Qualitätsanspruch in kurzer Zeit
Wichtigkeit kurzer Bearbeitungszeiten
Projektion C
Hauptsache gelasert
Projektion D
Qualität vor Quantität
gering
gering
Qualitätsanspruch
hoch

## A4.2 Teilnehmer und Ergebnisse der Validierungsstudie

| # | Funktionsbereich | Position |
|---|---|---|
| 1 | Entwicklung | Teamleiter |
| 2 | Entwicklung | Stellv. Teamleiter |
| 3 | Techn. Vertrieb | Teamleiter |
| 4 | Produktion | Automatisierungsbeauftragter |
| 5 | Projektleitung | Projektleiter |

Bild A-6: Teilnehmer der Validierungsstudie und Befragung

| Aussage | Hypothese | | voll zutreffend (=4) | zutreffend (=3) | teilweise zutreffend (=2) | kaum zutreffend (=1) | nicht zutreffend (=0) | nicht bewertbar (--) | Mittelwert |
|---|---|---|---|---|---|---|---|---|---|
| | | ***Anwendbarkeit*** | | | | | | | |
| 1 | H2 | Die dargestellten Änderungstreiber (äußere Ebenen) bilden erfahrungsgemäß die wesentlichen Gründe für technische Produktänderungen ab. | 2 | 3 | | | | | 3,4 |
| 2 | H2 | Falls die vorherige Aussage nicht zutreffend ist: Folgende weitere Änderungstreiber erachte ich ebenfalls als wesentlich. | k.A. | | | | | | |
| 3 | H2 | Der Änderungstreiberkatalog produktionsspezifischer Einflussfaktoren ist eine nützliche Hilfestellung zur Identifikation produktionsseitiger Änderungsursachen. | 2 | 2 | 1 | | | | 3,2 |
| 4 | H1/3 | Das CAM ermöglicht die zielorientierte Identifikation änderungskritischer Produktstrukturelemente. | 3 | 2 | | | | | 3,6 |
| 5 | H1 | Die Ebene der technischen Merkmale der Änderungen ist hilfreich, um die änderungskritischen Komponenten aufzuzeigen. | 2 | 3 | | | | | 3,4 |
| 6 | H4 | Die Gestaltungsrichtlinien zur zukunftsrobusten Produktstrukturgestaltung unterstützen bei der Ideenfindung und Konzepterstellung. | 2 | 3 | | | | | 3,4 |
| 7 | H4 | Die Unterteilung der Maßnahmen auf unterschiedliche Betrachtungsebenen erachte ich als sinnvoll. | 2 | 3 | | | | | 3,4 |
| | | ***Benutzbarkeit*** | | | | | | | |
| 8 | H2 | Die Übertragung der Szenarien auf die kundenrelevanten Produkteigenschaften erfolgt nachvollziehbar. | | 3 | 2 | | | | 2,6 |
| 9 | H3 | Das CAM ist verständlich aufgebaut. | 2 | 3 | | | | | 3,4 |
| 10 | H7 | Die verschiedenen CAMs, MIGs und Kennzahlen unterstützen die Auswahl einer geeigneten Konzeptalternative. | 1 | 4 | | | | | 3,2 |
| 11 | H7 | Folgende weitere Auswahlkriterien erachte ich als sinnvoll | kostenbasierte Auswahlkriterien (3x) | | | | | | |
| | | ***Akzeptanz*** | | | | | | | |
| 12 | H4 | Ich kann mir vorstellen die Maßnahmen zur zukunftsrobusten Produktstrukturgestaltung in Zukunft selbst anzuwenden. | 2 | 1 | 2 | | | | 3,2 |
| | | Zusätzliche Anmerkungen | Die Betrachtung der produktionsrelevanten Änderungstreiber erscheint als sinnvoller Rahmen, v.a. im Hinblick auf stark fertigungsgetriebene Unternehmen mit hoher Wertschöpfungstiefe. | | | | | | |

Bild A-7: Ergebnisse der Befragung

# 8 Literaturverzeichnis


[Agr12] Agrawal, T.; Sao, A.; Fernandez, K. J.; Tiwari, M. K.; Kim, D. Y.: A hybrid model of component sharing and platform modularity for optimal product family design, International Journal of Production Research, Vol. 51 (2), 2012, pp. 614-625. https://doi.org/10.1080/00207543.2012.663106

[Alb15] Albers, A.; Bursac, N.; Wintergerst, E.: Produktgenerationsentwicklung – Bedeutung und Herausforderungen aus einer entwicklungsmethodischen Perspektive, Proceedings of the Stuttgarter Symposium for Product Development (SSP), Stuttgart, Germany, 2015.

[Alt18] Altherr, L. C.; Brötz, N.; Dietrich, I.; Gally, T.; Geßner, F.; Kloberdanz, H.; Leise, P.; Pelz, P. F.; Schlemmer, P. D.; Schmitt, A.: Resilience in Mechanical Engineering - A Concept for Controlling Uncertainty during Design, Production and Usage Phase of Load-Carrying Structures, Applied Mechanics and Materials, Vol. 885, 2018, pp. 187-198. https://doi.org/10.4028/www.scientific.net/AMM.885.187

[And19] André, S.: The Design Platform Approach - Enabling platform-based development in the engineer-to-order industry, Dissertation, Jönköping University, School of Engineering, Jönköping, 2019. https://doi.org/10.13140/RG.2.2.28881.89444

[Arn11] Arnoscht, J.: Beherrschung von Komplexität bei der Gestaltung von Baukastensystemen, Dissertation, Fraunhofer-Institut für Produktionstechnologie, Apprimus-Verlag, Aachen, 2011.

[Aßm00] Aßmann, G.: Gestaltung von Änderungsprozessen in der Produktentwicklung, Dissertation, Technische Universität München, Herbert Utz Verlag, München, 2000.

[Bah13] Bahns, T.; Krause, D.: Pflege modularer Produktfamilien nach dem Markteintritt durch die Produktentwicklung, Proceedings of the 24th Symposium Design for X (DfX), Jesteburg, Germany, 2013, pp. 209-220.

[Bar95] Bartuschat, M.: Beitrag zur Beherrschung der Variantenvielfalt in der Serienfertigung, Dissertation, Technische Universität Braunschweig, Vulkan-Verlag, Essen, 1995.




E. Greve, *Methode zur Gestaltung zukunftsrobuster modularer Produktstrukturen aus Markt- und Produktionssicht*, Produktentwicklung und Konstruktionstechnik 24, https://doi.org/10.1007/978-3-662-68240-1

[Bau13] Bauer, W.; Elezi, F.; Maurer, M.: An Approach for Cycle-Robust Platform Design, Proceedings of the 19rd International Conference on Engineering Design (ICED 13), Seoul, South Korea, 2013, pp. 417-426.

[Bau16] Bauer, W.: Planung und Entwicklung änderungsrobuster Plattformarchitekturen, Dissertation, Technische Universität München, Dr. Hut Verlag, München, 2016.

[Bec04] Beckmann, H.: Supply Chain Management - Strategien und Entwicklungstendenzen in Spitzenunternehmen, Springer Verlag, Berlin, Heidelberg, 2004. https://doi.org/10.1007/978-3-642-17057-7

[Bec21] Beckmann, G.: Unterstützung des Methodentransfers durch eine visuelle Methoden- und Prozessbeschreibung, Dissertation, TU Hamburg, Springer Verlag, Hamburger Schriftenreihe Produktentwicklung und Konstruktionstechnik. Band 20, Hamburg, 2021. https://doi.org/10.1007/978-3-662-63707-4

[Beh03] Behrens, S.: Möglichkeiten der Unterstützung von Strategischer Geschäftsfeldplanung und Technologieplanung durch Roadmapping, Logos Verlag, Berlin, 2003.

[Ble09] Blessing, L. T. M.; Chakrabarti, A.: DRM, a design research methodology, Springer Verlag, London, 2009. https://doi.org/10.1007/978-1-84882-587-1

[Ble10] Blees, C.; Jonas, H.; Krause, D.: Development of Modular Product Families, Proceedings of the 12th International Dependency and Structure Modelling Conference (DSM 2010), Cambridge, UK, 2010, pp. 169-174.

[Ble11] Blees, C.: Eine Methode zur Entwicklung modularer Produktfamilien, Dissertation, TU-Hamburg, TuTech Verlag, Hamburger Schriftenreihe Produktentwicklung und Konstruktionstechnik, Band 3, 2011.

[Bou20] Bouzid, A.: The Pestle Business Analysis Tool: Learn and apply to your Business, www.ab-consulting-online.com, 2020.

[Bro08] Browning, T. R.; Honour, E. C.: Measuring the life-cycle value of enduring systems, Systems Engineering, Vol. 11 (3), 2008, pp. 187-202. https://doi.org/10.1002/sys.20094

[Bro15] Brosch, M.: Eine Methode zur Reduzierung der produktvarianten-induzierten Komplexität, Dissertation, TU-Hamburg, TuTech Verlag,

Hamburger Schriftenreihe Produktentwicklung und Konstruktionstechnik, Band 7, 2015.

[Bug09] Buganza, T.; Dell'Era, C.; Verganti, R.: Exploring the Relationships Between Product Development and Environmental Turbulence: The Case of Mobile TLC Services, Journal of Product Innovation Management, Vol. 26 (3), 2009, pp. 308-321. https://doi.org/10.1111/j.1540-5885.2009.00660.x

[Car14] Cardin, M.-A.: Enabling Flexibility in Engineering Systems: A Taxonomy of Procedures and a Design Framework, Journal of Mechanical Design, Vol. 136 (1), 2014. https://doi.org/10.1115/1.4025704

[Cla04] Clarkson, P. J.; Simons, C.; Eckert, C.: Predicting Change Propagation in Complex Design, Journal of Mechanical Design, Vol. 126 (5), 2004, pp. 788-797. https://doi.org/10.1115/1.1765117

[Con97] Conrat Niemerg, J.-I.: Änderungskosten in der Produktentwicklung, Dissertation, Technische Universität München, 1997.

[Cor09] Cormier, P.; van Horn, D.; Lewis, K.: Investigating the use of (re) configurability to reduce product family cost and mitigate performance losses, Proceedings of ASME 2009 International Design Engineering Technical Conferences and Computers and Information in Engineering Conference, San Diego, CA, USA, 2009, pp. 1089-1100.

[Cro10] Crone, S. F.: Neuronale Netze zur Prognose und Disposition im Handel, Gabler Verlag, Wiesbaden, 2010. https://doi.org/10.1007/978-3-8349-8631-3

[Dam21] Dambietz, F. M.; Greve, E.; Krause, D.: Simulation-Based Performance Analysis for Future Robust Modular Product Architectures, Proceedings of the 23rd International Conference on Engineering Design (ICED 21), Gothenburg, Sweden, 2021, pp. 2671-2680. https://doi.org/10.1017/pds.2021.528

[Deu05] Deubzer, F.; Kreimeyer, M.; Junior, T.; Rock, B.: Der Änderungsmanagement Report 2005, CiDaD-Working Paper Series, Technische Universität München, München, 2005.

[Dur10] Durst, M.; Stang, S.; Stößer, L.; Edelmann, F.: Kollaboratives Trendmanagement, HMD Praxis der Wirtschaftsinformatik, Vol. 47 (3), 2010, pp. 78-86. https://doi.org/10.1007/BF03340476

[Eck04] Eckert, C.; Clarkson, P. J.; Zanker, W.: Change and customisation in complex engineering domains, Research in Engineering Design, Vol. 15 (1), 2004, pp. 1-21. https://doi.org/10.1007/s00163-003-0031-7

[Ehr05] Ehrlenspiel, K.; Kiewert, A.; Lindemann, U.: Kostengünstig entwickeln und konstruieren - Kostenmanagement bei der integrierten Produktentwicklung, Springer Verlag, Berlin, Heidelberg, 2005.

[Eil16] Eilmus, S.: Methodische Unterstützung der Entwicklung von Produktprogrammen mit hoher Kommunalität, Dissertation, TU Hamburg, TuTech Verlag, Hamburger Schriftenreihe Produktentwicklung und Konstruktionstechnik, Band 12, 2016. https://doi.org/10.15480/882.1335

[Eri98] Erixon, G.: Modular function deployment - A method for product modularisation, Dissertation, The Royal Institute of Technology, Stockholm, Sweden, 1998.

[Fah16] Fahrmeir, L.; Heumann, C.; Künstler, R.; Pigeot, I.; Tutz, G.: Statistik - Der Weg zur Datenanalyse, Springer Verlag, Berlin, Heidelberg, 2016. https://doi.org/10.1007/978-3-662-50372-0

[Fen08] Fenn, J.; Raskino, M.: Mastering the hype cycle - How to choose the right innovation at the right time, Harvard Business School Press, Boston, MA, USA, 2008.

[Fer07] Ferguson, S.; Siddiqi, A.; Lewis, K.; Weck, O. L. de: Flexible and reconfigurable systems: Nomenclature and review, Proceedings of ASME 2007 International Design Engineering Technical Conferences and Computers and Information in Engineering Conference, Las Vegas, NV, USA, 2007, pp. 249-263. https://doi.org/10.1115/DETC2007-35745

[Fin11] Fink, A.; Siebe, A.: Handbuch Zukunftsmanagement - Werkzeuge der strategischen Planung und Früherkennung, Campus Verlag, Frankfurt, New York, 2011.

[Fin16] Fink, A.; Siebe, A.: Szenario-Management - Von strategischem Vorausdenken zu zukunftsrobusten Entscheidungen, Campus Verlag, Frankfurt, New York, 2016.

[Fir03] Firchau, N. L.: Variantenoptimierende Produktgestaltung, Dissertation, Technische Universität Braunschweig, Cuvillier Verlag, Göttingen, 2003.

[Fra02] Franke, H.-J. Hrsg.: Variantenmanagement in der Einzel- und Kleinserienfertigung, Carl Hanser Verlag, München, 2002.

[Fri05] Fricke, E.; Schulz, A. P.: Design for changeability (DfC): Principles to enable changes in systems throughout their entire lifecycle, Systems Engineering, Vol. 8 (4), 2005. https://doi.org/10.1002/sys.20039

[Fri98] Fricke, E.: Der Änderungsprozess als Grundlage einer nutzerzentrierten Systementwicklung, Dissertation, Technische Universität München, Herbert Utz Verlag, München, 1998.

[Fye13] Fye, S. R.; Charbonneau, S. M.; Hay, J. W.; Mullins, C. A.: An examination of factors affecting accuracy in technology forecasts, Technological Forecasting and Social Change, Vol. 80 (6), 2013, pp. 1222-1231. https://doi.org/10.1016/j.techfore.2012.10.026

[Gal67] Galbraith, J. K.: The New Industrial State, Penguin, Harmondsworth, UK, 1967.

[Gau14] Gausemeier, J.; Plass, C.: Zukunftsorientierte Unternehmensgestaltung - Strategien, Geschäftsprozesse und IT-Systeme für die Produktion von morgen, Carl Hanser Verlag, München, 2014. https://doi.org/10.3139/9783446438422

[Geb12] Gebhardt, N.; Malone, K.; Krause, D.: Nutzung von „Merkmalen" und „Eigenschaften" zur Beschreibung und Analyse von Produktvarianz, Proceedings of the 23rd Symposium Design fox X (DfX), Bamberg/Erlangen, Germany, 2012, pp. 175–186.

[Geb14] Gebhardt, N.; Bahns, T.; Krause, D.: An example of visually supported design of modular product families, Procedia CIRP (CIRP Design 2014), Vol. 21, 2014, pp. 75-80. https://doi.org/10.1016/j.procir.2014.03.162

[Geb16a] Gebhardt, N.; Kruse, M.; Krause, D.: Gleichteile-, Modul- und Plattformstrategie, in: Lindemann, U. (Hrsg.): Handbuch Produktentwicklung, Carl Hanser Verlag, München, 2016, pp. 111-149. https://doi.org/10.3139/9783446445819.006

[Geb16b] Gebhardt, N.; Beckmann, G.; Lüsebrink, S.; Fischer, N.; Lutz, H. M.; Krause, D.: Projekt ModSupport – Methodische Entwicklung eines innovativen Modulbaukastens für Aufzugsanlagen, Proceedings of the 27th Symposium Design fox X (DfX), Jesteburg, Germany, 2016, pp. 1-12.

[Geb20] Gebhardt, N.: Methodische Entwicklung von Visualisierungen als Arbeitswerkzeuge in der Produktentwicklung, Dissertation, TU Hamburg, Springer Verlag, Hamburger Schriftenreihe

Produktentwicklung und Konstruktionstechnik. Band 18, Hamburg, 2020. https://doi.org/10.1007/978-3-662-61622-2

[Gem95] Gemmerich, M.: Technische Produktänderungen - Betriebswirtschaftliche und empirische Modellanalyse, Dissertation, Universität Passau, Deutscher Universitätsverlag, Wiesbaden, 1995. https://doi.org/10.1007/978-3-663-09030-4

[Gia13] Giaoutzi, M.; Sapio, B.: Recent developments in foresight methodologies, Springer Science+Business Media, New York, NY, USA, 2013. https://doi.org/10.1007/978-1-4614-5215-7

[Göp98] Göpfert, J.: Modulare Produktentwicklung - Zur gemeinsamen Gestaltung von Technik und Organisation, Dissertation, Ludwig-Maximilians-Universität München, Gabler Verlag, Wiesbaden, 1998.

[Gre91] Green, P. E.; Krieger, A. M.; Agarwal, M. K.: Adaptive Conjoint Analysis: Some Caveats and Suggestions, Journal of Marketing Research, Vol. 28 (2), 1991, pp. 215-222. https://doi.org/10.2307/3172809

[Gre18a] Greve, E.; Rennpferdt, C.; Krause, D.: Strategische Produktprogrammplanung unter Berücksichtigung der varianteninduzierten Komplexität, Proceedings of of the 14th Symposium for Foresight and Technology Planning, Berlin, Germany, 2018.

[Gre18b] Greve, E.; Krause, D.: An Assessment of Methods to support the Design of Future Robust Modular Product Architectures, Proceedings of the Design DESIGN Conference (DESIGN 2018), Dubrovnik, Croatia, 2018, pp. 335-346. https://doi.org/10.21278/idc.2018.0249

[Gre19a] Greve, E.; Krause, D.: Long-term effects of modular product architectures: An empirical follow-up study, Procedia CIRP (CIRP Design 2019), Vol. 84, 2019, pp. 731-736. https://doi.org/10.1016/j.procir.2019.04.274

[Gre19b] Greve, E.; Rennpferdt, C.; Hartwich, T.; Krause, D.: Determination of Future Robust Product Features for Modular Product Family Design, Proceedings of ASME 2019 International Mechanical Engineering Congress and Exposition (IMECE), Salt Lake City, UT, USA, 2019. https://doi.org/10.1115/IMECE2019-10497

[Gre20a] Greve, E.; Rennpferdt, C.; Krause, D.: Harmonizing cross-departmental Perspectives on Modular Product Families, Procedia CIRP (CIRP Design

2020), Vol. 91, 2020, pp. 452-457.
https://doi.org/10.1016/j.procir.2020.02.198

[Gre20b] Greve, E.; Spallek, J.; Kuhl, J.; Küchenhof, J.; Rennpferdt, C.; Krause, D.: Neue Trends in der methodischen Entwicklung modularer Produktfamilien - Forschungsergebnisse und -projekte der Jahre 2016 bis 2020, in: Krause, D.; Hartwich, T. S.; Rennpferdt, C. (Hrsg.): Produktentwicklung und Konstruktionstechnik, Springer Verlag, Berlin, Heidelberg, 2020, pp. 65-89.
https://doi.org/10.1007/978-3-662-62393-0_3

[Gre20c] Greve, E.; Fuchs, C.; Hamraz, B.; Windheim, M.; Schwede, L.-N.; Krause, D.: Investigating the Effects of Modular Product Structures to Support Design Decisions in Modularization Projects, Proceedings of 2020 IEEE International Conference on Industrial Engineering and Engineering Management (IEEM), Singapore, 2020, pp. 295-299.
https://doi.org/10.1109/IEEM45057.2020.9309820

[Gre21] Greve, E.; Fuchs, C.; Hamraz, B.; Windheim, M.; Krause, D.: Design for Future Variety to enable Long-term Benefits of Modular Product Families, Proceedings of the 23rd International Conference on Engineering Design (ICED 21), Gothenburg, Sweden, 2021, pp. 993-1002. https://doi.org/10.1017/pds.2021.99

[Gre22] Greve, E.; Fuchs, C.; Hamraz, B.; Windheim, M.; Rennpferdt, C.; Schwede, L.-N.; Krause, D.: Knowledge-based Decision Sup-port for concept evaluation using the extended Impact Model of Modular Product Families, Applied Sciences, Vol. 12 (2), 2022, pp. 547.
https://doi.org/10.3390/app12020547

[Hac16] Hackl, J.; Krause, D.: Effects of Modular Product Structures on Life Phases and Economic Factors, Proceedings of the Design DESIGN Conference (DESIGN 2016), Dubrovnik, Croatia, 2016, pp. 1285-1294.

[Hac17] Hackl, J.; Krause, D.: Towards an Impact Model of Modular Product Structures, Proceedings of the 21st International Conference on Engineering Design (ICED 17), Vancouver, Canada, 2017, pp. 151-160.

[Hac20] Hackl, J.; Krause, D.; Otto, K.; Windheim, M.; Moon, S. K.; Bursac, N.; Lachmayer, R.: Impact of Modularity Decisions on a Firm's Economic Objectives, Journal of Mechanical Design, Vol. 142 (4), 2020.
https://doi.org/10.1115/1.4044914

[Ham00] Hammann, P.; Erichson, B.: Marktforschung, Lucius & Lucius, Stuttgart, 2000.

[Ham13] Hamraz, B.; Caldwell, N. H. M.; Clarkson, P. J.: A Holistic Categorization Framework for Literature on Engineering Change Management, Systems Engineering, Vol. 16 (4), 2013, pp. 473-505. https://doi.org/10.1002/sys.21244

[Her10] Herberg, A.; Langer, S.; Netter, F.; Lindemann, U.: Characterizing triggers of reactive cycles within design processes based on process observation, Proceedings of 2010 IEEE International Conference on Industrial Engineering and Engineering Management (IEEM), Macao, 2010. https://doi.org/10.1109/IEEM.2010.5674221

[Her13] Herrmann, A.; Huber, F.: Produktmanagement - Grundlagen - Methoden - Beispiele, Springer Fachmedien, Wiesbaden, 2013. https://doi.org/10.1007/978-3-658-00004-2

[Hof01] Hofer, A.: Management von Produktfamilien - Wettbewerbsvorteile durch Plattformen, Deutscher Universitäts Verlag, Wiesbaden, 2001.

[Höl03] Hölttä, K.; Tang, V.; Warren, S. P.: Modularizing Architectures Using Dendrograms, Proceedings of the 14rd International Conference on Engineering Design (ICED 03), Stockholm, Sweden, 2003, pp. 343-344.

[Höl05] Hölttä, K. M.; Otto, K. N.: Incorporating design effort complexity measures in product architectural design and assessment, Design Studies, Vol. 26 (5), 2005, pp. 463-485. https://doi.org/10.1016/j.destud.2004.10.001

[Höl06] Hölttä-Otto, K.; Otto, K.: Platform Concept Evaluation, in: Simpson, T. W. (Hrsg.): Product platform and product family design - Methods and applications, Springer Science+Business Media, New York, 2006, pp. 49-72. https://doi.org/10.1007/0-387-29197-0_4

[Hor98] Horx, M.: Megatrends für die späten neunziger Jahre, Trendbüro, Econ Executive Verlags GmbH, Düsseldorf, 1998.

[Hua99] Huang, G. Q.; Mak, K. L.: Current practices of engineering change management in UK manufacturing industries, International Journal of Operations & Production Management, Vol. 19 (1), 1999, pp. 21-37. https://doi.org/10.1108/01443579910244205

[Jak22] Jakobs, H. J.: Das Monopol im 21. Jahrhundert: Wie private Unternehmen und staatliche Konzerne unseren Wohlstand zerstören, Deutsche Verlags-Anstalt, München, 2022.

[Jan20] Januschowski, T.; Gasthaus, J.; Wang, Y.; Salinas, D.; Flunkert, V.; Bohlke-Schneider, M.; Callot, L.: Criteria for classifying forecasting methods, International Journal of Forecasting, Vol. 36 (1), 2020, pp. 167-177. https://doi.org/10.1016/j.ijforecast.2019.05.008

[Jar11] Jarratt, T. A. W.; Eckert, C. M.; Caldwell, N. H. M.; Clarkson, P. J.: Engineering change: an overview and perspective on the literature, Research in Engineering Design, Vol. 22 (2), 2011, pp. 103-124. https://doi.org/10.1007/s00163-010-0097-y

[Jia00] Jiao, J.; Tseng, M. M.: Understanding product family for mass customization by developing commonality indices, Journal of Engineering Design, Vol. 11 (3), 2000, pp. 225-243.

[Jia05] Jiang, L.; Allada, V.: Robust modular product family design using a modified Taguchi method, Journal of Engineering Design, Vol. 16 (5), 2005, pp. 443-458. https://doi.org/10.1080/09544820500287359

[Jon14] Jonas, H.: Eine Methode zur strategischen Planung modularer Produktprogramme, Dissertation, TU Hamburg, TuTech Verlag, Hamburger Schriftenreihe Produktentwicklung und Konstruktionstechnik, Band 6, 2014.

[Kip08] Kipp, T.; Krause, D.: Design for variety: efficient support for design engineers, Proceedings of the Design DESIGN Conference (DESIGN 2008), Dubrovnik, Croatia, 2008, pp. 425-432.

[Kip10] Kipp, T.; Blees, C.; Krause, D.: Anwendung einer integrierten Methode zur Entwicklung modularer Produktfamilien, Proceedings of the 21th Symposium Design for X (DfX), Buchholz, Germany, 2010, pp. 157-168.

[Kip12] Kipp, T.: Methodische Unterstützung der variantengerechten Produktgestaltung, Dissertation, TU-Hamburg, TuTech Verlag, Hamburger Schriftenreihe Produktentwicklung und Konstruktionstechnik, Band 4, 2012.

[Koh97] Kohlhase, N.: Strukturieren und Beurteilen von Baukastensystemen - Strategien, Methoden, Instrumente, Dissertation, Technische Universität Darmstadt, VDI-Verlag, Düsseldorf, 1997.

[Kol98] Koller, R.: Konstruktionslehre für den Maschinenbau - Grundlagen zur Neu- und Weiterentwicklung technischer Produkte mit Beispielen, Springer Verlag, Berlin, Heidelberg, 1998.

[Kön95] König, W.; Klocke, F.: Fertigungsverfahren - Blechbearbeitung, Springer Verlag, Berlin, Heidelberg, 1995. https://doi.org/10.1007/978-3-662-11733-0

[Kot07] Kotler, P.; Keller, K. L.; Bliemel, F.: Marketing-Management - Strategien für wertschaffendes Handeln, Pearson Studium, München, 2007.

[Kra12] Krause, D.; Spallek, J.; Blees, C.; Kipp, T.: Modulare Produktstrukturierung, in: Rieg, F.; Steinhilper, R. (Hrsg.): Handbuch Konstruktion, Carl Hanser Verlag, München, 2. Auflage, 2012, pp. 717-741. https://doi.org/10.3139/9783446456198.025

[Kra18] Krause, D.; Gebhardt, N.: Methodische Entwicklung modularer Produktfamilien, Springer Verlag, Berlin, Heidelberg, 2018. https://doi.org/10.1007/978-3-662-53040-5

[Kra21] Krause, D.; Vietor, T.; Inkermann, D.; Hanna, M.; Richter, T.; Wortmann, N.: Produktarchitektur, in: Bender, B.; Gericke, K. (Hrsg.): Pahl/Beitz - Methoden und Anwendung erfolgreicher Produktentwicklung, Springer Verlag, Berlin, Heidelberg, 2021, pp. 335-393. https://doi.org/10.1007/978-3-662-57303-7_12

[Kre12] Krebs, P.: Bewertung vernetzter Produktionsstandorte unter Berücksichtigung multidimensionaler Unsicherheiten, Dissertation, Technische Universität München, Herbert Utz Verlag, München, 2012.

[Kri05] Kristjansson, A. H.: Platform Assessment Matrix (PAMatrix): A Method to Support Decision Making on Product Platforms, Dissertation, Norwegian University of Science and Technology, Trondheim, 2005.

[Küc20] Küchenhof, J.; Seiler, F. M.; Krause, D.: Model Based Early-Stage Assessment for Modular New Product Development, Proceedings of the 22nd International Depency and Structure Modelling Conference (DSM 2020), Cambridge, MA, USA, 2020. https://doi.org/10.35199/dsm2020.17

[Küh15] Kühnapfel, J. B.: Prognosen: Vom Orakel zum Planungsinstrument, in: Kühnapfel, J. B. (Hrsg.): Vertriebsprognosen, Springer Fachmedien, Wiesbaden, 2015, pp. 14-26. https://doi.org/10.1007/978-3-658-03002-5_1

[Kuh21] Kuhl, J.; Ding, A.; Ngo, N. T.; Braschkat, A.; Fiehler, J.; Krause, D.: Design of Personalized Devices: The Tradeoff between Individual Value and Personalization Workload, Applied Sciences, Vol. 11 (1), 2021, pp. 241. https://doi.org/10.3390/app11010241

[Lan09] Langer, S. F.; Lindemann, U.: Managing Cycles in Development Processes - Analysis and Classification of External Context Factors, Proceedings of the 17rd International Conference on Engineering Design (ICED 09), Palo Alto, CA, USA, 2009, pp. 539-550.

[Lan12] Lanza, G.; Moser, R.; Ruhrmann, S.: Wandlungstreiber global agierender Produktionsunternehmen. Sammlung, Klassifikation und Quantifizierung, wt Werkstattstechnik online, Vol. 102 (4), 2012, pp. 200-205.

[Li21] Li, Y.; Ni, Y.; Zhang, N.; Liu, Z.: Modularization for the complex product considering the design change requirements, Research in Engineering Design, Vol. 32 (4), 2021, pp. 507-522. https://doi.org/10.1007/s00163-021-00369-6

[Lic02] Lichtenthaler, E. R. V.: Organisation der Technology Intelligence - Eine empirische Untersuchung der Technologiefrühaufklärung in technologieintensiven Grossunternehmen, Verlag Industrielle Organisation, Zürich, Switzerland, 2002.

[Lin09] Lindemann, U.; Maurer, M.; Braun, T.: Structural complexity management - An approach for the field of product design, Springer Verlag, Berlin, Heidelberg, 2009.

[Liu20] Liu, J. J. W.; Ein, N.; Gervasio, J.; Battaion, M.; Reed, M.; Vickers, K.: Comprehensive meta-analysis of resilience interventions, Clinical Psychology Review, Vol. 82, 2020. https://doi.org/10.1016/j.cpr.2020.101919

[Lom10] Lombriser, R.; Abplanalp, P. A.: Strategisches Management - Visionen entwickeln, Erfolgspotenziale aufbauen, Strategien umsetzen, Versus-Verlag, Zürich, Switzerland, 2010.

[Mar02] Martin, M. V.; Ishii, K.: Design for variety: developing standardized and modularized product platform architectures, Research in Engineering Design, Vol. 13 (4), 2002, pp. 213-235. https://doi.org/10.1007/s00163-002-0020-2

[Mar21] Marthaler, F.: Zukunftsorientierte Produktentwicklung – Eine Systematik zur Ableitung von generationsübergreifenden Zielsystemen zukünftiger Produktgenerationen durch strategische Vorausschau, Dissertation, Karlsruher Institut für Technologie, Karlsruhe, 2021. https://doi.org/10.5445/IR/1000134977

[Mat09] Matzler, K.; Bailom, F.: Messung von Kundenzufriedenheit, in: Hinterhuber, H. H. (Hrsg.): Kundenorientierte Unternehmensführung - Kundenorientierung - Kundenzufriedenheit - Kundenbindung, Gabler Verlag, Wiesbaden, 2009, pp. 267-297. https://doi.org/10.1007/978-3-8349-8051-9_12

[Mau14] Maurer, M.; Bauer, W.; Elezi, F.; Chucholowski, N.: Methodik zur Erstellung zyklengerechter Modul- und Plattformstrategien, in: Vogel-Heuser, B.; Lindemann, U.; Reinhart, G. (Hrsg.): Innovationsprozesse zyklenorientiert managen, Springer Verlag, Berlin, Heidelberg, 2014, pp. 139-154.

[McG01] McGrath, M. E.: Product strategy for high-technology companies - Accelerating your business to Web speed, McGraw-Hill, New York, USA, 2001.

[Mer22] Mertens, K. G.; Rennpferdt, C.; Greve, E.; Krause, D.; Meyer, M.: Reviewing the intellectual structure of product modularization: Toward a common view and future research agenda, Journal of Product Innovation Management, 2022, pp. 1-34. https://doi.org/10.1111/jpim.12642

[Mey14] Meyer-Schwickerath, B.: Vorausschau im Produktentstehungsprozess - Das integrierte Produktentstehungs-Modell (iPeM) als Bezugsrahmen für Vorausschau am Beispiel von Szenariotechnik und strategischer Frühaufklärung, Dissertation, Karlsruher Institut für Technologie, Karlsruhe, 2014. https://doi.org/10.5445/IR/1000044947

[Mey97a] Meyer, M. H.; Lehnerd, A. P.: The power of product platforms - Building value and cost leadership, Free Press, New York, 1997.

[Mey97b] Meyer, M. H.: Revitalize Your Product Lines Through Continuous Platform Renewal, Research-Technology Management, Vol. 40 (2), 1997, pp. 17-28. https://doi.org/10.1080/08956308.1997.11671113

[Mik06] Mikkola, J. H.: Capturing the Degree of Modularity Embedded in Product Architectures, Journal of Product Innovation Management, Vol.

23 (2), 2006, pp. 128-146.
https://doi.org/10.1111/j.1540-5885.2006.00188.x

[Möh17] Möhrle, M. G.; Isenmann, R.: Technologie-Roadmapping - Zukunftsstrategien für Technologieunternehmen, Springer Verlag, Berlin, 2017. https://doi.org/10.1007/978-3-662-52709-2

[Mor03] Morales, R. H.: Systematik der Wandlungsfähigkeit in der Fabrikplanung, Dissertation, Universität Hannover, VDI-Verlag, Düsseldorf, 2003.

[Neu11] Neufville, R. de; Scholtes, S.: Flexibility in engineering design, MIT Press, Engineering systems, Cambridge, MA, USA, 2011.

[Nyh08] Nyhuis, P.; Reinhart, G.; Abele, E.: Wandlungsfähige Produktionssysteme - Heute die Industrie von morgen gestalten, PZH Produktionstechnisches Zentrum, Garbsen, 2008. https://doi.org/10.2314/GBV:633626406

[Ott16] Otto, K.; Hölttä-Otto, K.; Simpson, T. W.; Krause, D.; Ripperda, S.; Ki Moon, S.: Global Views on Modular Design Research: Linking Alternative Methods to Support Modular Product Family Concept Development, Journal of Mechanical Design, Vol. 138 (7), 2016. https://doi.org/10.1115/1.4033654

[Pae21] Paetzold, K.: Nutzerbedürfnisse, in: Bender, B.; Gericke, K. (Hrsg.): Pahl/Beitz - Methoden und Anwendung erfolgreicher Produktentwicklung, Springer Verlag, Berlin, Heidelberg, 2021, pp. 137-167. https://doi.org/10.1007/978-3-662-57303-7_6

[Pal03] Palani Rajan, P. K.; van Wie, M.; Campbell, M.; Otto, K.; Wood, K.: Design for Flexibility - Measures and Guidlines, Proceedings of the 14rd International Conference on Engineering Design (ICED 03), Stockholm, Sweden, 2003

[Pan07] Pan, R. K.; Sinha, S.: Modular networks emerge from multiconstraint optimization, Physical Review E, Vol. 76 (4 Pt 2), 2007. https://doi.org/10.1103/PhysRevE.76.045103

[Pha04] Phaal, R.; Farrukh, C. J.; Probert, D. R.: Technology roadmapping - A planning framework for evolution and revolution, Technological Forecasting and Social Change, Vol. 71 (1-2), 2004, pp. 5-26. https://doi.org/10.1016/S0040-1625(03)00072-6

[Pic19] Piccolo, S. A.; Maier, A. M.; Lehmann, S.; McMahon, C. A.: Iterations as the result of social and technical factors: empirical evidence from a large-scale design project, Research in Engineering Design, Vol. 30 (2), 2019, pp. 251-270. https://doi.org/10.1007/s00163-018-0301-z

[Pim94] Pimmler, T. U.; Eppinger, S. D.: Intregration Analysis of Product Decompositions, Proceedings of the 6th ASME Design Theory and Methodology Conference, Minneapolis, MN, USA, 1994, pp. 343-351. https://doi.org/10.1115/DETC1994-0034

[Pir11] Pirmoradi, Z.; Wang, G. G.: Recent Advancements in Product Family Design and Platform-Based Product Development: A Literature Review, Proceedings of ASME 2011 International Design Engineering Technical Conferences and Computers and Information in Engineering Conference, Washington, DC, USA, 2011, pp. 1041-1055. https://doi.org/10.1115/DETC2011-47959

[Poo05] Poon, S.-H.; Granger, C.: Practical Issues in Forecasting Volatility, Financial Analysts Journal, Vol. 61 (1), 2005, pp. 45-56. https://doi.org/10.2469/faj.v61.n1.2683

[Rei96] Reinhart, G.; Lindemann, U.; Heinzl, J.: Qualitätsmanagement - Ein Kurs für Studium und Praxis, Springer Verlag, Berlin, Heidelberg, 1996. https://doi.org/10.1007/978-3-642-80210-2

[Ren19] Rennpferdt, C.; Greve, E.; Krause, D.: The Impact of Modular Product Architectures in PSS Design: A systematic Literature Review, Procedia CIRP (CIRP Design 2019), Vol. 84, 2019, pp. 290-295. https://doi.org/10.1016/j.procir.2019.04.197

[Ren20] Rennpferdt, C.; Greve, E.; Kuhl, J.; Küchenhof, J.; Seiler, F.; Krause, D.: Modularisierung in der industriellen Anwendung, in: Krause, D.; Hartwich, T. S.; Rennpferdt, C. (Hrsg.): Produktentwicklung und Konstruktionstechnik, Springer Verlag, Berlin, Heidelberg, 2020, pp. 229-254. https://doi.org/10.1007/978-3-662-62393-0_10

[Ren21] Rennpferdt, C.; Greve, E.; Krause, D.: Variety-driven Design to reduce complexity costs of a tire curing press family, Procedia CIRP (CIRP Design 2021), Vol. 100, 2021, pp. 696-701. https://doi.org/10.1016/j.procir.2021.05.148

[Rip17] Ripperda, S.; Krause, D.: Cost Effects of Modular Product Family Structures: Methods and Quantification of Impacts to Support Decision

Making, Journal of Mechanical Design, Vol. 139 (2), 2017. https://doi.org/10.1115/1.4035430

[Rip19] Ripperda, S.: Methodische Unterstützung zur kostenbasierten Auswahl modularer Produktstrukturen, Dissertation, TU Hamburg, Springer Verlag, Hamburger Schriftenreihe Produktentwicklung und Konstruktionstechnik. Band 17, Hamburg, 2019. https://doi.org/10.1007/978-3-662-59006-5

[Rob98] Robertson, D.; Ulrich, K.: Planning for Product Platforms, Sloan Management Review, Vol. 39 (4), 1998, pp. 19-31.

[Röh09] Röhrig, B.; Du Prel, J.-B.; Wachtlin, D.; Blettner, M.: Types of study in medical research: part 3 of a series on evaluation of scientific publications, Deutsches Arzteblatt international, Vol. 106 (15), 2009, pp. 262-268. https://doi.org/10.3238/arztebl.2009.0262

[Ros08] Ross, A. M.; Rhodes, D. H.; Hastings, D. E.: Defining changeability: Reconciling flexibility, adaptability, scalability, modifiability, and robustness for maintaining system lifecycle value, Systems Engineering, Vol. 11 (3), 2008, pp. 246-262. https://doi.org/10.1002/sys.20098

[Rup88] Rupp, M.: Produkt/Markt-Strategien - Handbuch zur marktsicheren Produkt- und Sortimentsplanung in Klein- und Mittelunternehmungen der Investitionsgüterindustrie, Verlag Industrielle Organisation, Zürich, Switzerland, 1988.

[Sae93] Saeed, B. I.; Bowen, D. M.; Sohoni, V. S.: Avoiding engineering changes through focused manufacturing knowledge, IEEE Transactions on Engineering Management, Vol. 40 (1), 1993, pp. 54-59. https://doi.org/10.1109/17.206651

[Sae07] Saeema, A.; Yethish, K.: Engineering change during a product's lifecycle, Proceedings of the 16th International Conference on Engineering Design (ICED 07), Paris, France, 2007.

[Sal07] Salvador, F.: Toward a Product System Modularity Construct: Literature Review and Reconceptualization, IEEE Transactions on Engineering Management, Vol. 54 (2), 2007, pp. 219-240. https://doi.org/10.1109/TEM.2007.893996

[Sal09] Saleh, J. H.; Mark, G.; Jordan, N. C.: Flexibility: a multi-disciplinary literature review and a research agenda for designing flexible engineering systems, Journal of Engineering Design, Vol. 20 (3), 2009, pp. 307-323. https://doi.org/10.1080/09544820701870813

[Sch02] Schichtel, M.: Produktdatenmodellierung in der Praxis, Carl Hanser Verlag, München, 2002.

[Sch13] Schiffer, M. G.: Szenariorobuste Produktarchitekturgestaltung, Dissertation, RWTH Aachen, Apprimus Verlag, Aachen, 2013.

[Sch17] Schuh, G.; Riesener, M.: Produktkomplexität managen - Strategien - Methoden - Tools, Carl Hanser Verlag, München, 2017. https://doi.org/10.3139/9783446453340

[Sch18] Schlemmer, P. D.; Kloberdanz, H.; Gehb, C. M.; Kirchner, E.: Adaptivity as a Property to Achieve Resilience of Load-Carrying Systems, Applied Mechanics and Materials, Vol. 885, 2018, pp. 77-87. https://doi.org/10.4028/www.scientific.net/AMM.885.77

[Sch20] Schwede, L.-N.; Greve, E.; Rennpferdt, C.; Hanna, M.; Krause, D.: Auswirkungen modularer Produktstrukturen bei der Bewertung von Produktstrukturkonzepten, in: Krause, D.; Hartwich, T. S.; Rennpferdt, C. (Hrsg.): Produktentwicklung und Konstruktionstechnik, Springer Verlag, Berlin, Heidelberg, 2020, pp. 91-109. https://doi.org/10.1007/978-3-662-62393-0_4

[Sch22] Schwede, L.-N.; Greve, E.; Krause, D.; Otto, K. N.; Moon, S. K.; Albers, A.; Kirchner, E.; Lachmayer, R.; Bursac, N.; Inkermann, D.; Rapp, S.; Hausmann, M.; Schneider, J.: How to Use the Levers of Modularity Properly - Linking Modularization to Economic Targets, Journal of Mechanical Design, Vol. 144 (7), 2022, pp. 071401-1–071401-21. https://doi.org/10.1115/1.4054023.

[Sek05] Sekolec, R.: Produktstrukturierung als Instrument des Variantenmanagements in der methodischen Entwicklung modularer Produktfamilien, Dissertation, Eidgenössische Technische Hochschule Zürich, VDI-Verlag, Düsseldorf, 2005.

[Sid11] Siddiqi, A.; Bounova, G.; de Weck, O. L.; Keller, R.; Robinson, B.: A Posteriori Design Change Analysis for Complex Engineering Projects, Journal of Mechanical Design, Vol. 133 (10), 2011, pp. 101-112. https://doi.org/10.1115/1.4004379

[Sim01] Simpson, T. W.; Maier, J. R.; Mistree, F.: Product platform design: method and application, Research in Engineering Design, Vol. 13 (1), 2001, pp. 2-22. https://doi.org/10.1007/s001630100002

[Ste97] Steinmüller, K.: Grundlagen und Methoden der Zukunftsforschung. Szenarien, Delphi, Technikvorausschau, WerkstattBericht 21, Gelsenkirchen, 1997.

[Sto97] Stone, R. B.: Towards a Theory of Modular Design, Dissertation, University of Texas, Austin, TX, USA, 1997.

[Suh07] Suh, E. S.; Weck, O. L. de; Chang, D.: Flexible product platforms: framework and case study, Research in Engineering Design, Vol. 18 (2), 2007, pp. 67-89. https://doi.org/10.1007/s00163-007-0032-z

[Sul18] Sullivan, B. P.; Rossi, M.; Terzi, S.: A Review of Changeability in Complex Engineering Systems, IFAC-PapersOnLine, Vol. 51 (11), 2018, pp. 1567-1572. https://doi.org/10.1016/j.ifacol.2018.08.273

[Tag00] Taguchi, G.; Chowdhury, S.; Taguchi, S.: Robust engineering - Learn how to boost quality while reducing costs & time to market, McGraw-Hill, New York, NY, USA, 2000.

[Ter99] Terwiesch, C.; Loch, C. H.: Managing the process of engineering change orders: the case of the climate control system in automobile development, Journal of Product Innovation Management, Vol. 16 (2), 1999, pp. 160-172. https://doi.org/10.1016/S0737-6782(98)00041-1

[Tho97] Thomke, S. H.: The role of flexibility in the development of new products: An empirical study, Research Policy, Vol. 26 (1), 1997, pp. 105-119. https://doi.org/10.1016/S0048-7333(96)00918-3

[Ulr95] Ulrich, K.: The role of product architecture in the manufacturing firm, Research Policy, Vol. 24 (3), 1995, pp. 419-440. https://doi.org/10.1016/0048-7333(94)00775-3

[Ung12] Ungericht, B.: Strategiebewusstes Management - Konzepte und Instrumente für nachhaltiges Handeln, Pearson Studium, München, 2012.

[Via12] Vianello, G.; Ahmed-Kristensen, S.: A comparative study of changes across the lifecycle of complex products in a variant and a customised industry, Journal of Engineering Design, Vol. 23 (2), 2012, pp. 99-117. https://doi.org/10.1080/09544828.2010.542133

[Web07] Weber, C.: Looking at DFX and Product Maturity from the Perspective of a New Approach to Modelling Product and Product Development Processes, Procedia CIRP (CIRP Design 2007), Vol. 17, 2007, pp. 85-104. https://doi.org/10.1007/978-3-540-69820-3_11

[Wes09] Westkämper, E.; Zahn, E.: Wandlungsfähige Produktionsunternehmen - Das Stuttgarter Unternehmensmodell, Springer Verlag, Berlin, Heidelberg, 2009. https://doi.org/10.1007/978-3-540-68890-7

[Wie14] Wiendahl, H.-P.; Reichardt, J.; Nyhuis, P.: Handbuch Fabrikplanung - Konzept, Gestaltung und Umsetzung wandlungsfähiger Produktionsstätten, Carl Hanser Verlag, München, Wien, 2014.

[Win20] Windheim, M.: Cooperative Decision-Making in Modular Product Family Design, Dissertation, TU Hamburg, Springer Verlag, Hamburger Schriftenreihe Produktentwicklung und Konstruktionstechnik. Band 17, Hamburg, 2020. https://doi.org/10.1007/978-3-662-60715-2

# 9 Lebenslauf

**Persönliche Daten**

Geboren am 16. Oktober 1988 in Wismar, verheiratet, ein Kind

**Berufliche Tätigkeiten**

| | |
|---|---|
| Seit 01/2022 | Requirements Engineer im Unternehmen Dräger Safety AG & Co. KGaA |
| 07/2016 – 12/2021 | Wissenschaftlicher Mitarbeiter am Institut für Produktentwicklung und Konstruktionstechnik der TU Hamburg |

**Hochschulstudium**

| | |
|---|---|
| 02/2014 – 05/2016 | Maschinenbaustudium an der TU Hamburg |
| | Vertiefungsrichtung: Produktentwicklung, Werkstoffe und Produktion |
| | *Abschluss: Master of Science* |
| 10/2009 – 02/2014 | Maschinenbaustudium an der TU Hamburg |
| | *Abschluss: Bachelor of Science* |

**Zivildienst und Schulbildung**

| | |
|---|---|
| 10/2008 – 06/2009 | Grundwehrdienst, Oldenburg i.H. |
| 08/1999 – 07/2008 | Gymnasium am Tannenberg, Grevesmühlen |
| | *Abschluss: Abitur* |


E. Greve, *Methode zur Gestaltung zukunftsrobuster modularer Produktstrukturen aus Markt- und Produktionssicht*, Produktentwicklung und Konstruktionstechnik 24,
https://doi.org/10.1007/978-3-662-68240-1

Printed by Printforce, the Netherlands